南京市高素质农民培训系列教材

常用农业机械安全使用和维护保养

林维清　周一波　主编

河海大学出版社
HOHAI UNIVERSITY PRESS
·南京·

图书在版编目(CIP)数据

常用农业机械安全使用和维护保养 / 林维清,周一波主编. —南京:河海大学出版社,2022.4
ISBN 978-7-5630-7497-6

Ⅰ.①常… Ⅱ.①林… ②周… Ⅲ.①农业机械—安全技术 ②农业机械—机械维修 Ⅳ.①S220.7

中国版本图书馆 CIP 数据核字(2022)第 047754 号

书　　名/常用农业机械安全使用和维护保养
书　　号/ISBN 978-7-5630-7497-6
责任编辑/卢蓓蓓
责任校对/张心怡
封面设计/刘艳红
出版发行/河海大学出版社
地　　址/南京市西康路 1 号(邮编:210098)
电　　话/(025)83737852(总编室)　(025)83722833(营销部)
经　　销/江苏省新华发行集团有限公司
排　　版/南京月叶图文制作有限公司
印　　刷/南京玉河印刷厂
开　　本/787 毫米×1092 毫米　1/16
印　　张/15
字　　数/261 千字
版　　次/2022 年 4 月第 1 版　2022 年 4 月第 1 次印刷
定　　价/68.00 元

编　委　会

主　编　林维清　周一波

副主编　石　蕾　胡进鑫

编　者　薛　壮　汤永莉　黄粮粮
　　　　徐达灵　李　莹　张玉岚

前　言

农机使用关系到广大人民群众生命财产安全，关系到农业机械化事业的健康发展。正确规范的操作、科学合理的维护保养是充分发挥农机具使用效能的关键。本书通过对拖拉机、联合收割机、插秧机、高效植保机、烘干机等常见农机具安全使用和维护保养知识的梳理，帮助广大农机使用者科学安全地操作农机具，对农机安全生产、农机技能水平提升具有重要意义。

本书主要根据新型职业农民培训要求和农机手特点，组织有关方面专家和教学人员进行编写的。全书共分为六个章节，第一章为农业机械使用基础常识，包括职业道德和农机安全使用要求等；第二章分别介绍了拖拉机牌证管理、拖拉机安全驾驶方法、技术保养和检查调整方法及配套农机具操作规范；第三章至第六章分别介绍了联合收割机、插秧机、高效植保机、烘干机的工作原理和安全使用、维护保养和检查调整等知识和规范操作技能；附录包括《江苏省农业机械安全监督管理条例》《农业机械产品修理、更换、退货责任规定》。

本书既可以作为高素质农民培训用书，也可以供从事农业机械使用操作人员自学使用。

受各方面因素所限，本书内容如有疏漏和不当之处，敬请广大读者提出修改意见，以便修订完善。

编者

2021年12月

前言

目　录

第一章　职业道德与基础知识

第一节　职 业 道 德

一、道德与职业道德

道德是一种社会意识，是人们行为规范和准则的总和，是调整人与人之间、个人与社会之间关系的准则。它依靠和凭借传统习惯、内心信念、思想教育、社会舆论来制约人们的行为，是评价人们思想行为、是非、善恶、荣辱的标准。评价道德的标准是道德规范和准则。

道德规范是一种社会行为规范。在人类社会的发展过程中，人作为一个个体，单独存在是无法正常生活的。个人只有汇入社会群体之中，才能发挥其特有的作用，这就是人的社会性。在人类社会中，道德规范和准则是应人们社会生活的客观需要而产生的，是社会存在决定社会意识的反映。作为一种社会规范，在不同的社会中和不同的发展阶段，有不同的道德规范和准则。

从我国历史和现实国情出发，社会主义道德建设要坚持以为人民服务为核心，以集体主义为原则，以爱祖国、爱人民、爱劳动、爱科学、爱社会主义为基本要求，以社会公德、职业道德、家庭美德为着力点。在公民道德建设中，应把这些主要内容具体化、规范化，使之成为全体公民普遍认同和自觉遵守的行为准则。

职业道德是所有从业人员在职业活动中应该遵循的行为准则，涵盖了从业人员与服务对象、职业与职工、职业与职业之间的关系。

二、职业道德的含义与内容

职业道德是指从事一定职业的人员在工作和劳动过程中所应遵守的、与其职业活动紧密联系的道德规范和行为准则的总和。职业道德包括职业道德意识、职业道德守则、职业道德行为规范，以及职业道德培养、职业道德品质等内容。

1. 职业道德的特点。

(1) 在职业范围上，主要对从事该职业从业人员起规范作用；

(2) 在内容上，职业道德是社会道德在职业领域的具体反映；

(3) 在适应范围上，职业道德具有有限性，在形式上具有多样性；

(4) 从历史发展看，职业道德具有较强的稳定性和连续性。

2. 遵守职业道德的意义。

(1) 规范人们的职业活动和行为，有利于推动社会主义物质文明和精神文明建设；

(2) 从业人员遵守职业道德，有利于行业、企业的建设和发展；

(3) 从业人员树立良好的职业道德，遵守职业守则，有利于个人品质的提高和事业的发展。

3. 职业道德基本规范的内容。

(1) 爱岗敬业，忠于职守；

(2) 诚实守信，办事公道；

(3) 服务群众，奉献社会；

(4) 遵纪守法，廉洁奉公。

职业素质的概念与其核心内容：职业素质包括思想政治素质、科学文化素质、身心素质、专业知识与专业技能素质 4 个方面。其中，思想政治素质是灵魂，核心内容是专业知识与专业技能素质。

4. 拖拉机驾驶员应遵守的职业守则和具体要求。

(1) 遵章守法，安全生产。

a. 认真学习国家有关法规和政策，自觉遵守交通法规和农机安全监理有关规定。

b. 牢固树立对国家、他人高度负责的思想，积极贯彻“预防为主”的方针，一旦发现不安全因素，要立即采取措施。克服麻痹思想、侥幸心理，时刻把安全生产放在首位。

(2) 钻研技术，规范操作。

a. 重视科学文化知识的学习，努力学习和熟练掌握驾驶操作技能。

b. 树立技术过硬、规范服务的品质意识，严格遵守驾驶操作规程，不盲目蛮干。

(3) 诚实守信,优质服务。

a. 为人真诚,做事公道。重承诺、守信用,不言过其实、不欺骗用户。

b. 努力掌握过硬的服务本领,不断提高服务质量,增强职业责任感,想用户所想,急用户所急,全心全意为用户服务。

第二节 农业机械安全使用常识

一、农业机械使用一般常识

1. 在使用农业机械之前,必须认真阅读农业机械使用说明书,牢记正确的操作和作业方法。

2. 充分理解警告标签,经常保持标签整洁,如有破损、遗失,必须重新订购并粘贴。

3. 农业机械使用人员,必须经专门培训;实行牌证管理的农业机械,必须取得驾驶操作证后,方可使用农业机械。

4. 严禁身体不适、疲劳、睡眠不足、酒后、孕妇、色盲、精神不正常及未满 18 周岁的人员操作机械。

5. 驾驶、操作人员应穿着符合劳动保护要求的服装,禁止穿凉鞋、拖鞋,禁止穿宽松或袖口不能扣上的衣服,以免被旋转部件缠绕,造成伤害。

6. 座位必须固定牢靠,除驾驶员外严禁搭乘与操作无关的人员。

7. 在作业、检查和维修时不要让儿童靠近机器,以免造成危险。

8. 不得擅自改装农业机械,以免造成机器性能降低、机器损坏或人身伤害。

9. 不得随意调整液压系统安全阀的开启压力。

10. 农业机械不得超载、超负荷使用,以免机件过载,造成损坏。

二、防止人身伤害常识

1. 注意排气危害。农业机械在封闭的空间内运转时,发动机排出的气体有毒,应及时进行换气,打开门窗,使室外空气能充分进入。

2. 防止高压喷油侵入皮肤造成危险。禁止用手或身体接触高压喷油,可使用厚纸板，检查燃油喷射管和液压油是否泄露。一旦高压油侵入皮肤，立即找医生处理，否则可能会导致皮肤坏死。

3. 运转后的发动机和散热器中的冷却水或蒸汽接触到皮肤会造成烫伤，应在发动机停止工作至少 30 min 后，才能接近。

4. 运转中的发动机机油、液压油、油管和其他零件会产生高温，残压可能使高压油喷出，使高温的塞子、螺丝飞起造成烫伤，所以，必须确认温度充分下降、没有残压后才能进行检查。

5. 发动机、消音器和排气管会因机器的运转产生高温，机器运转中或刚停机后不能马上接触。

第三节　常用工量具

一、工具的使用

(一) 扭力扳手

扭力扳手(如图 1-1 所示)是一种与套筒扳手的套筒配合使用，能显示扭转力矩的专用工具。用扭力扳手拧紧螺栓或螺母时，其扭力大小能在指示器上指示出来(扭矩的单位是 N・m)。按扭矩值大小，扭力扳手可以分为 98 N・m、196 N・m、294 N・m 等多种规格。在维修作业中，凡是有扭紧力矩要求的螺栓或螺母，均需用扭力扳手将螺栓或螺母拧到规定力矩。选用扭力扳手时，应选用相应规格的扳手，以免造成扭力扳手失准或损坏。使用后，要将扳手平稳放置在架子上，避免重物撞压而造成扳手杆或指针变形，影响精度。

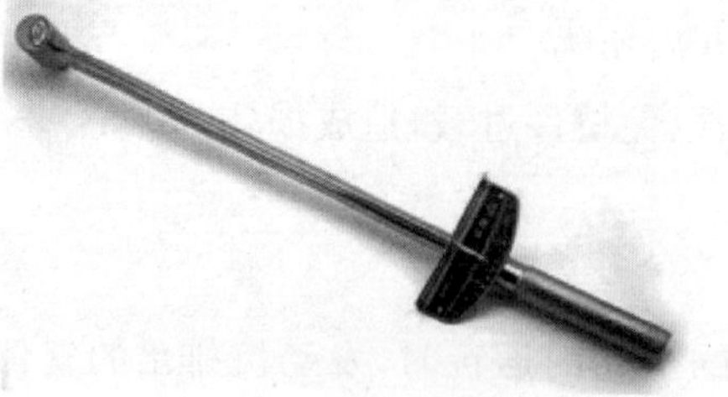

(a)

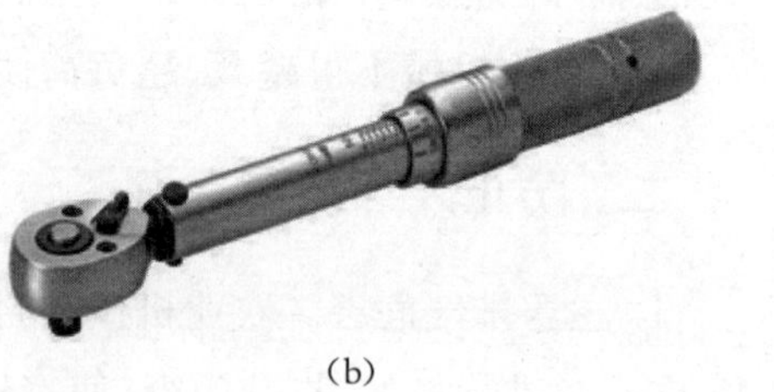

(b)

图 1-1　扭力扳手

(二) 黄油枪

黄油枪(如图 1-2 所示)是加注润滑脂(黄油)的工具,在机械维护中可用黄油枪向装有黄油嘴的润滑部位加注润滑脂。常用的黄油枪的结构主要是由储油筒、弹簧、活塞、压油柱塞、出油阀和出油嘴等机件组成。使用黄油枪应注意:

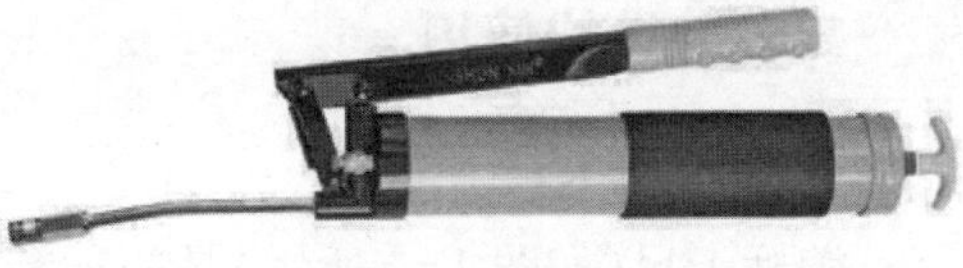

图 1-2　黄油枪

1. 装润滑脂时,应一小团一小团地装,以便于排除缸筒内空气:加进的润滑脂团相互间要贴紧,不能有空隙,所有润滑脂必须洁净,不得含有杂质。

2. 加油时,油枪头出油口必须对正黄油嘴,并将原来的润滑脂全部挤出。

3. 当发现不进油时,应停止注油,检查黄油枪和黄油嘴是否有故障。黄油枪的故障有储油筒内存在空气、出油阀堵塞、弹簧压力不足或损坏以及柱塞磨损等,常见故障是油孔堵塞或损坏。

(三) 机油滤清器扳手

使用机油滤清器扳手(如图 1-3 所示)换机油滤清很方便。根据不同机滤的底部外形,要对比选好相应的套筒。最好用的是帽式,因为它可以和滤清器无缝相扣,对滤清器没有损伤,需要不同机油滤清配用相对应规格。

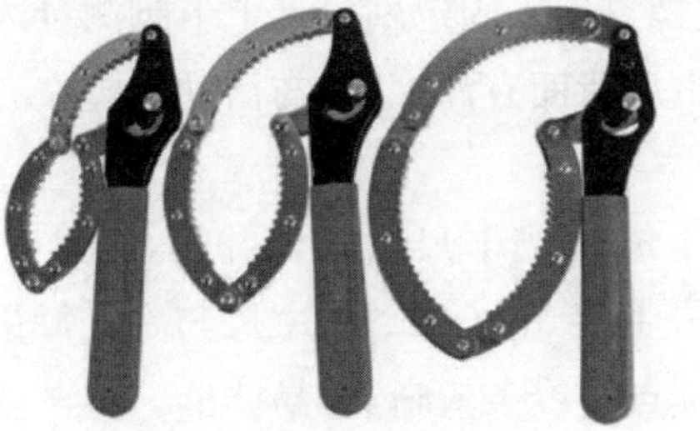

(a) 机油滤清套筒

(b) 三爪式双向机油滤清器扳手

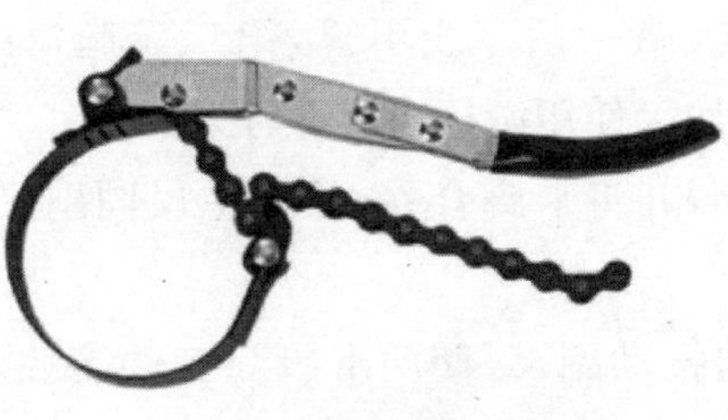

(c) 链条式机油滤清器扳手

(d) 皮带式机油滤清器扳手

图 1-3　机油滤清器扳手

二、量具的使用

(一) 游标卡尺

游标卡尺(如图 1-4 所示)是一种精度比较高的常用量具。它可以直接量出零件的内径、宽度、长度等。其精确度有 0.10 mm、0.05 mm、0.02 mm 等数种。

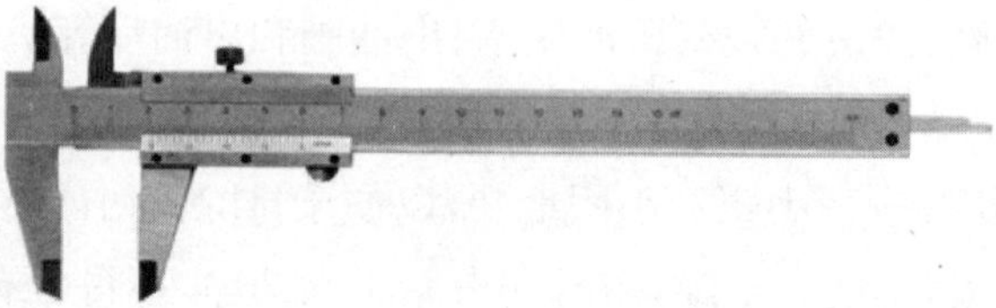

(a)

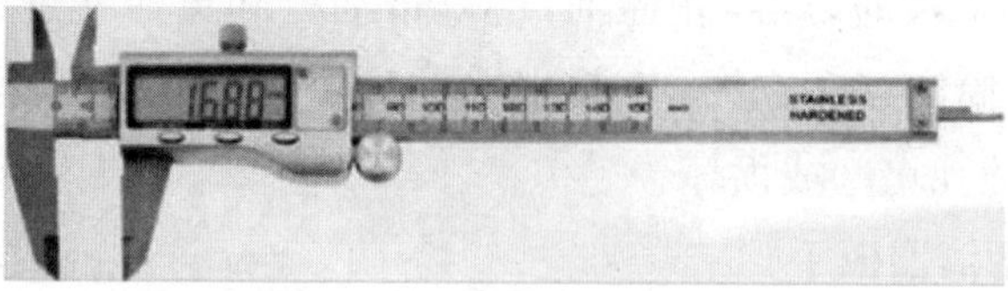

(b)

图 1-4 游标卡尺

游标卡尺主要由主尺、副尺、活动卡脚和固定卡脚等组成。固定卡脚同主尺是一体。活动卡脚同副尺是一体,固定螺钉用来固定副尺。上卡脚测量内表面,下卡脚测量外表面。有的游标卡尺在主尺背面有深度尺,与活动卡脚一齐移动,可测量沟槽的深度。

0.10 mm 游标卡尺的主尺每小格 1 mm,当卡尺两脚合并时,主尺上 9 mm 刚好等于副尺上 10 格,则副尺每格: 9÷10=0.9 (mm)。主尺与副尺每格相差: 1−0.9=0.1 (mm)。这种刻线方法的优点是线条清晰,容易读准。

读数时,先读出副尺的零线对齐主尺刻线左边的完整格数为多少毫米;再读出副尺上哪一条线对齐主尺上刻线(第一条零线不算,第二条起每格算 0.10 mm),最后,将主尺与副尺的读数相加。使用游标卡尺应注意:

1. 测量前,首先要擦清卡尺表面,并将卡脚合并,检查主尺同副尺的零位是否对齐。

2. 测量时先将卡脚张开,再缓慢推动副尺,使两卡脚与工件接触,禁止强拉硬卡。

3. 不能用卡尺测量铸毛坯件,以免失去精度。

4. 游标卡尺使用后要擦清涂油，放入专用木盒内。

(二) 千分尺

千分尺（又称分厘卡，如图 1-5 所示）是一种精密量具，其测量精度可达 0.01 mm，比游标卡尺精度高，而且反映量值比较灵活，所以对于精度要求较高工件的测量，常使用千分尺。千分尺按用途区分，有内径千分尺和外径千分尺两种。内、外径千分尺的结构原理基本相同，以外径千分尺为例。其规格按测量范围有 0～25 mm、25～50 mm、50～75 mm、75～100 mm、……275～300 mm 等多种。

一般千分尺的测微读数为 0.01 mm。它的分格原理是：在螺杆后面有精密螺纹，螺距是 0.50 mm，故当螺杆转一圈，即轴向前进 0.50 mm。在固定套管上，每隔 0.50 mm 刻一条直线（轴向上），而在活动套管的圆周也刻有 50 格等分线。活动套管每转过一小格，则相当于螺杆前进或后退 $0.50 \div 50 = 0.01$（mm）。

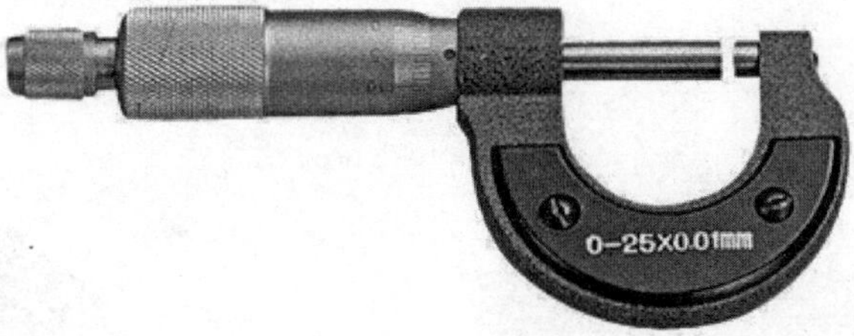

图 1-5　千分尺

读数时，先读出活动套管边缘在固定套管线最近的轴向刻度线后面的数（为 0.50 mm 的整数倍）；再读出活动套管上哪一格同固定套管上基准线对齐（即与轴向刻度中心线重合）的圆周刻度数（为 0.50 mm 的等分数）；最后把两个读数相加，即为总尺寸。

1. 校准操作。用量块校准。取合适尺寸的量块（因为千分尺是有测量范围的），用千分尺测数，数值差就是千分尺的“问题”，然后校正千分尺。

(1) 先将千分尺微分筒后的测力装置及紧固螺钉拆下，然后找一把带有圆木把的起子，拿住微分筒，由外向里轻轻敲击（注意力度适中），将微分筒与其中的连接件分开；

(2) 找齐微分筒与千分尺基座上的刻度线，只要基本对齐即可，然后将前一步所拆下的部件依次还原即可；

(3) 最后校对零刻度线，将千分尺两测砧用干净纸巾（丝绸为佳）反复擦拭干净，然后将千分尺两测砧用平时测量时的力量紧固到一起，然后锁紧微分筒上的锁紧螺钉，用千分尺自带专用工具(拨叉)校零即成，如此反复几次，直到对零为止。

2. 使用千分尺应注意：

(1) 测量前必须擦清度量面，校正零位。

(2) 测量时，先转动活动套管，当测量面将接近工件时，改用棘轮转动，直到棘轮发出“咔咔”响声后停止转动，扳动制动环，读取测量值。

(3) 测量时，千分尺要放正，并要注意温度影响。测量后，要倒转活动套管后再拿出。

(4) 不能用千分尺去测量毛坯，更不能在工件旋转时去测量，或当作锤子去敲物。

(三) 塞尺

塞尺又称厚薄规(如图 1-6 所示)。在修理作业中常用来检验相配合表面之间的间隙大小。

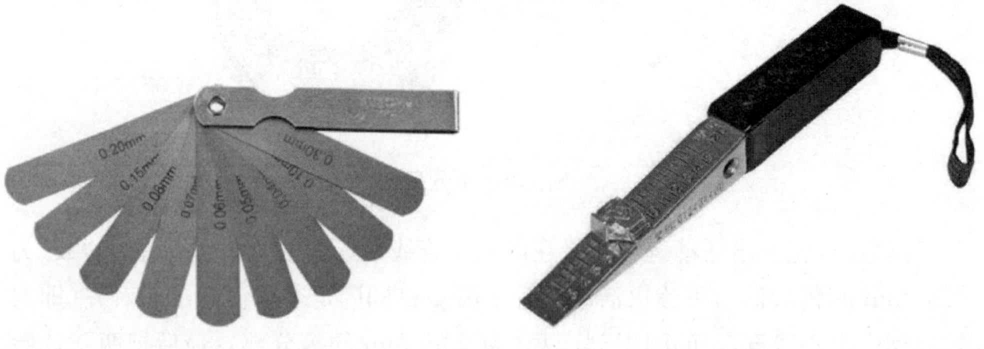

(a) (b)

图 1-6 塞尺

塞尺由许多不同厚度的钢片组成，每片上有两个平行的测量面。厚度在 0.03～0.1 mm 内的，各片的尺寸间隔为 0.01 mm；厚度在 0.1～1 mm 内的，尺寸间隔为 0.05 mm。长度有 50 mm、100 mm、200 mm 等规格。

使用前要把塞尺擦拭干净，根据被测间隙的大小，可用一片或数片重叠组合成需要的尺寸(片数越少越好)，插入间隙内。例如，用 0.12 mm 厚的能插入间隙，而 0.13 mm 厚的不能插入，则被测间隙是在 0.12～0.13 mm 之间。在插入时不可用力过大，以免损坏尺片。

(四) 内径(百分)表

涨簧式内径表(如图 1-7 所示)表面粗糙度不超过 0.1 μm,钢球式内径表的测量钢球和定位钢球的表面粗糙度不超过 0.05 μm。测头球面半径用半径样板比较。要求均小于其测量下限尺寸的 1/2。

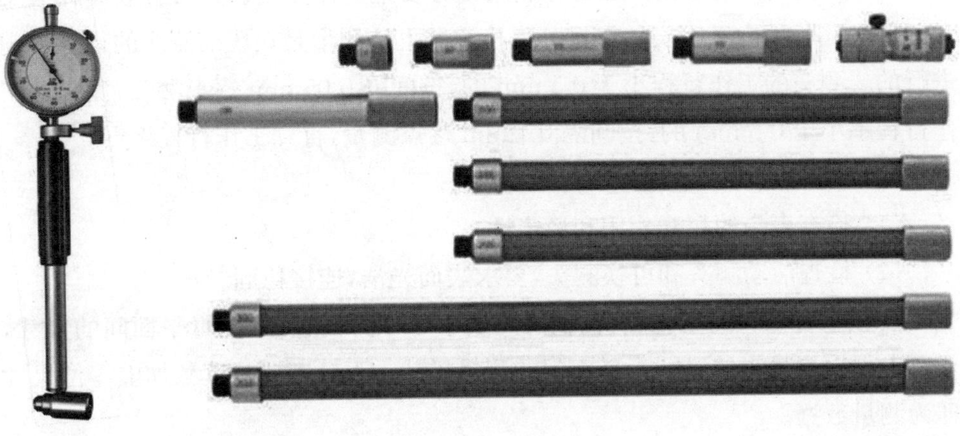

图 1-7 内径表

1. 校准操作。

(1) 校准前受校内径表及所用标准器在校准室内平衡温度的时间一般不少于 2 h。

(2) 首先检查内径表外观,确定有没有影响校准计量特性的因素。如:内径表测量机构的移动应平稳、灵活、无卡住和阻滞现象。每个测头更换应方便,紧固后应平稳可靠。

(3) 检查测头测量面的表面粗糙度和测头的球面半径。用表面粗糙度比较样块比较。要求带定位护桥的内径表测头、活动测头的测量面和定位护桥接触面的表面粗糙度不超过 0.2 μm。

(4) 指示表的检定按《指示表检定规程》(JJG 34—2008)中要求进行。

(5) 对活动测头的工作行程进行校准。

(6) 对活动测头的测力和定位护桥的接触压力进行校准。

(7) 定中心装置的正确性校准。钢球式内径表是先将受校内径表钢球测头放进与专用环规尺寸相同的量块组成的内尺寸中,在互相垂直的两个方向上分别在平行和垂直于两侧块的工作面的平面内找最小尺寸(转折点),然后读数。在两个方向上的示值一致时放进专用环规内,在环规的轴向面内找最小读数,经修正后两次读数之差为校准结果。

(8) 示值变动性校准可在工作行程的任意位置进行。把内径表放进专用环规内，在环规的轴向面内找最小读数，记下读数。连续在同一位置重复进行5次，所得5个读数中，最大值与最小值之差即为校准结果。

(9) 涨簧式和钢球式内径百分表用百分表检定器测量。将百分表装在表架上，压缩一圈，把内径表安装在百分表检定器上。测量是在压缩测头的行程方向进行的。测头的工作行程小于0.5 mm的，按间隔0.05 mm逐点测量；测头的工作行程不小于0.5 mm的，按间隔0.1 mm逐点测量，直到工作行程终点。

2. 使用前检查。

(1) 检查表头的相互作用和稳定性；

(2) 检查活动测头和可换测头，要求表面光洁，连接稳固。

3. 读数方法。测量孔径，孔轴向的最小尺寸为其直径，测量平面间的尺寸，任意方向内均最小的尺寸为平面间的测量尺寸。百分表测量读数加上零位尺寸即为测量数据。

4. 正确使用。

(1) 把百分表插入量表直管轴孔中，压缩百分表一圈，紧固。

(2) 选取并安装可换测头，紧固。

(3) 测量时手握隔热装置。

(4) 根据被测尺寸调整零位。

用已知尺寸的环规或平行平面(千分尺)调整零位，以孔轴向的最小尺寸或平面间任意方向内均最小的尺寸对零位，然后反复测量同一位置2～3次后检查指针是否仍与零线对齐，如不齐则重调。为读数方便，可用整数来定零位位置。

(5) 测量时，摆动内径百分表，找到轴向平面的最小尺寸(转折点)来读数。

(6) 测杆、测头、百分表等配套使用，不要与其他表混用。

5. 维护与保养。

(1) 远离液体，不使冷却液、切削液、水或油与内径表接触；

(2) 在不使用时，要摘下百分表，使表解除其所有负荷，让测量杆处于自由状态；

(3) 成套保存于盒内，避免丢失与混用。

(五) 万用表

万用表(如图1-8所示)又称为复用表、多用表、三用表、繁用表等，一般以测量电压、电流和电阻为主要目的，是一种多功能、多量程的测量仪表。一般万用表可测量直流电流、直流电压、交流电流、交流电压、电阻和音频电平等，有的还可以测电容量、电感量及半导体的一些参数（如 β）等。充分熟练掌握万用表的使用方法是电子技术的最基本技能之一。

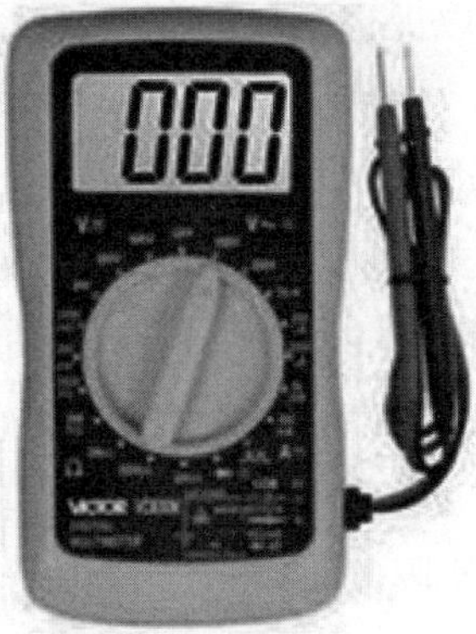
图 1-8　万用表

常见的万用表有指针式万用表和数字式万用表。指针式万用表是以表头为核心部件的多功能测量仪表，测量值由表头指针指示读取。数字式万用表的测量值由液晶显示屏直接以数字的形式显示，读取方便，有些还带有语音提示功能。万用表的直流电流挡是多量程的直流电流表。表头并联闭路式分压电阻即可扩大其电流量程。万用表的直流电压挡是多量程的直流电压表。表头串联分压电阻即可扩大其电压量程。分压电阻不同，相应的量程也不同。万用表的表头为磁电系测量机构，它只能通过直流，利用二极管将交流变为直流，从而实现交流电的测量。

1. 正确使用。

（1）使用前应熟悉万用表各项功能，根据被测量的对象，正确选用挡位、量程及表笔插孔。

（2）在被测数据大小不明时，应先将量程开关置于最大值，而后由大量程往小量程挡处切换，使仪表指针指示在满刻度的 1/2 以上处即可。

（3）测量电阻时，在选择了适当倍率挡后，将两表笔相碰使指针指在零位，如指针偏离零位，应调节“调零”旋钮，使指针归零，以保证测量结果准确。如不能调零或数显表发出低电压报警，应及时检查。

（4）在测量某电路电阻时，必须切断被测电路的电源，不得带电测量。

（5）使用万用表进行测量时，要注意人身和仪表设备的安全，测试中不得用手触摸表笔的金属部分，不允许带电切换挡位开关，以确保测量准确，避免发生触电和烧毁仪表等事故。

2. 使用注意。

（1）在使用万用表之前，应先进行“机械调零”，即在没有被测电量时，使万用表指针指在零电压或零电流的位置上。

（2）在使用万用表过程中，不能用手去接触表笔的金属部分，这样一方面可以保证测量的准确,另一方面也可以保证人身安全。

(3) 在测量某一电量时,不能在测量的同时换挡,尤其是在测量高电压或大电流时,更应注意。否则,会使万用表毁坏。如需换挡,应先断开表笔,换挡后再去测量。

(4) 万用表在使用时,必须水平放置,以免造成误差。同时,还要注意到避免外界磁场对万用表的影响。

(5) 万用表使用完毕,应将转换开关置于交流电压的最大挡。如果长期不使用,还应将万用表内部的电池取出来,以免电池腐蚀表内其他器件。

(六) 烟度计

烟度计(如图 1-9 所示)是测定农业动力机械排出废气中烟度的仪器。主要用于柴油机排出废气的测定。用活塞抽气泵从柴油机排气管中,按规定时间抽取一定容积的排气气体,并使之通过一定面积的滤纸,排气中的烟尘粒截留在滤纸上并使滤纸染黑。用光电测量装置测量滤纸的吸光率,该吸光率表示排气中烟度的大小。烟度计主要由活塞抽气泵、取样装置和光电测量装置组成。测量一般重复 3 次,求得算术平均值作为测得的烟度值。烟度值的数值范围为 0～10,空白滤纸的烟度为零,全黑滤纸的烟度为 10。

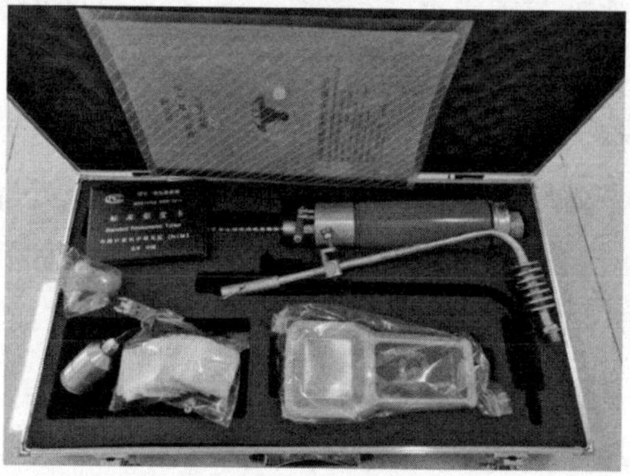

图 1-9　烟度计

(七) 故障诊断仪

发动机故障诊断仪(如图 1-10 所示)体积小巧,携带方便;支持网络自动升级,易于管理用户信息、软件版本和操作记录;支持多款发动机,具有诊断、整车功能标定、数据刷写等功能。可在电脑、手机、平板电脑上进行,支持包括 Windows、Android、IOS 等操作系统,是诊断集成工具跨时代革命的产品。

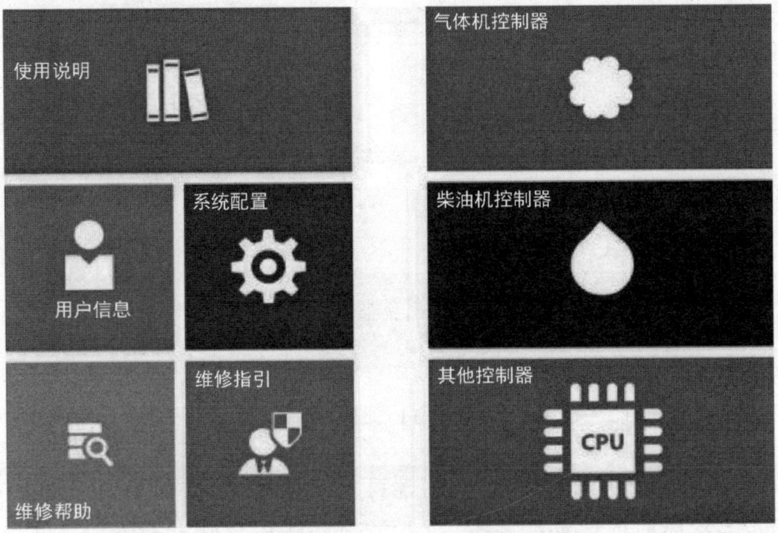

(a) 故障诊断仪软件界面

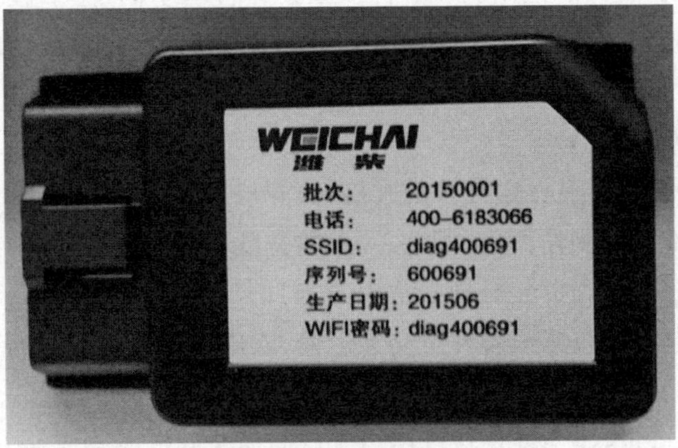

(b) 潍柴智多星

图 1-10　故障诊断仪

三、拆卸常用工具

(一) 螺钉旋具

螺钉旋具又称螺丝刀、起子等。按其头部形状可分为一字形和十字形两种，如图 1-11 所示。常用的为木柄螺钉旋具，其规格以杆部长度(不计木柄部分)来分。

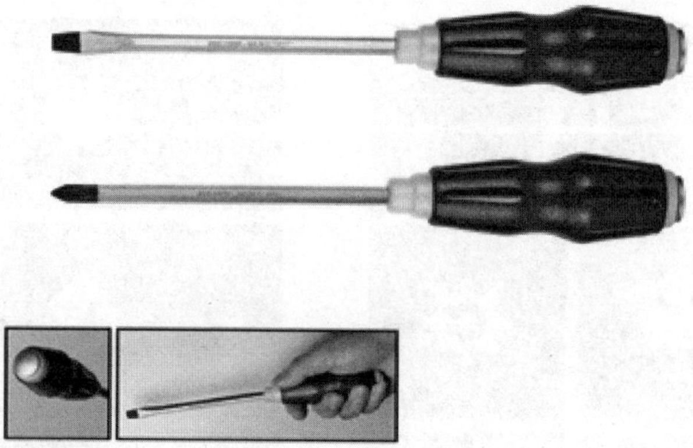

图 1-11　螺钉旋具

大螺钉旋具一般用来紧固较大的螺钉。使用时，除大拇指、食指和中指要夹住握柄外，手掌还要顶住柄的末端，这样就可防止旋具转动时滑脱。小螺钉旋具一般用来紧固电气装置界限桩头上的小螺钉，使用时可用手指顶住木柄的末端捻旋。较长螺钉旋具的使用：可用右手压紧并转动手柄，左手握住螺钉旋具中间部分，以使螺钉刀不滑落，此时左手不得放在螺钉的周围，以免螺钉刀滑出时将手划伤。

（二）双头扳手

双头扳手两端带有固定尺寸的开口，其开口尺寸与螺钉头、螺母的尺寸相适应，并根据标准尺寸制作而成。两头开口的宽度不同，每一把扳手都可以扳二种尺寸的螺栓或螺母，为拆装修理中常用的工具，如图 1-12 所示。双头扳手是一种通用工具，是装配机床或备件及交通运输、农用机械维修必需的手工具。双头扳手的制造材料一般选用优质碳钢锻造，通过整体热处理加工而成。产品必须通过质量检验验证，避免使用过程中由于产品质量问题所造成的人身伤害。

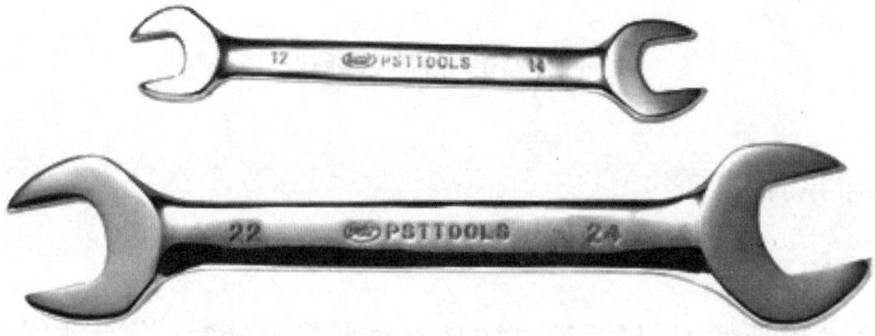

图 1-12　双头扳手

(三) 梅花扳手

梅花扳手是指两头为花环状的扳手，且两头花环不一样大。如：12－15，24－32，是现实生活中容易见到的，如图 1-13 所示。侧面看旋转螺栓部分和手柄部分是错开的。这种结构方便于拆卸装配在凹陷空间的螺栓、螺母，并可以为手指提供操作间隙，以防止擦伤。用在补充拧紧和类似操作中，可以使用梅花扳手对螺栓或螺母施加大扭矩。梅花扳手有各种大小，使用时要选择与螺母或螺栓尺寸相同的扳手。

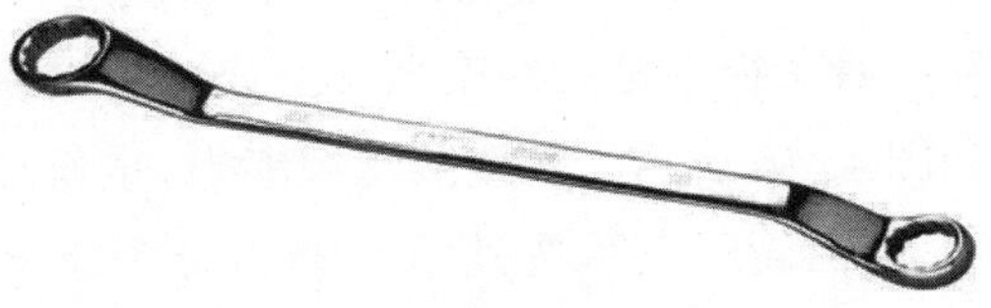

图 1-13　梅花扳手

在使用梅花扳手时，左手推住梅花扳手与螺栓连接处，保持梅花扳手与螺栓完全配合，防止滑脱，右手握住梅花扳手另一端并加力。梅花扳手可将螺栓、螺母的头部全部围住，因此不会损坏螺栓角，可以施加大力矩。扳转时，严禁将加长的管子套在扳手上以延伸扳手的长度增加力矩，严禁捶击扳手以增加力矩，否则会造成工具的损坏。严禁使用带有裂纹和内孔已严重磨损的梅花扳手。

(四) 套筒扳手

套筒扳手是由多个带六角孔或十二角孔的套筒并配有手柄、接杆等多种附件组成，特别适用于拧转地位十分狭小或凹陷很深处的螺栓或螺母，如图1-14 所示。当螺母或螺栓头由于所处位置所限，普通扳手不能工作时，就需采用套筒扳手。

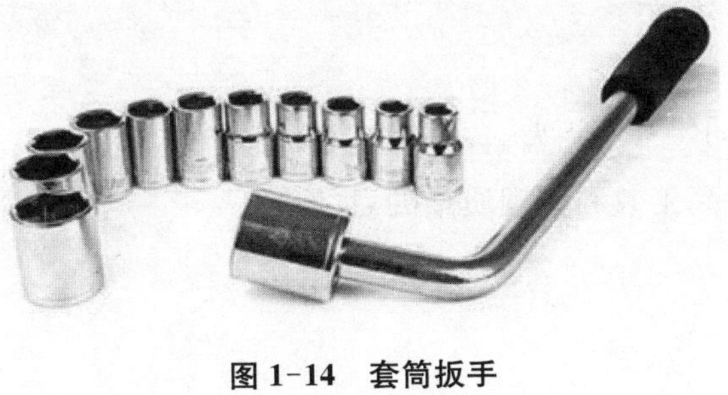

图 1-14　套筒扳手

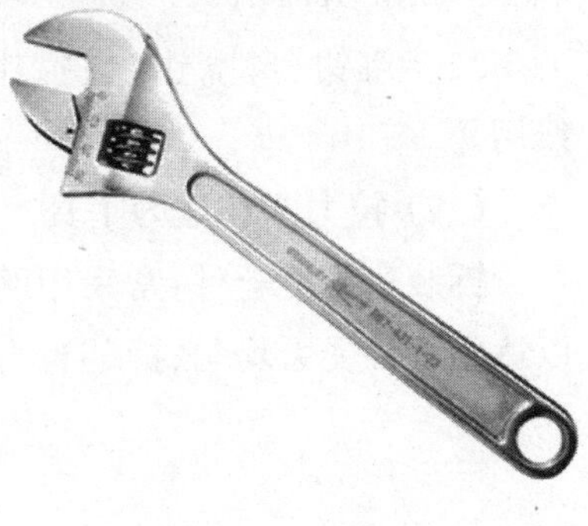

图 1-15　活动扳手

(五) 活动扳手

活动扳手简称活扳手，其开口宽度可在一定范围内调节，是用来紧固或起松不同规格的螺母和螺栓的一种工具，如图 1-15 所示。活动扳手由头部和柄部构成，头部由活动板唇、呆板唇、板口、涡轮和轴销构成。旋转涡轮可调节板口的大小。规格以长度×最大开口宽度（单位：mm）表示。活动扳手是维修工人的常用工具，因其开口可以在一定的范围内进行调节，使用起来很方便，不但可用于标准的公制螺栓和英制螺栓，而且还可用于某些自制的非标准螺栓。

（六）管子扳手（管钳）

管子扳手是一种用来夹持或旋转钢管类的工件，如图 1-16 所示。其按照承载能力、重量、款式等可分为多种，管子扳手按其承载能力分为重级、普通级两个等级；按重量分为加重型、重型、轻型；按款式分为英式、美式、德式、西班牙式、偏斜式、链条、鹰嘴双柄管子钳等；按柄部材质分为铝合金管子钳、铸钢管子钳、玛钢管子钳、球铁管子钳等。用钳口的锥度增加扭矩，通常锥度在 3～8 度，咬紧管状物。自动适应不同的管径，自动适应钳口对管施加应力而引起的塑性变形，在出现这种降低管径的效应下，保证扭矩不打滑。

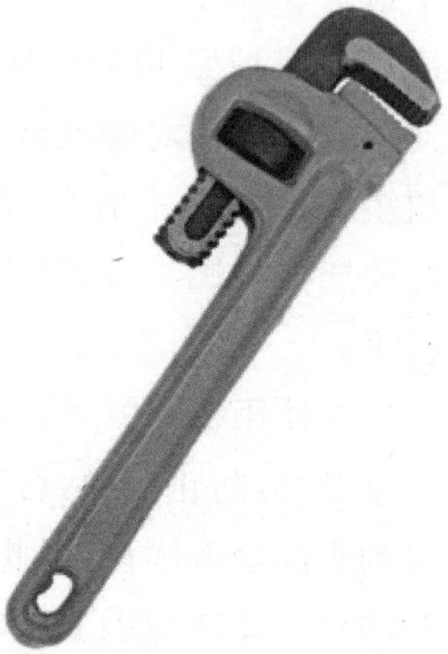

图 1-16　管子扳手（管钳）

（七）各种手钳

1. 钢丝钳。钢丝钳用于夹持或折断金属薄板和切断铁丝。

2. 鲤鱼钳。鲤鱼钳供夹持扁的或圆柱形零件用，规格按长度分有 165 mm 和 200 mm 两种。

3. 尖嘴钳、弯嘴钳、扁嘴钳。各种嘴形的钳适于夹持细小零件及电工接线用。

（八）拉力器和压力工具

拆装过盈配合件，常采用两爪和三爪拉力器、齿条式压力机、液压压力机等，以达到零件受力均匀、拆装省力、提高工效和修理质量的目的。

第二章　拖拉机安全使用和维护保养

第一节　驾驶证管理

一、驾驶证的申请

(一) 拖拉机驾驶证的管理部门

县级人民政府农业机械化主管部门负责本行政区域内拖拉机驾驶证的管理,其所属的农机安全监理机构承担驾驶证申请受理、考试、发证等具体工作。

县级以上人民政府农业机械化主管部门及其所属的农机监理机构负责驾驶证业务工作的指导、检查和监督。

(二) 拖拉机驾驶人员准予驾驶的机型

拖拉机驾驶人员准予驾驶的机型分为:

1. 轮式拖拉机,代号为 G1。

2. 手扶拖拉机,代号为 K1。

3. 履带拖拉机,代号为 L。

4. 轮式拖拉机运输机组,代号为 G2(准予驾驶轮式拖拉机)。

5. 手扶拖拉机运输机组,代号为 K2(准予驾驶手扶拖拉机)。

(三) 申请拖拉机驾驶证条件

1. 年龄:18 周岁以上,70 周岁以下。

2. 身高:不低于 150 cm。

3. 视力:两眼裸视力或者矫正视力达到对数视力表 4.9 以上。

4. 辨色力:无红绿色盲。

5. 听力:两耳分别距音叉 50 cm 能辨别声源方向。

6. 上肢：双手拇指健全，每只手其他手指必须有3指健全，肢体和手指运动功能正常。

7. 下肢：运动功能正常，下肢不等长度不得大于5 cm。

8. 躯干、颈部：无运动功能障碍。

（四）有下列情形不得申请拖拉机驾驶证

1. 有器质性心脏病、癫痫、梅尼埃病、眩晕症、癔病、震颤麻痹、精神障碍、智力残疾以及影响肢体活动的神经系统疾病等妨碍安全驾驶疾病的。

2. 3年内有吸食、注射毒品行为或者解除强制隔离戒毒措施未满3年，或者长期服用依赖性精神药品成瘾尚未戒除的。

3. 吊销驾驶证未满2年的。

4. 驾驶许可依法被撤销未满3年的。

5. 醉酒驾驶依法被吊销驾驶证未满5年的。

6. 饮酒后或醉酒驾驶造成重大事故被吊销驾驶证的。

7. 造成事故后逃逸被吊销驾驶证的。

8. 法律、行政法规规定的其他情形。

（五）拖拉机驾驶证应按照下列规定向农机监理机构提出申领

1. 在户籍所在地居住的，应当在户籍所在地提出申请。

2. 在户籍所在地以外居住的，可以在居住地提出申请。

3. 境外人员，应当在居住地提出申请。

二、驾驶证考试

（一）符合拖拉机驾驶证申请条件的，农机监理机构应在规定时间内安排考试

符合驾驶证申请条件的，农机监理机构应当受理并在20日内安排考试。

农机监理机构应当提供网络或电话等预约考试的方式。

（二）拖拉机驾驶证考试科目

拖拉机驾驶证考试由科目一理论知识考试、科目二场地驾驶技能考试、科目三田间作业技能考试、科目四道路驾驶技能考试四个科目组成。

1. 初次申领驾驶证考试科目。初次申领轮式拖拉机（G1）、轮式拖拉机运输机组（G2）、手扶拖拉机运输机组（K2）、驾驶证的，考试科目为科目一、二、三、四。

初次申领手扶拖拉机（K1）、履带拖拉机（L）驾驶证的，考试科目为科目一、二、三。

2. 增加准驾机型考试科目。驾驶人增加准驾机型的，考试科目按初次申领的规定进行，但已经考过的科目内容应该免考。所有增驾均免考科目一；含 G1 增驾 G2 的，还应免考科目二、三；含 K1 增驾 K2 的，还应免考科目三。

(三) 拖拉机驾驶证考试有关规定

申请人应当在科目一考试合格后 2 年内完成科目二、科目三、科目四考试。未在 2 年内完成考试的，已考试合格的科目成绩作废。

每个科目考试 1 次，考试不合格的，可以当场补考 1 次。补考仍不合格的，申请人可以预约后再次补考，每次预约考试次数不超过 2 次。

各科目考试结果应当场公布，并出示成绩单。成绩单由考试员和申请人共同签名。考试不合格的，应当说明不合格原因。

申请人在考试过程中有舞弊行为的，取消本次考试资格，已经通过考试的其他科目成绩无效。

三、驾驶证使用

(一) 拖拉机驾驶证记载和签注内容

1. 驾驶人信息：姓名、性别、出生日期、国籍、住址、身份证号码(驾驶证号码)、照片。

2. 农机监理机构签注内容：初次领证日期、准驾机型代号、有效期限、核发机关印章、档案编号、副页签注期满换证时间。

(二) 拖拉机驾驶证的有效期

拖拉机驾驶证有效期为 6 年。驾驶人驾驶拖拉机时，应当随身携带。

拖拉机驾驶人应当于驾驶证有效期满前 3 个月内，向驾驶证核发地或居住地农机监理机构申请换证。申请换证时应当填写申请表，提交以下材料：

1. 驾驶人身份证明。

2. 驾驶证。

3. 身体条件证明。

(三) 拖拉机驾驶证注销

拖拉机驾驶人有下列情形之一的，农机监理机构应当注销其拖拉机驾驶证：

1. 申请注销的。

2. 身体条件或其他原因不适合继续驾驶的。

3. 丧失民事行为能力，监护人提出注销申请的。

4. 死亡的。

5. 超过驾驶证有效期 1 年以上未换证的。

6. 年龄在 70 周岁以上的。

7. 驾驶证依法被吊销或者驾驶许可依法被撤销的。

(四) 拖拉机驾驶人在一个记分周期内累计记分达到 12 分的处理

拖拉机运输机组驾驶人在一个记分周期内累计达到 12 分的，农机监理机构在接到公安部门通报后，应当通知驾驶人在 15 日内接受道路交通安全法律法规和相关知识的教育。驾驶人接受教育后，农机监理机构应当在 20 日内对其进行科目一考试。驾驶人在一个记分周期内两次以上达到 12 分的，农机监理机构还应当在科目一考试合格后的 10 日内对其进行科目四考试。

第二节 拖拉机驾驶方法

一、驾驶基本要领

(一) 拖拉机出车前就应做好安全技术检查

1. 发动机的启动性能良好，怠速稳定，加速平稳，无异常声响，无漏油、漏水、漏气“三漏”现象。

2. 传动系工作平稳，离合器踏板行程及变速机构工作正常。

3. 行走系检查轮胎气压是否符合说明书要求，钢圈应无损坏、变形，轮胎应完好，螺栓应紧固。

4. 转向系的方向盘应转动灵活，操纵方便，自由行程符合规定。

5. 制动系检查制动踏板自由行程，自由行程应符合规定，制动可靠、不偏刹、不跳蹦。

6. 检查灯光信号装置是否齐全，功能是否正常。

7. 检查拖拉机发电机、调速器、蓄电池、启动机、喇叭、液压系统工作是否正常。

(二) 拖拉机起步前的准备工作

1. 起步前的准备工作包括：调整座椅前后位置、头枕高度、后视镜角度、检查操纵装置是否处于初始位置、启动发动机、检查仪表等内容。

2. 先对周围的情况进行了解，看有无障碍物，并且要鸣笛，然后把制动器踏板锁定板松开。

3. 要是处于斜坡上，则需要同时将制动踏板松开。

4. 起步要做到无冲动、无振动、无熄火。

（三）拖拉机的起步操作要求

1. 发动机启动后，应以中速空转，先预热发动机，并检查运转情况和仪表读数，待水温升到 40℃以上方可起步。

2. 拖拉机起步前，应检查拖挂的农具或挂车的连接情况，悬挂农具应能升起，同时要察看周围有无人、畜或其他障碍物，在确认无误后才能起步。

3. 起步时应挂低速挡，缓慢抬升离合器踏板，适当加大油门平稳起步。

4. 轮式拖拉机在上坡过程中起步，应一手握方向盘，一手控制油门，右脚缓慢松开制动器，左脚缓松离合器，使机车缓慢起步。

5. 拖拉机在下坡过程中起步，应在缓松制动器的同时，缓松离合器，使拖拉机平稳起步而不发生溜坡现象。

6. 进行犁耕作业的拖拉机起步时，应先使农具升起，同时使拖拉机缓慢倒退，待农具离开地面后再挂前进挡，并下降农具，再进行正常作业。

（四）拖拉机安全起步注意事项

1. 准备起步时，应先观察周围交通情况，并打开转向灯向其他车辆或行人示意。

2. 通过内、外后视镜向左、右转头观察，确认安全后方可起步。

3. 采用气压制动的拖拉机，须注意气压表的压力是否达到额定值。

（五）拖拉机启动时的注意事项

1. 要注意做到仔细检查。要检查有无润滑油和燃油；检查变速杆是否置于空挡位置；检查有无冷却水，严禁无冷却水启动。

2. 冬季启动前，不准用明火烘烤机体；严冬季节启动前应先加 70℃左右温水预热，不能加大量的沸水。

3. 手摇启动时要握紧摇把，启动后应立即取出摇把。

4. 使用电动机启动时，每次启动工作时间不得超过 10 s；一次不能启动时，应间歇 2 至 3 min 再启动。严禁用金属件直接搭火启动。

5. 拖拉机不准用牵引、溜坡方式启动。如遇特殊情况，应急使用牵引启动时，牵引车与被牵引车之间必须刚性连接，有足够的安全距离，并有明确的联系信号；溜坡滑行启动时，要注意周围环境，确保安全，并有安全应急措施。

6. 主机启动后，应低速运转，注意倾听各部有无异常声音，观察机油压力，并检查有无漏水、漏油、漏气现象，应怠速升温，待发动机运转正常，温度达 50℃时，方可换低速挡起步。

（六）拖拉机驾驶的正确姿势

1. 上车后将身体对正方向盘并保持正直，后背轻靠于后背椅上，此时，根据身高可对座位予以前后调整至合适状态，有安全带的变型运输机要按规定系好安全带。

2. 两眼平视前方，左手轻握方向盘左上方（相当于钟表 9—10 点处），右手轻握方向盘左上方（相当于钟表 3—4 点处），如图 2-1 所示，且两手放松自然下垂，此时，左手和右手大拇指应自然伸直靠于方向盘轮缘上部，其余四指应由外向内轻握。

3. 左脚放在离合器踏板下方，右脚掌轻放于加速踏板 2/3 处，总之，使自己坐在座位上身体轻松、舒适、自然，动作协调灵活即可。

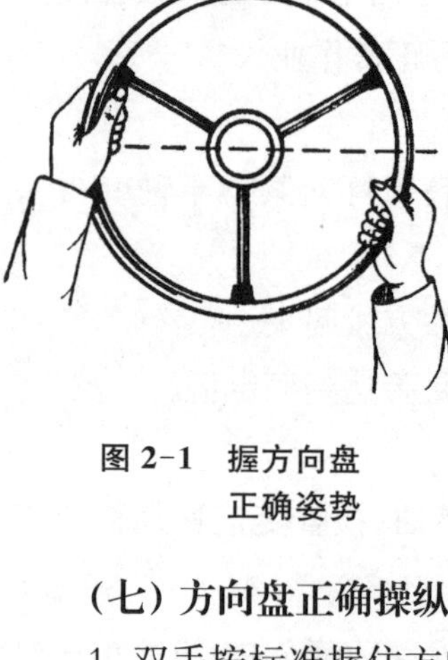

图 2-1　握方向盘正确姿势

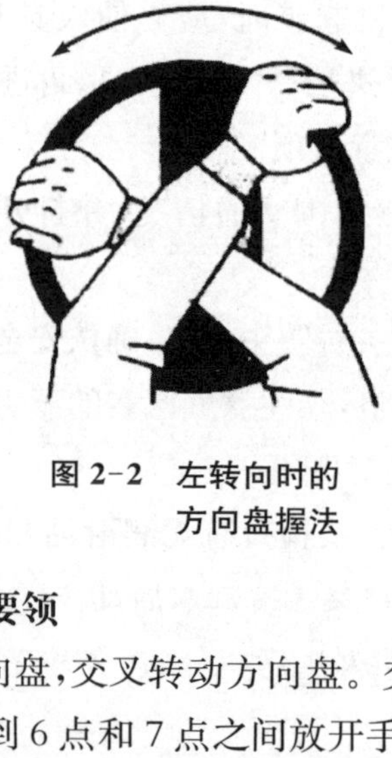

图 2-2　左转向时的方向盘握法

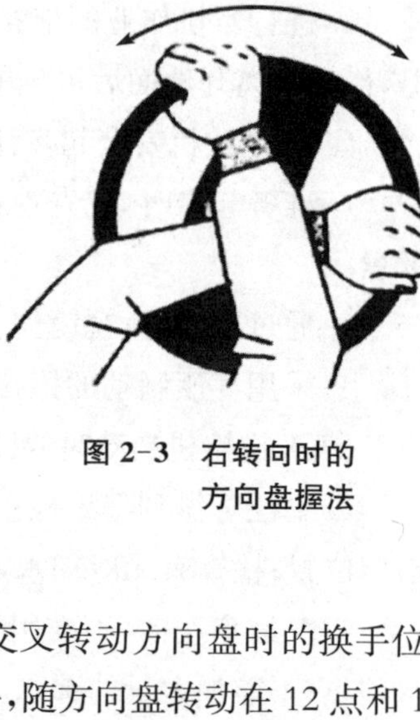

图 2-3　右转向时的方向盘握法

（七）方向盘正确操纵要领

1. 双手按标准握住方向盘，交叉转动方向盘。交叉转动方向盘时的换手位置：向左转向时，左手转动到 6 点和 7 点之间放开手，随方向盘转动在 12 点和 1 点之间再握住方向盘继续转动，右手转动到 8 点和 9 点之间放开手，随方向盘转动至 3 点和 4 点之间再握住方向盘，如图 2-2 所示。

2. 向右转动时右手在 4 点和 5 点之间放开手，在 11 点和 12 点之间再握住方向盘，左手转动至 3 点和 4 点之间放开手，随方向盘转动至 8 点和 9 点之间再握住方向盘继续转动，如图 2-3 所示。

(八) 操纵方向盘注意事项

1. 转动方向盘动作要轻柔,转动的角度要根据速度和转动的角度来调节,不同速度转动量不同。

2. 严禁双手同时离开方向盘。

3. 转动量较大时,不要两个手一点一点的转,要双手交替操作。

4. 在高低不平的路上要注意握紧方向盘。

5. 尽量避免原地打方向盘,否则会磨损轮胎,影响前轮定位参数。

6. 拖拉机转小弯或在松软的土地上和水田中,由于前轮的侧滑使转向不灵时,驾驶人可在转动方向盘的同时踩下与转弯方向相应一边的制动器踏板来辅助转向(事先应将左右制动器联锁块松开)。

7. 全液压转向阻力超过规定值时,安全阀起作用产生溢流并发出吱吱声时,此时方向盘应少许退回一些,避免转向系统长时间过载。

(九) 操纵离合器的技术要点

1. 操纵离合器的一般原则是"快离慢合"。即对离合器的要求是:分离要快,做到干净利落;结合要慢,做到平顺柔和无冲击。

2. 驾驶时,不应把脚搁在离合器踏板上,以免引起分离杠杆和分离轴承加速磨损。

3. 除了倒车、挂接农具等特殊情况外,不应用半分离离合器的方法控制车速,以免离合器发热,加速摩擦片磨损。

(十) 仪表观察的主要内容

驾驶人在工作时,要时刻注意各种仪表及指示灯,若发生异常情况,应立即停车、检修。拖拉机的仪表一般有:

1. 发动机转速表。由转速表和速度参考表组成。外圈数字为拖拉机最高挡行驶时参考车速(千米/小时,km/h)(备用);内圈数字为发动机的转速(转/分,rpm)。

2. 水温表。用来指示发动机冷却系统的水温,发动机正常工作时水温应在80～90℃范围内。

3. 油量表。用刻度标记油量,E 为空,F 为满。

4. 蓄电池充电报警灯(红色)。发动机启动后该灯应熄灭,表示蓄电池充电正常。若为电流表,则发动机启动后,电流表指针应指向"+"端。

5. 发动机油压报警灯(红色)。发动机启动后,该灯熄灭表示润滑系统正常。发动机怠速时,该灯可能亮。这是因为怠速时润滑系统压力低,属于正常现象。如果发动机在正常转速，该灯自亮，应立即停机检查。若该机为机油压力指示表，则发动机启动后，机油压力应指示在 0.2～0.4 MPa 之间。

（十一）正确使用灯光

1. 车辆向左转弯、向左变更车道、准备超车、驶离停车地点或者掉头时，应当提前开启左转向灯。

2. 车辆向右转弯、向右变更车道、超车完毕驶回原车道、靠路边停车时，应当提前开启右转向灯。

3. 驾驶车辆夜间在道路照明情况良好的情况下，需开近光灯、示廓灯和后位灯。

4. 车辆在夜间没有路灯、照明不良或者遇有雾、雨、雪、沙尘、冰雹等低能见度情况下行驶时，应当开启前照灯、示廓灯和后位灯，但同方向行驶的后车与前车近距离行驶时，不得使用远光灯。车辆雾天行驶时应当开启大灯和危险报警闪光灯。

5. 车辆在道路上发生故障或者发生交通事故，妨碍交通又难以移动的，应当按照规定开启危险报警闪光灯，夜间还应当同时开启示廓灯和后位灯。

（十二）拖拉机换挡技术要领

1. 如果低速挡换高速挡，先加油，以提高车速。然后，踩下离合踏板，再迅速将变速杆扳到更高挡。

2. 如果由高速挡换向低速挡，要采用两脚离合一脚控油的方式。即：先减小油门降低车速，然后分离离合器，并迅速摘挡，再抬起离合器踏板挂上低级挡位。最后平稳加油，换挡完毕。

3. 带有同步器的拖拉机换挡时则无需以上两点，同步器换挡即通过同步器的摩擦使换挡的齿轮线速度保持相同，从而实现轻松换挡。

4. 驾驶人变换挡位操作时双目要注视前方，不能低头换挡。同时还要保持身体端正，不能随手摆动上身，使上身自然性放松。

5. 换挡不得左顾右盼，或低头看变速杆，对变速杆不得强推硬拉。

6. 变速时应注意逐级进行，不能超越挡位。变换前进或倒退方向时，待机动车停稳后，方可换挡。

（十三）拖拉机换挡有哪些注意事项

1. 换挡要做到迅速、准确、平顺，不打齿轮。

2. 拖拉机在行驶的过程中，当运动阻力增大需要牵引力大的情况时，应选用低速挡。

3. 上下坡时应选用低速挡，保持车速均匀，中途禁止换挡，以免操作不当引起下滑。

4. 在路面条件好，发动机有足够的功率时，应选用高速挡。高速挡行驶速度快，节约燃油，但必须确保交通安全。

（十四）拖拉机制动的技术要点

1. 在正常行驶的情况下，当车速较高时，一般是迅速地减小油门，利用发动机制动，降低车速，同时可用制动器间歇制动。然后再踩下制动踏板，同时踩下离合器踏板，达到短距离内停车。

2. 在紧急情况下，应迅速踩下制动踏板，同时踩下离合器踏板。要尽量采用预见性制动，非紧急情况下不要采用紧急制动。

（十五）拖拉机倒车的技术要点

1. 拖拉机倒退行驶时，要利用倒车镜，保持思想集中，采用抵挡小油门减速，而且必须前后兼顾，密切注意有无人员和障碍物，并根据实际情况随时准备制动。

2. 首先应保证有足够的倒车空间。

3. 拖拉机在倒车转弯时若需改变方向，应使方向盘的转动方向与所要转的方向一致，使正在按原方向转弯的车头的转弯半径小于挂车的转弯半径，挂车即可改变方向。

4. 当挂车转向后将方向盘回正，使车头与挂车同向实现直线倒车。

5. 倒车挂接农具或倒车入库时，要通过踩踏离合器踏板减速，协助完成倒车过程，并随时准备踩踏制动踏板。

（十六）拖拉机停车的技术要点

1. 短暂停车时，可将离合器和制动器踏板同时踏下，便可实现临时停车。

2. 较长时间停车时，踏下离合器和制动器踏板后，再将制动器踏板锁定，发动机熄火，选择适宜的地点停车。

3. 停车时，注意先减小油门，降低行驶速度。再踏下离合器踏板，将变速杆放置空挡位置，踏下刹车踏板，实现安全停车。

4. 下车后，可用石头或砖头将车轮抵住，以防拖拉机后滑。

二、道路驾驶

（一）拖拉机驾驶的基本规定

1. 拖拉机禁止在高速公路、大中城市中心城区内的道路通行。

2. 禁止在省、市、自治区、直辖市人民政府所规定不能行驶的道路、区域内行驶。

3. 在允许拖拉机通行的道路上，拖拉机可以从事货运，但是不得用于载人。

（二）道路驾驶的基本要求

1. 行车中应遵守交通法规，严格按照交通信号或民警指挥信号行驶。

2. 在道路上行驶时，不得超过限速标志表明的最高车速；在没有限速标志的路段，应当保持安全车速。

3. 熟练掌握车辆的驾驶要领，对机组前后、左右的空间位置要有恰当的感觉。

4. 行车中不得有吸烟、接打电话等妨碍安全的驾驶行为。

5. 保持安全行车，行驶中正确使用各种灯光，窄路会车时应减速靠右行驶或让行。

6. 不使用空挡滑行，不在禁止停车的地方停车，不争道抢行或违反道路行驶规定。

7. 经人行横道时，应当减速行驶；遇行人正在通过人行横道，应当停车让行。

8. 经没有交通信号灯的道路时，遇行人横过道路，应当避让。

（三）拖拉机在一般道路驾驶时行驶路线如何规定

1. 若路面较宽且平坦，应靠右侧行驶。

2. 若路面较窄，在无会车和超车的情况下，可在道路中间行驶。

3. 行驶中应尽量选择较好路面行驶，避开道路上的尖石、棱角物等。

（四）道路驾驶的行车速度

1. 拖拉机的行驶速度，应根据道路、气候、拖载等情况确定。

2. 道路宽阔、空闲、视线良好时，在保证交通安全的原则下，应尽量保持车速均匀。

3. 通过居民区、路口、桥梁、铁路、隧道以及会车时，均需提前减速，提高警惕。

4. 在考虑经济车速的同时，严格遵守限速规定，一般拖拉机的正常行驶速度在 20 km/h 左右，最高行驶速度一般不超过 30 km/h。

5. 拖拉机工作时，不应经常超负荷，要使发动机具有一定的功率储备；拖拉机田间工作速度应选择使发动机接近于满负荷工作为宜。

（五）道路驾驶的行车间距规定

1. 拖拉机在道路上行驶时，必须保持一定的距离。在公路上应保持在 30 m 以上，在市区应保持在 20 m 以上，在冰雪道路上应保持在 50 m 以上。

2. 在雨雾天气视线不清时，要加大间距。拖拉机行驶的同向、异向、侧向间距一般在 1.5 m 左右。在雨、雪、雾天气，路滑、视线不清时间距应适当加大。

(六) 轮式拖拉机转向时的注意事项

1. 拖拉机在任何情况下的转向都应在减速的过程中实现，先减小油门或换低挡，再转弯。其技术要点是减速、鸣喇叭、开转向灯、靠右行。

2. 转大弯时，方向盘慢转慢回正；转小弯时，方向盘快转快回正。

3. 转弯时，由于拖拉机前后轮轮迹不重叠，要注意内轮差。

4. 拖拉机牵引或悬挂农具转弯时，一定要前后兼顾。田间作业时，必须先将农具的工作部件升至地表以上后，才能转向操作。

5. 若地面滑溜，附着力比较小，方向盘转向困难时，可踩下转向一侧的制动踏板，通过单边制动来协助拖拉机转向。

(七) 手扶拖拉机的转向操作方法

手扶拖拉机的转向，主要通过操纵左右转向手柄和扳动扶手架来实现。

1. 一般平路或上坡时，操纵右转向手柄，向右转弯；操纵左转向手柄，向左转弯，直线高速行驶作小的方向调整，不需操纵转向手柄，只需推动扶手架即可。

2. 当配带乘坐装置时，还可用偏转尾轮的方法帮助转弯。向前蹬右脚踏板，拖拉机向右转弯；反之即向左转弯。

3. 手扶拖拉机下坡时，当拖拉机的三角传动带的上方皮带由紧边变为松边(有明显的颤动)和当扶手架有向上的抬力时，此时拖拉机出现“反转向”，转向操作必须与平地或上坡时的操作相反。当然，也可以用力直接推摆扶手架进行转向。

(八) 拖拉机牵引故障车的基本规定

1. 被牵引的机动车除驾驶人外不得载人，不得拖带挂车。

2. 拖拉机只允许牵引 1 辆挂车，挂车的灯光信号、制动、连接、安全防护等装置应当符合国家标准。

3. 被牵引的机动车宽度不得大于牵引拖拉机的宽度。

4. 牵引车和被牵引车均应当开启危险报警闪光灯。

5. 转向或者照明、信号装置失效的故障机动车，应当使用专用清障车拖曳。

(九) 拖拉机会车时技术要点

1. 注意保持两交会车之间的间距，即两车会车时的侧向间距最小不可小于 1 m。雨、雪、雾天、路滑、视野不清时，会车间距应适当加大。同时要注意有关过往非机动车辆和行人，并随时准备制动停车。

2. 在有障碍物的路段会车时，有障碍物的一方应让对方先行。在狭窄的坡路会车时，上坡的一方先行；但下坡的一方已行至中途而上坡的一方未上坡时，下坡的一方先行。夜间会车，在距对方来车 150 m 以外改用近光灯，在窄路、窄桥与非机动车会车时应使用近光灯。

3. 如果拖拉机带有拖车时，应当提前靠右行驶，并保持拖拉机与拖车在一条直线上。

（十）拖拉机超车技术要点

1. 超车时，应当提前开启左转向灯、鸣喇叭（夜间超车需变换使用远、近光灯）；在确认有充足的安全距离后，从被超车的左侧超越，在与被超车辆保持必要的安全距离后，开右转向灯，驶回原车道；在快车道上行驶时，遇后车发出超车信号时，应变更到慢车道让行。

2. 超越停放的车辆时，必须减速鸣喇叭，同时要注意停车车辆突然起步或车门打开并有人从车上下来的情况；注意有人从车底向道路中间或一侧出来的情况，并随时准备制动停车。

3. 当被超车示意左转弯或调头时，或在一般不开阔的转弯地段，或因风沙等造成视线模糊时，或前车正在超车时，均不允许超车。

（十一）拖拉机夜间道路驾驶的技术要点

1. 正确使用好灯光，正确进行夜间会车。

2. 正确积累夜间驾驶经验，如发现远方路面有黑影，车到近处黑影消失，表明道路上有浅坑，如黑影仍存在，则表明有较深的坑，此时应减速通过或下车勘察后通过；行驶中若灯光突然照射到公路一侧，一般表明正接近弯道处，如灯光照射的路面突然消失，可能是急转弯或下陡坡，若灯光照射由远及近，表明车辆驶进有山体或屏碍的弯道；或到达起伏坡道的低谷段；或驶进上坡道。

3. 以路面的颜色识别道路（一般的碎石路面为例）：①在无月夜，路面为深灰色，路外为黑色；在黑夜，路面为黑白色，积水处为白色。②雨后，路面为灰黑色，坑洼、泥泞为黑色，积水处为白色。③雪后，车辙为灰白色，通过较多的车辆后呈灰黑色。

4. 在黑暗中，应利用路旁树木、电线杆及其他设置为目标，用以判断路面宽度，掌握行驶方向。此时应减速行驶。

（十二）拖拉机道路运输的驾驶技术要点

除按单车的基本驾驶操作方法进行外，还应注意下列驾驶操作要点：

1. 拖拉机运输作业时严禁超载、超速。重车在任何情况下均应以最低挡起步；转弯时要提前降低车速，适当放大转弯半径，防止挂车转弯时内轮碰撞车辆或行人；与来车相会，应减速靠边，并保持挂车直线行驶。

2. 在行驶中如感到车速突然加快或发动机动力突然增加，应检查挂车是否脱钩；行驶中如感到拖拉机突然无力，应停车检查挂车轮胎是否损坏；拖拉机摘挂一般不应在坡道进行。严格禁止用钢丝绳软挂拖车。

3. 进行拖拉机与挂车制动协调，首先调整挂车与拖拉机由同一个踏板制动，其制动动作应协调一致。若不协调，用改变可调推杆的长度来调整。如拖拉机制动过早，则出现挂车无拖印或压印。若拖拉机有较长的拖印，需适当缩短可调推杆的长度，反之则加长。

4. 行驶速度应能根据路面状况随时进行调节(坑洼、沟坎及平坦道路等)。

5. 作业前和行驶中有意识地检查牵引架、方向盘、转向拉杆的联接紧固情况及轮胎气压状况、牵引销锁定情况。

三、特殊条件下驾驶

(一) 酷暑天气的驾驶技术要点

1. 夏季的特点是昼长夜短，气温高，雷阵雨较多。行驶时应注意根据夏季特点，合理操作。

2. 在炎热天长时间行驶，会引起发动机、制动毂和轮胎温度升高。当轮胎温度升高时，应选择阴凉处休息自然降温，严禁用泼冷水或放气的方法来降低温度或气压。

3. 行车中应经常观察水温表，当水温过高时，应及时停车休息，利用发动机风扇，使机身逐渐降温，但不可马上使发动机熄火，应保持发动机怠速运转，待水温下降后再添加冷却水，切不可立即打开散热器盖，以免热气冲出，发生烫伤事故。停车添加冷却水时，不能将发动机内冷却水全部放出。

4. 炎热天气行驶时，应控制好车速，适当增加尾随距离。遇有情况应提前做好准备，尽量少用制动。

(二) 拖拉机冬季驾驶的注意事项

1. 驾驶拖拉机应慢行，不作急转弯、不经常换挡、不紧急制动。

2. 拖拉机上、下坡时，特别注意不换挡，以防下滑。

3. 轮式拖拉机可给驱动轮增加配重，并加装防滑装置。

4. 在冰雪路面上行驶时，由于路面光滑，制动距离加大，容易发生侧滑，应控制好车速，转向要适度（不可快速、大角度转向），制动应平稳（切忌紧急制动），力求避免车辆发生侧滑等危险情况。

（三）拖拉机在泥泞、沼泽、泥浆路上驾驶的技术要点

1. 合理选择行驶路线。

①选择比较平整或泥泞层较浅的路面行驶。有拱度的路面，尽可能骑路行驶，路面如已形成车辙，可循车辙前进。②在积水的路上行驶时，看不清水下情况，容易陷车，应尽量避开。③发现路面有土堆或坑洼时，应当细心判断，提防底盘碰擦或车轮陷落。若要绕行，也要核实所选路线的通过条件，确认安全可靠后，方可前进。

2. 保持车速均匀。

① 正确估计前方道路的泥泞程度和行驶阻力，提早换入所需挡位以保持足够的动力。中途避免换挡，如需换挡，要做到动作敏捷，联动平稳，时机相应提前。②尽量避免停车。泥泞路上起步比较困难，起步时离合器一定要缓缓松抬，有时可选择较高挡起步，以防驱动轮打滑空转。③均匀行驶，附着力比较稳定，能减少打滑，车速不易过高，以防打滑。

3. 缓慢操纵方向盘。行进中应尽可能保持直线行驶，需要靠边停车时应先在路中减速或换入低挡，逐渐地驶向路边。转弯时需提前减速，缓和地调整所需的转向角度，切不可猛打方向盘，以免引起严重的侧滑而发生事故。

4. 尽量避免制动。在泥泞路上减速时，无论是平路、下坡还是直线或弯道，应以利用发动机的牵阻作用为主，脚制动要慎用。因为在泥泞滑溜的路面上制动，制动力很容易超过附着力，车轮会被迅速“抱死”，产生滑动，加上各车轮的制动效果不可能完全一致，因此难免会使拖拉机产生侧滑，万一发生制动引起整车滑移时，要迅速放松制动踏板，并稳住方向。

（四）拖拉机涉水驾驶的技术要点

1. 涉水前。要查清水的深度、流速、流向和水底情况（泥沙或石底等），以及两岸上、下拖拉机的条件。在雨季结束后，还需了解上游洪汛的活动情况，如能通过，应结合所驾驶拖拉机的结构，确定涉水路线。如水面较宽，须设标记，也可在对岸选定某一固定物作为定向目标。涉水路线应以捷径为原则。如流速过急，则应以顺水流方向斜线通过为宜。如水深超过拖拉机的最大涉水深度时，还应采取措施，对油箱、机油尺孔和变速箱、后桥通气孔进行保护。

2. 涉水中。应用低速挡平稳地驶入水中，防止水花溅入发动机。行驶中，应保持足够的动力，避免途中变速、停车和急转向，做到平稳通过。如发现车轮空转时，应立即停车，不可勉强进退，并勿使发动机熄火，用人力或其他车辆向前或向后退出，以防机车越陷越深。如多车涉水时，不应同时下水，要依次过水。行进中，驾驶人要着眼固定目标，不可注视流水，以免视觉错乱，致使方向失控。

3. 涉水后。应选择空阔地区停车，卸除防水设备，将机车恢复原状，擦干电气受潮部分；检查散热器、底盘、轮胎有无异物，曲轴箱有无进水。如一切正常，先用低速挡行驶一段路程，并轻轻踏住制动踏板，让制动摩擦片和制动鼓发生摩擦，使水分受热蒸发，待制动效能恢复后，再正常行驶。

(五) 拖拉机雨天驾驶操作的注意事项

1. 遇到将要下雨时，行驶中应及时做好刮水器的检查和制动装置的技术状态检查。

2. 雨天行驶在渣油路面、泥泞路面或有油迹的路面上，拖拉机极易发生滑溜，应提高警惕，按滑路行车的操作方法谨慎驾驶。

3. 久雨天气中驾驶时，要注意路基情况，应选择安全路面行驶。在傍山路、堤路或沿河道路上，不宜靠边行驶或停车。超车、交会时更须注意，防止路肩坍塌，造成覆车事故。

4. 遇到特大暴雨，视线不清时，不要冒险行驶，应选择安全位置停车，并开亮小灯提示对向来车。

5. 道路积水时，应减速行驶，礼让行人，不可高速通过，防止污水飞溅和车辆"滑水"失控。

(六) 拖拉机风沙和雾天驾驶操作的注意事项

1. 出现风沙和雾天时，能见度低，视线不良，应注意降低车速，一般时速不要超过 15 km/h。

2. 雾中驾驶，应根据视线远近适当降低车速，白天也要开亮防雾灯或近光灯。

3. 行驶中要多鸣号，以引起行人、车辆的注意。

4. 听到来车喇叭，应鸣号反应，会车时要明灭灯光示意，以免眩目而撞车，要避免超车。

5. 雾重时，实在不能行驶，应开亮示宽灯，紧靠路边暂停。

(七) 拖拉机在乡村公路驾驶时的注意事项

1. 乡村公路路面窄，质量差，应降低车速要注意不要与畜力车、人力车、放养的牲畜家禽抢道行驶。

2. 超车时，应注意观察路面宽窄，前方有无来车、并要留有足够的侧向距离，减速通过。

3. 与牲畜交会时，不可强行鸣笛或猛轰油门，防止牲畜受惊发狂，影响交通。

4. 路过村庄、学校、单位门口时，应防备行人、车辆或牲畜突然窜入路面，以免发生事故。

(八) 拖拉机在城区道路驾驶时的注意事项

1. 进入城区，要熟悉城区道路交通情况（如单行线、限时通行等），按规定的路线和时间行驶。

2. 要各行其道，注意道路交通标志。无分道线时，应靠右中速行驶，前后车辆要保持适当的距离。临近交叉路口时，要及时减速，预先进入预定车道，并注意信号变化。

3. 遵守交通法规，严禁闯红灯。

(九) 拖拉机在山坡道路驾驶时的注意事项

1. 山路行车前，除对车辆进行正常保养外，应确保车辆的制动、转向、轮胎状态良好。

2. 坡道驾驶时，应全神贯注控制好车速，上、下坡时，前后两车间距应加大到 50 m 以上。

3. 下坡时，严禁熄火挂空挡滑行，尽量避免紧急制动，防止车辆失控和侧滑。换挡减速时，要先利用发动机制动减速，用两脚控制离合器减挡。

4. 行车中，如遇脚制动失灵等情况时，应保持沉着冷静，迅速减小油门，利用发动机制动，并配合手刹制动将车停住。

5. 横坡行驶时，一定要把牢方向盘，保持直线行驶。一旦出现突然倾斜情况需要调整方向时，应向下坡方向转动方向盘，而不能向上坡方向转动。

(十) 拖拉机在凸凹路面驾驶时的注意事项

1. 在凸凹不平路面驾驶时，驾驶人应背靠座椅坐稳，双手操纵方向盘，防止方向失控。

2. 注意观察路面情况，防止尖锐的障碍物或大坑损伤轮胎，控制好油门、车速。

3. 通过小横坑坎、台阶时，应握紧方向盘，防止操纵机构击伤手指、手腕。

4. 通过凹形较大或沟槽较宽的地段时，应提前减速，确保安全通过。

（十一）拖拉机通过渡口驾驶操作的注意事项

1. 拖拉机驶抵渡口时，应按顺序排队待渡，如在上下坡道上停车，应与前车拉长距离，驾驶人不得离车。

2. 上、下渡船应低速慢行，使前后轮胎均正对跳板，前轮接触跳板时，应缓踏油门，平稳上下。上船后，缓行至指定位置停车，锁紧制动后再熄火，然后将变速杆推入低挡，必要时用三角木将车轮塞好。

3. 下船后爬坡时，如坡陡或码头路面泥泞时，应特别小心，需与前车保持车距，以防前车倒退，避免发生撞车事故。

（十二）拖拉机通过铁路、桥梁、隧道驾驶操作的注意事项

1. 通过有人看守的铁道口时，要观察道口指示灯或看守人员的指挥。

2. 通过无人看守的道口时，要一停、二慢、三通过；通过道口时要低速慢行，中途不得换挡。

3. 通过桥梁时要靠右行，低速平稳地通过桥梁。如同时有多辆车过桥，要注意载重和车距。尽量避免在桥上换挡制动和停车。

4. 通过隧道之前，注意检查拖拉机装载高度是否超出隧道的限高，通过隧道时，应打开灯光，鸣喇叭，低速通过。

（十三）拖拉机驾驶在爆胎时应采取的应急措施

1. 极力控制方向。当意识到爆胎时，双手紧握方向盘，尽力抵住方向盘的自行转动，极力控制拖拉机直线行驶方向，若已有转向，也不要过度校正。

2. 轻踩制动踏板。在控制住方向的情况下，轻踩制动踏板，使拖拉机缓慢减速，待车速降至适当时候，平稳地将拖拉机停住。

（十四）拖拉机在侧滑时应采取的应急措施

1. 当制动引起侧滑，立即松抬制动踏板，并迅速向侧滑同方向转方向盘，及时回转方向，即可制止侧滑，修正方向后继续行驶。

2. 当转向或擦撞引起侧滑，不可踩制动踏板，而应依上述方法利用方向盘制止侧滑。

（十五）拖拉机在倾翻时应采取的应急措施

1. 当拖拉机倾翻力度不大，估计只是侧翻时，双手紧握方向盘，双脚钩住踏板，背部紧靠座椅靠背，尽力稳住身体。

2. 当倾翻力度较大或路侧有深沟，有可能连续翻滚，应及时跳车。跳车的方位应向翻车相反方向或运行的后方。落地前双手抱头，蜷缩双腿，顺势翻滚，自然停止。

四、农田作业

（一）拖拉机农田作业驾驶操作的注意事项

1. 作业前应做好各种准备和检查工作。

2. 田间作业应以低速或中速行驶，行进要平稳，转弯要缓慢。

3. 根据地块情况和农艺要求，选择合适的田间作业行走方法，以提高工作效率。

4. 作业中，转弯或倒车之前，一定要使已经入土的农具工作部件升出地面，然后再转弯，以免损坏农具或造成人员伤亡事故。

5. 在地面起伏较大的地块上作业时，要检查农具与拖拉机连接处是否有松动或脱落。

6. 如果农具需要有其他人员配合工作时，在拖拉机驾驶人和其他人员之间要有联络信号装置，以免因动作失调而出现事故。

7. 绝对不允许在悬挂机具升起而又无保护措施的情况下，钻到悬挂机具下方进行清理杂草、调整或检修工作。

8. 有两名驾驶人交替驾驶拖拉机作业时，在田头处休息的那名驾驶人不允许睡觉，尤其是夜晚更不能如此。

9. 带悬挂农具的拖拉机，如暂停时间较长，应将悬挂农具降落到地面，这样可保护液压悬挂系统和防止意外事故发生。

（二）拖拉机田间作业通常油门和挡位选择

1. 田间作业一般负荷较大，行驶速度较慢，主要以低挡位为主，并根据负荷大小适当调整油门。

2. 拖拉机作业时，为保证耕深和作业质量，如果拖拉机出现超负荷的情况，应立即换挡。

3. 播种作业时，运行速度要均匀，中间不要停机，否则会出现播种不均匀或有堆苗现象。

（三）耕翻作业的农业技术要求

1. 耕深应均匀一致，不重不露。要做到垄沟小、田角小、地面平、沟底平。

2. 耕出的土垡要窄，以利断条碎土，因而要求使用窄幅犁体。

3. 能适用作物茎秆回田耕作，要求翻垡好，覆盖严。

4. 耕冬闲田时，要求土垡断条碎裂，架空性好，以利晒垡，并使底层土冰冻风化。

5. 能满足畦作要求。在秋季种麦或油菜等作物时，应耕成畦田，以利排水；在种水稻时，又能拆畦填沟，以利水田平整。

（四）农田作业的安全操作规程

1. 作业机械的机容、机貌、技术状态及各种安全设备等必须符合国家的有关规定和农机监理部门的检验标准，未按规定检验或检验不合格的，不准使用。

2. 悬挂农具升起后不准进行保养、调整及排除故障。

3. 拖拉机牵引带有乘坐或脚踏装置机具，不准超员乘人，其他悬挂机具上严禁乘人。

4. 动力机械移动位置时，必须切断电源，待惯性转动完全停止后再进行，严禁强行制动。

5. 拖拉机拖带、悬挂农具通过村、镇或倒退时，必须有人护行指挥。

6. 拖拉机在悬挂农具、拖带挂车时，必须按规定功率匹配，拖拉机挂车须安装制动装置。

（五）农田作业的田间准备主要内容

1. 条田的边角、引渠地埂尽量修直取正，清除地表残茬、石头、废膜等。

2. 地表平整，表土细碎。

3. 对作业中不易看清、不能排除的障碍物，应作出明显标志。

4. 检查道路、桥涵宽度能否通过机组。

5. 规划作业小区。每个小区的宽度应是作业幅宽的整数倍。

6. 划出地头起落线。转弯地带宽度应为工作幅宽的整数倍。

（六）作业小区规划

作业前可以将地块规划为若干作业小区，使其宽度等于机组工作幅宽的整数倍，相邻作业小区的宽度应相等，作业小区的长、宽比应以(5～8)∶1为宜。

（七）转弯地带确定

转弯地带的宽度根据机组工作幅宽、挂接方式和行走方法而定，并应等于机组工作幅宽的整数倍。转弯地带宽度确定后，应事先用外翻法犁出一条起落线。

（八）机具选型与编组

1. 耕地作业的机具选型应根据地块面积、地表状态、土质结构、地块坡度及农业技术要求而定，地块面积大、土壤黏重、地表不平的条田一般选用履带式拖拉机牵引或悬挂犁，反之则可选用轮式拖拉机悬挂犁。

2. 长度在 100 m 以下的地块则宜选用中小型拖拉机耕作。机具编组时，主要根据拖拉机的标定牵引力和土壤比阻选定犁铧数，严禁拖拉机经常处于超负荷状态，作业速度选用 5～6.5 km/h，不宜长期在一挡状态下作业。

3. 为了保持土壤耕后的适宜墒度，通常采用复式作业机组，一般为犁后带耙、耢、合墒器、镇压器或施肥装置等。

(九) 耕地机组的作业方法

耕地机组的作业路线应沿着长度方向行驶，耕地作业方法有内翻法(闭垄法)、外翻法(开垄法)以及有环节内外翻交替法和无环节套耕法等。

1. 内翻法。如图 2-4 所示，机组从地块(小区)中心线左侧一半耕幅处进入，耕到地头起犁，右转弯后在中心线右侧一半耕幅处回犁，依次耕完整块地，耕后地块中间形成一个闭垄台。

2. 外翻法。如图 2-5 所示，机组从地块(小区)右地边一半耕幅进入，耕到地头起犁，左转弯后到地块(小区)左地边一半耕幅处回犁，依次耕完整块地，耕后地块中间形成一个墒沟。

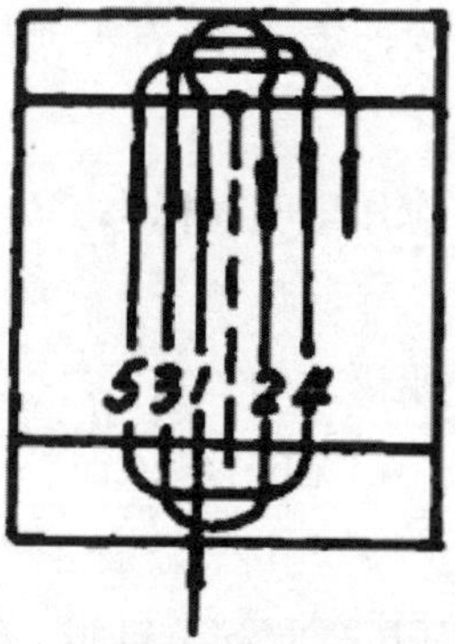

图 2-4　内翻法

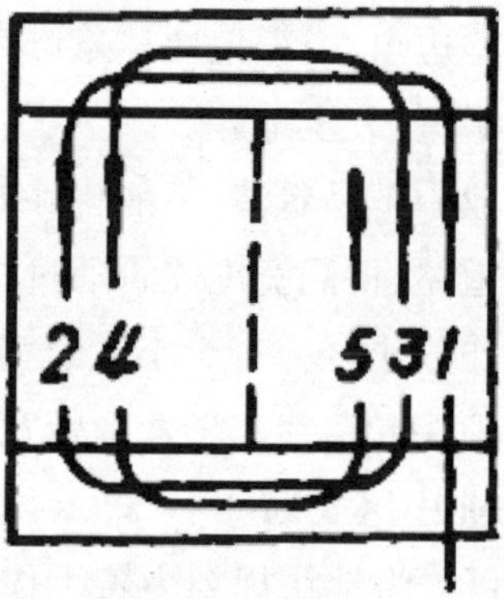

图 2-5　外翻法

3. 有环节内外翻交替法。在相邻几个作业小区内，依次交替地采用外翻法和内翻法进行。这种方法的特点是奇数区都采用内翻法，偶数区都采用外翻法，反之也可，耕后小区中间有一墒沟或垄台，而小区交界处无垄台或墒沟，地头转弯有环节，适宜较大地块的耕作。

4. 无环节套耕法。这种套耕法的特点是地头转弯无环节，故适宜宽而短的地块。根据驾驶习惯和地形情况又可以分为内翻套耕和外翻套耕等不同形式。

若选用双向犁耕作，通常采用梭形法，如图 2-6 所示。在离地边一半耕幅处进入，采用内翻法，返回时拖拉机轮胎走犁沟，采用外翻法把上一趟内翻土垡翻回原处，以后一直采用外翻梭形耕作法。

图 2-6　梭形法耕法

（十）耙地的作业方法

1. 两区套耙法。将条田划分为两个等宽小区，机组从小区一侧进入，从另一小区返回，采用顺时针或逆时针方向套耙，两小区同时结束作业，如图 2-7 所示。

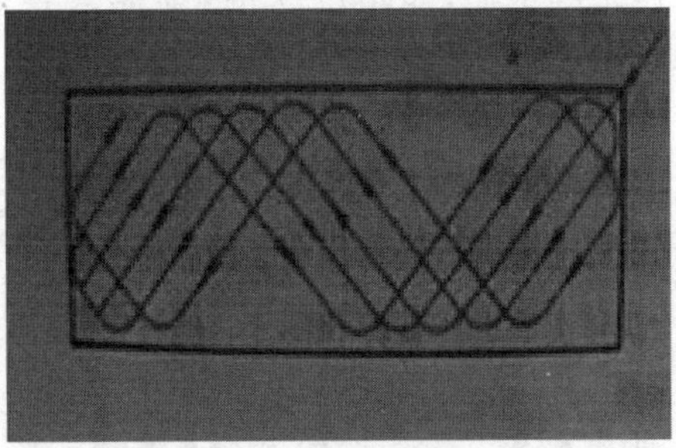

图 2-7　两区套耙法

2. 单区对角耙。地块近似正方形，机组沿着对角线偏过半个工作幅宽进入作业，到对角后顺时针或逆时针方向返回，依次作业，最后沿四周地边绕行 2～3 圈。

3. 多区对角耙。长方形地块，可分为若干个近似正方形的小区，连接起来对角耙。

4. 绕行向心耙或梭行单遍纵耙。如图 2-8 和图 2-9 所示。耙地作业应在最佳墒情时进行，作业第一圈时，应检查质量，必要时进行调整。作业速度一般在 6～8 km/h 为宜，要直线行驶，相邻两个幅宽可重叠 10～20 cm，转弯处防止漏耙。

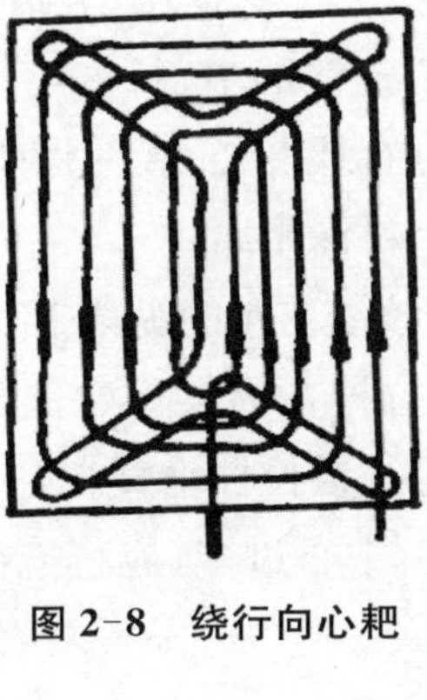

图 2-8　绕行向心耙

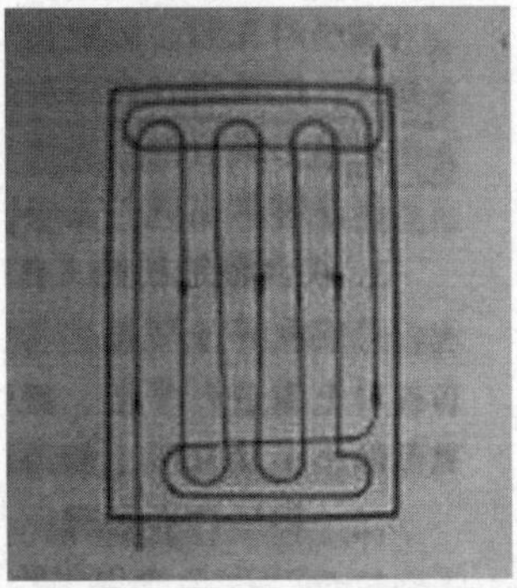

图 2-9　梭行单遍纵耙

（十一）播种作业的方法

1. 梭形播种法。由地块一侧进入，每一行程播完后，转一犁形弯而进入第二行程，顺序前进，直至播完主要地段以后再播地头，如图 2-10 所示。

2. 向心或离心播种法。向心播法是播种机组由地块一侧开始向内绕行。离心播法是机组由中间开始向外绕行，如图 2-11 所示。

3. 套播法。采用套播法播前应将地块划成偶数相等的小区，小区的宽度应为机组工作幅宽的整数倍。当小区宽度为机组工作宽度 3 倍时，地头转弯的空行距离最短；如超过 5 倍，则地头转弯的空行距离将比梭形播法长，如图2-12 所示。

图 2-10　梭形播种

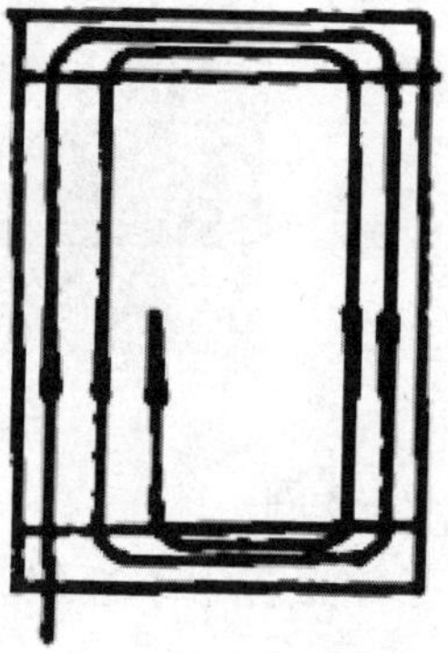

图 2-11　向心播种

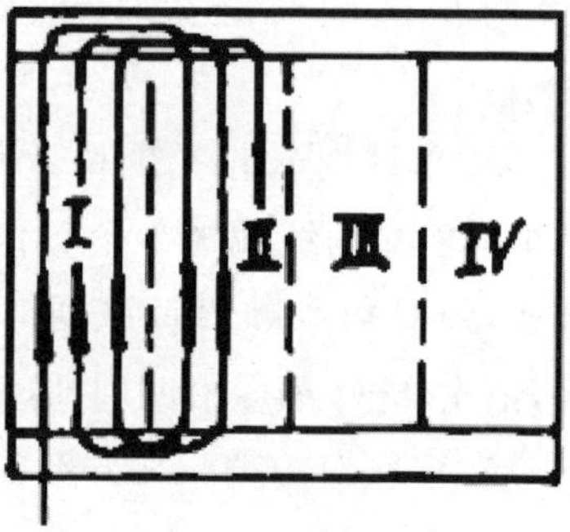

图 2-12　套播法

（十二）拖拉机与牵引犁的挂接要求

1. 犁的正确位置。将牵引犁置于平整的场地，犁底面在地面上，地轮升起一个耕深高度。

2. 阻力中心。犁的阻力中心在犁铧与犁壁交线（接缝线）上距沟壁 1/5～1/4 耕宽处；多体犁的阻力中心在各犁体阻力中心连线的中心。

3. 牵引点位置。在调整场地上，拖拉机的右履带在第一铧铧尾偏里侧 10 cm，牵引点高度应为牵引板距地高度增减一个耕深距离。

4. 牵引线要求。自阻力中心到牵引点拉线，该线与犁的纵梁平行。

5. 根据横拉杆、主拉杆的安装位置，找出横拉杆在纵梁下弯部分的安装位置以及主拉杆在横拉杆上的安装位置。主拉杆应与横拉杆垂直。

6. 偏牵引的挂接。若牵引点偏离拖拉机牵引中心过多，应将拖拉机和犁都适当偏挂。

（十三）拖拉机与牵引、悬挂、半悬挂犁的挂接方法和注意事项

拖拉机与牵引、悬挂、半悬挂犁的挂接应按说明书的要求进行机械的挂接。

挂接方法：

1. 牵引式。如图 2-13(a)所示，作业机械和拖拉机以单点挂接形式相连接，拖拉机仅起牵引和导向作用。

2. 悬挂式。如图 2-13(b)所示，拖拉机上设有悬挂机构，作业机械直接以两点或三点悬挂在拖拉机上，利用液压系统或机械方式使其升起或降落。悬挂式机组的机动性好，转弯灵活，所留地头小，倒车方便，适合于小块地作业。

3. 半悬挂式。如图 2-13(c)所示，作业机械通过悬挂架和拖拉机相连接。在工作状态时，作业机械前端由拖拉机支承，后端由作业机械的轮子起支承和稳定深度的作用。

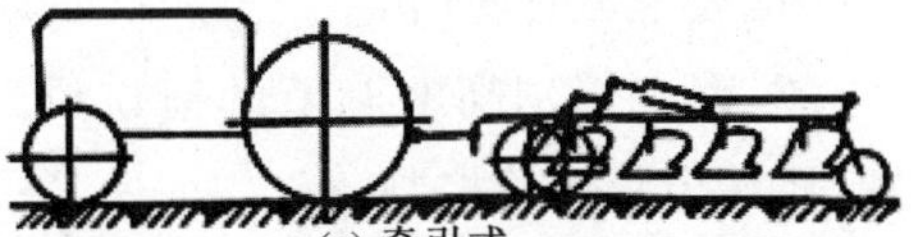

(a) 牵引式

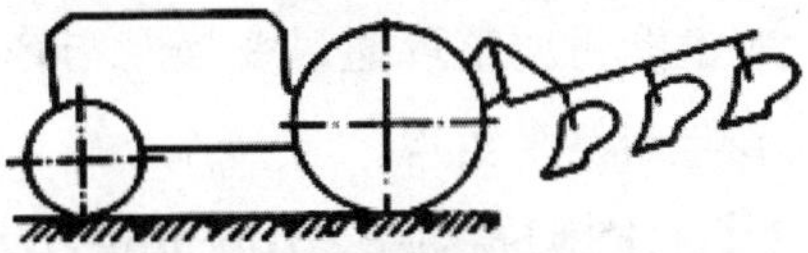

(b) 悬挂式

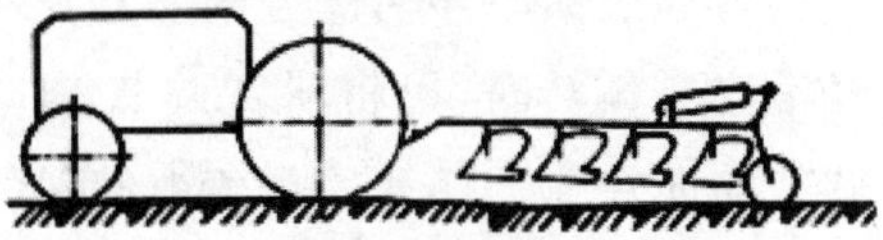

(c) 半悬挂式

图 2-13　拖拉机与犁的挂接

挂接时要注意：

1. 与手扶拖拉机的挂接。作业机具通常是用螺栓固定在变速箱体的后面与拖拉机构成一整体，注意对准接合平面上的定位销。当传动啮合不上时，稍转动传动轴，即可合上。

2. 与中型拖拉机的悬挂连接。拖拉机向后倒车与作业机具的左、右悬挂销连接，然后连接上拉杆、万向节。连接完毕后，提升作业机具稍离地面低速试运转，检查各部件是否正常，确认运转正常后方可正式作业。

（十四）犁水平调整的方法

耕地作业时，应将犁架调整到水平状态，以使犁体耕深保持一致。水平调整可通过纵向调整与横向调整实现。

1. 纵向水平状态可通过改变拖拉机悬挂装置中央拉杆双旋螺丝的长度来调整。

2. 横向水平状态可通过改变拖拉机悬挂装置的左、右吊杆双旋螺丝的长度来调节。

（十五）犁耕深调整的方法

1. 犁与采用力调节的拖拉机配套时，耕深由拖拉机液压提升器手柄控制。

2. 犁与采用位调节的拖拉机配套时，耕深由拖拉机液压手柄控制，此法适应于地表平坦时使用。

3. 犁与采用高度调节的拖拉机配套时，应将液压提升器手柄置于浮动位置，耕深由限深轮控制。

（十六）犁入土能力、耕宽调整的方法

入土能力调整可通过变换犁与拖拉机挂接孔位来实现。耕宽调整可通过耕宽调节器调整来实现。

（十七）拖拉机偏牵引调整的方法

可通过横向移动耕宽调节器在犁架前横梁上的左右位置来校正。当拖拉机经常向右偏转时，可将耕宽调节器向右移；当拖拉机经常向左偏转时，可将耕宽调节器向左移。移动的距离视偏斜的大小而定。偏牵引调整时必然会引起耕宽的变化，所以必须辅以耕宽调整，使犁保持正常耕宽作业。

（十八）拖拉机负荷调整的方法

在工作中如经常发现拖拉机超负荷或负荷不足时，一是可通过改变拖拉机速度进行调整，二是适当改变犁体的耕宽来调整。

（十九）犁正位调整的方法

在较松软的土壤中作业，犁侧板配置不当或产生变形致使犁的后部严重向未耕地偏斜时，应在后犁侧板与犁托连接的后一孔位置里加装垫片，以增大犁侧板与前进方向的偏角，达到犁工作状态的正位行走。垫片的厚度根据犁的偏斜程度来确定。

（二十）犁的综合调整

犁各项调整是相互影响，相互关联的。比如：调节耕深时，犁的纵向水平将随之发生变化；调节偏牵引时，又影响到第一铧的耕宽；垂直面调整又会影响水平状态。

对犁的综合调整是一项耐心细微而又技术性较强的工作。在调整时，首先要解决主要矛盾，然后辅以其他调节解决次要矛盾。调整的结果应满足如下要求：达到预定耕深，入土行程短，前后犁体耕深一致；拖拉机走直线好，耕宽稳定，驾驶人操纵方向容易；拖拉机负荷正常，效率高、耗油少。

(二十一) 拖拉机与圆盘耙的挂接方法

圆盘耙通过牵引或悬挂装置与拖拉机连接,在非系列对置牵引耙中,其牵引装置的垂直调节器有几个孔位,以改变挂接高度。在系列偏置耙上有牵引限位架,通过摇丝杆来改变挂钩的高度。为适应偏置耙的偏牵引,牵引杆可左右调节。当偏角不同时,牵引位置也应不同。

(二十二) 圆盘耙的调整方法

1. 工作深度的调节。调节手杆在齿板缺口内的不同位置,可以使耙组的角度在最小和最大范围内变化。当调节手杆放在缺口最前位置时,耙组偏角最大;在最后位置时,偏角最小。偏角越大,入土能力越强,耙得越深,碎土,翻土性能也越好,但过大易造成耙组负荷过重,耙片间拥土堵塞。

2. 配重的调整。根据土壤坚实度和工作深度的要求,可在配重箱上加上配重物,以达到预定耕深,并可防止耙的上下跳动。

3. 刮土器间隙的调整。为了避免耙片凹面粘土,刮土器应安装在与耙片外缘距离 2～3 cm 处,与凹面的间隙为 4～6 mm。

(二十三) 旋耕机的调整方法

1. 左右水平调整。将带有旋耕机的拖拉机停在平坦的地面上并降低旋耕机,使刀片距离地面 5 cm,观察左右刀尖离地高度是否一致,以保证作业中刀轴水平一致,耕深均匀。

2. 前后水平调整。将旋耕机降到需要的耕深时,观察万向节与旋耕机刀轴是否接近水平位置。若万向节夹角过大,可调整上拉杆,使旋耕机处于水平位置。

3. 提升高度调整。旋耕机作业中,万向节夹角不允许大于 10°,地头转弯时也不准大于 30°。因此,旋耕机的提升,对使用位调节控制耕深的机组,可用螺丝刀在手柄适当位置拧限位螺钉。使用高度调节法控制耕深的机组,提升时要特别注意,如需要再升高旋耕机,应切断万向节的动力。

(二十四) 播种机调整方法

1. 行距的调整。调整时,可将开沟器在横梁上横向移动并等距安装。

2. 播深的调整。播深主要取决于开沟器的开沟深度。开沟深度的调整部位有三处:①移动开沟器梁支板,使支板下移,开沟器入土角增大,沟深增加。②伸缩开沟器的吊杆长度,使吊杆伸长,开沟器位置降低,开沟深度增加。③改变吊杆上压缩弹簧的压力,当吊杆上的山形销上调时,则能增强弹簧压力,也可增加开沟深度。

3. 播量的调整。一般调节排种轮在排种盒内的工作长度，增加排种量。也可调节排种齿轮，提高排种轴转速，增加排种量。

第三节 维护保养

一、试运转

（一）定义

拖拉机的试运转也叫走合（或磨合）。

凡是新的或大修后的拖拉机，其相互配合工作的零部件，虽然已经经过精加工，但表面仍不是很光滑，且还存在一些细小的金属碎屑，如果直接投入负荷作业，会使零部件造成严重的磨损。应在正式作业之前，在良好的润滑的条件下按照一定的规程，进行逐渐加速、加载的空运转和负荷运转，这一过程叫作试运转。

（二）拖拉机试运转的作用

1. 可以使相互接触的运转表面磨合到最佳的配合间隙。

2. 可以发现一些松动的连接部件使其得到及时的紧固和调整。

3. 可以及时发现拖拉机在制造或修理、安装过程中的缺陷，并提前予以排除，提高其可靠性。

4. 可以降低拖拉机的内部机械磨损和动力损失，提高其动力性和经济性。

（三）拖拉机的试运转步骤

各种型号的拖拉机都有自己的试运转规程，详细的内容在其说明书上都有说明和规定。就其步骤来说，一般分为以下三个阶段进行。

1. 转速由低到高的发动机空载试运转。

2. 速度由慢到快的拖拉机空行试运转。

3. 负荷由少到多逐步增加的拖拉机负荷试运转。

（四）拖拉机试运转前准备工作

1. 了解拖拉机的构造、使用性能和操作方法，并熟悉其试运转规程，确定负荷运转方案。

2. 准备试运转的物品和工具等。

3. 检查拖拉机的技术状态，按规程进行必要的技术维护，注意清洁、润滑和紧固。

(五) 试运转过程中注意事项

1. 按拖拉机试运转规程，依次进行发动机空转、拖拉机空行和负荷试运转。

2. 试运转过程中应注意保持水温在 50 ℃以上起步，75 ℃以上加负荷作业，85 ℃以上进行正常轻负荷作业。

3. 应时刻注意倾听各部位的工作声响，观察各部位的技术状态，检查仪表读数及联接部件的紧固状况，发现异常情况，及时查明原因予以排除。

4. 拖拉机行驶要平稳，转弯要缓和，轮式拖拉机可在低速情况下进行单边制动小半径转弯。

5. 发动机空转结束后，对液压悬挂系统进行无负荷试运转后，方能进行负荷试运转。

6. 若在试运转过程中发现有异常现象，应及时停机检查，彻底排除故障后才能继续试运转。

(六) 拖拉机试运转后进行必要的工作

拖拉机试运转后应立即对其进行全面的技术维护，按照规定的内容和方法严格执行，一般要进行如下工作：

1. 更换各部位润滑油并清洗各润滑部位。

2. 放出冷却水或冷却液，另加清洁的软水或冷却液。

3. 检查调整各部位的间隙、压力、各操纵机构的行程等。

4. 按规定检查紧固外部螺栓、螺母等联接件。

5. 按润滑图表，使用正确的润滑油润滑各部位。

6. 将试运转情况记入拖拉机的技术档案。

(七) 我国主要型号拖拉机空行试运转规程要求

国产拖拉机空行试运转要求将柴油机油门放在 3/4 开度，各挡位磨合时间均为 30 min。

(八) 我国主要型号拖拉机负荷试运转规程要求

轻负荷磨合时发动机的油门为 3/4 的开度，中负荷和重负荷为全开。

(九) 拖拉机液压悬挂系统试运转

新拖拉机或大修后拖拉机的液压悬挂系统的试运转，应在拖拉机空驶试运转后，油液得到预热的情况下进行。起动发动机，将油泵离合手柄放到“合”的位置（无离合的机器无需此操作），操纵液压操纵手柄或位调节手柄，使悬挂机构提升下降数次，观察液压系统有无顶卡现象，然后挂上质量小于 300 kg 的农机具，在发动机额定转速下，使农机具平稳地提升和下降，其次数应不少于 20 次，观察农机具是否顺利提升，检查有无漏油之处。

（十）旋耕机试运转前的工作准备

1. 检查并紧固各连接件（螺栓、插销、十字接头）。

2. 用柴油清洗中间齿轮箱及侧边传动齿轮箱。

3. 向旋耕机变速箱加入齿轮油（加油至油尺要求为止），向侧边传动齿轮箱加入齿轮油至规定油面高度，各黄油嘴中注足黄油。

4. 升起旋耕机，用手转动刀轴，检查刀轴是否转动灵活。

（十一）旋耕机的试运转规程

1. 空负荷磨合：①发动机中油门：新机 1.5 h，大修机 0.5 h。②发动机大油门：新机 1 h，大修机 0.5 h。

2. 轻负荷磨合：水耕或耙地为 8 h。

二、技术保养

（一）拖拉机的技术保养定义

拖拉机在工作中，由于机件的运转、摩擦、振动、负荷的变化以及杂物堵塞等现象，导致拖拉机功率下降，工作效率降低，耗油率升高，各部件配合失调，部分或全部工作能力丧失，甚至导致严重故障和事故。为防止上述情况，保证拖拉机能正常工作并延长其工作寿命，必须定期对拖拉机各部件进行清洗、检查、紧固和调整，必要时更换零部件和易损件。这些工作就是拖拉机的技术保养。

（二）拖拉机技术状况变化规律

拖拉机在正常使用条件下，随着使用程度的逐渐增加，零件的自然磨损是导致拖拉机技术状况变坏乃致最后失去工作能力的主要因素。同时，拖拉机技术状况的恶化也有很多人为的影响因素。其具体表现为：

1. 农业技术性能下降：拖拉机动力性变差，拖拉机最高时速降低、最大爬坡度减小、加速能力及牵引能力下降等。

2. 经济性能变差：拖拉机燃油、润滑油消耗明显增加，运行成本增加。

3. 工作可靠性变差。

零件的自然磨损变化规律为：

如图 2-14 所示，变化规律一般分为三个阶段。

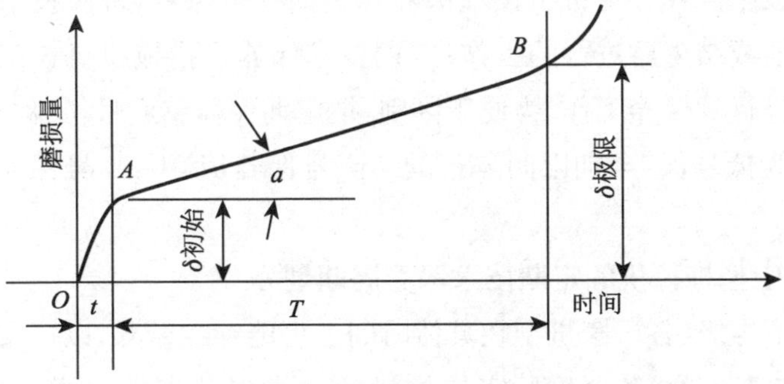

图 2-14　自然磨损规律

(1) 第一阶段：OA 线段

斜度较大，说明零件在开始使用时磨损速度较大，这因为零件在使用初期，其工作表面有加工余痕，表面粗糙度较大，尚不能适应零件的工作条件需要。在相对摩擦运动下，表面凸凹不平很快被磨平以适应其工作条件的需要。零件磨合一段时间 t 后，磨损量按斜线 AB 增加，其速度与时间成正比，表明磨损趋向稳定，磨合已进入第二阶段，曲线上 OA 段称为磨合阶段，其磨损量为 δ 初始；

(2) 第二阶段：AB 线段

特点是斜率较小，经历时间长，磨损缓慢而平稳，零件的磨损已进入正常的自然磨损阶段。在前一段零件表面粗糙的凸峰被磨平，表面间实际接触面积增加而单位面积上压力减小，适应工作条件的要求，磨损量基本上与时间成正比增加，时间 T 较长，也就是零件的使用寿命较长；

(3) 第三阶段：B 点以后

当零件经过长期工作，其磨损量增加到极限磨损 δ 极限。此时，由于零件过度磨损，其表面几何形状、尺寸等变化较大，不能满足机器工作需要，继续使用下去，零件将产生剧烈磨损，磨损量增加很快，所以 B 点以后的曲线急剧上升，这是事故磨损阶段，必须预防。

(三) 拖拉机的技术保养周期

技术保养周期是指两次同号技术保养的时间间隔。拖拉机的技术保养周期计量方法有以下两种：

1. 按工作时间计量技术保养周期。

2. 按燃油消耗量计量技术保养周期。

(四) 拖拉机技术保养类型

拖拉机技术保养分为班次技术保养和定期技术保养，班次技术保养是在每班工作开始前或结束后进行的工作；定期技术保养是指拖拉机在工作了规定的累计时间后进行的保养工作，为便于区别，把定期保养编成号，又称作号保养，期限间隔短的为低号保养，期限间隔长的为高号保养，其中，高号保养包含低号保养的内容。

(五) 大中型拖拉机的定期技术保养周期划分

分为以下等级(各厂家机型在具体时间上可能存在差异，以厂家使用说明书为准)，其中打括号的为少数厂家拖拉机的技术保养周期要求。50 h、200 h、(300 h)、400 h、(600 h)、800 h、1 600 h、存放技术保养等。若工作时间未到，应进行 1 年保养和 2 年保养。

(六) 拖拉机技术完好的标准

拖拉机技术完好的标准主要体现在构造质量和工作性能两个指标上，基本标准如下：

1. 技术性能良好。

2. 各部分调整到位、间隙正常。主要包括离合器、制动、前轮前束、液压悬挂系统等。

3. 润滑周到适当。

4. 各部件紧固牢靠。主要包括发动机与机架，发动机与离合器壳体，离合器壳体、变速器、后桥间，车轮固定螺栓或螺母，前桥或前梁总成与机架间。

5. 内外四个干净(各种油料、冷却液、进气、整机均清洁；且其中的管路、通道或滤器装置均清洁)。

6. 全机四不漏(不漏油、不漏液、不漏气、不漏电)。

7. 机件完好无缺。

8. 随车工具齐全。

(七) 拖拉机班次技术保养基本内容

班次保养一般在工作 10 h 以后进行，基本上以每天计算。

1. 清除拖拉机上的尘土和油污。

2. 检查并紧固拖拉机外部紧固件，发现松动应及时拧紧，尤其是前、后轮的紧固螺母。

3. 检查各润滑油液、冷却油液、动力油液、燃油液面等高度，不足时按保养表添加规定的油液。

4. 按保养表对拖拉机外部运动件加注规定的润滑脂，进行润滑。

5. 检查前、后轮胎气压，不足时按规定充气。

6. 检查调整离合器和制动器踏板的自由行程。

7. 检查拖拉机有无漏气、漏油、漏水、漏电等现象，如有“四漏”应及时排除。

8. 对柴油发动机按厂家要求进行单独保养。

（八）拖拉机 50 h 技术保养基本内容

1. 完成每班技术保养的全部内容。

2. 按保养表对拖拉机外部运动件加注规定的润滑脂，进行润滑。

3. 检查油浴式空气滤清器油面并除尘。

4. 对柴油发动机按厂家“一级技术保养”的要求进行保养。

（九）拖拉机 200 h 技术保养基本内容

1. 完成 50 h 技术保养的全部内容。

2. 更换柴油发动机油底壳润滑油。

3. 对油浴式空气滤清器油盆清洗保养。

4. 清洗提升器液压油滤清器，必要时更换滤芯。

5. 对柴油发动机按厂家“二级技术保养”的要求进行保养。

（十）拖拉机 400 h 技术保养基本内容

1. 完成 200 h 技术保养的全部内容。

2. 按保养表对拖拉机外部运动件加注规定的润滑脂，进行润滑。

3. 检查传动系统润滑油面及提升器液压油面高度，必要时添加。

4. 检查驻车制动工作状况，必要时调整；检查制动液面高度，必要时添加。

5. 清洗保养液压转向油箱滤清器。

6. 对柴油发动机按厂家“二级技术保养”的要求进行保养。

（十一）拖拉机 800 h 技术保养基本内容

1. 完成 400 h 技术保养的全部内容。

2. 更换液压转向系统和提升器液压用油；更换制动液。

3. 更换变速器和后驱桥润滑油。

4. 检查柴油发动机气门间隙。

5. 检查调整喷油泵喷油压力。

6. 对燃油箱进行清洗保养。

7. 对柴油发动机按厂家“三级技术保养”的要求进行保养。

(十二) 拖拉机 1 600 h 技术保养基本内容

1. 完成 800 h 技术保养的全部内容。

2. 对柴油发动机冷却系统进行清洗保养。

3. 更换前驱动桥中央传动和最终传动润滑油。

4. 对起动电动机进行检查、调整、维护和保养。

5. 对柴油发动机按厂家“三级技术保养”的要求进行保养。

(十三) 柴油机各级保养要求

说明：增压、增压中冷型柴油机技术保养周期应相应缩短 80%。

1. 日常班次保养(8～10 h)。

(1) 检查油底壳和独立润滑喷油泵机油量,并注意是否有油水混合现象,必要时添加机油和查明油水混合原因;

(2) 检查冷却液液面高度,不足时加满;

(3) 清理散热器栅格上的附着的杂物和尘土,清除柴油机外部的泥垢、灰尘和油污;

(4) 油水分离器储水检查并放水;

(5) 检查是否存在漏油、漏气、漏水现象,查明原因或紧固相关螺栓和螺母;

(6) 清理油浴式空气滤清器集尘盘;清理干式空气滤清器放尘阀。

2. 一级技术保养(50 h,约行驶 2 000 km)。

(1) 完成日常班次保养所有内容;

(2) 彻底清理干式空气滤清器;

(3) 给水泵轴承加注润滑脂(不带油杯的免维护型无需);

(4) 检查调整风扇皮带张紧度。

注意：新的、大修后的柴油机,应更换机油并清洗油底壳和机油滤清器;按规定力矩检查各主要螺栓、螺母的紧固情况;检查调整气门间隙和供油提前角。

3. 二级技术保养(150 h,约行驶 6 000 km)。

(1) 完成一级技术保养所有内容;

(2) 预热柴油机,温度达到 50～60℃后,放掉各处机油,清洁油底壳,加入新的机油;

(3) 更换柴油滤清器滤芯(可更换式),更换机油滤清器滤芯(可更换式);

(4) 彻底清理油浴式空气滤清器，更换干式空气滤清器滤芯；

(5) 检查喷油器喷油压力和喷雾质量；

(6) 检查、调整喷油泵供油提前角；

(7) 检查、调整进、排气门间隙；

(8) 按规定力矩检查所有螺栓、螺母的拧紧情况并拧紧；

(9) 检查空气压缩机(如果有)的进气、出气管密封性；检查和清理进、排气阀片上的污垢，检查其密封性并排除故障；

(10) 保养增压器。

4. 三级技术保养(900～1 000 h，约行驶 35 000 km)。

(1) 完成二级技术保养所有内容；

(2) 清洗冷却系统，并清除水垢；

(3) 拆掉缸盖，清理气门口处的积碳，更换气门油封；

(4) 检查缸套、活塞是否有拉痕，检查活塞环的端隙；

(5) 检查曲轴、主轴瓦、连杆轴瓦，如有拉痕或过度磨损应更换；

(6) 检查水泵是否漏水。

(十四) 在对电控柴油机进行技术保养时注意事项

1. 柴油机或拖拉机在进行其他带电操作(如焊接)前，应切断对 ECU 的供电，并将 ECU 拆离拖拉机。

2. 禁止用高压水枪直接冲洗 ECU 和电路线束。

3. 非生产厂家或厂家指定的专业人员，禁止分解、更换燃油泵或其零件。

4. 禁止一般人员打开 ECU，出现故障应送至指定维修点或厂家。

5. 禁止带电进行维护操作，维护保养时必须关掉电源。

(十五) 拖拉机存放技术保养基本内容

拖拉机长期停用期间对其进行科学的保管和专门的维护保养非常重要。否则，拖拉机技术状态的恶化速度比工作期还要快。拖拉机存放前，必须经过彻底的清洗、调整并紧固各连接件，按工作时间完成以上规定的技术保养，使拖拉机处于良好的技术状态。

1. 存放前，认真检查拖拉机，清除存在故障，保持技术状况良好，将拖拉机外表清洁干净。

2. 拖拉机应停放在机库或车棚内，环境应通风干燥。严禁与具有腐蚀性的物品、气体一起存放。如果条件不具备，露天停放时，必须选择地势较高而干燥的平台，并用防雨布盖好。

3. 放净发动机中或其他系统的冷却液。

4. 保证各系统滑润油和动力油新鲜。

5. 从燃油箱内排放出燃油，并加入防锈燃油。为了使得防锈燃油充入供给系统内，起动柴油机并使其运转 5～10 min。

6. 将所有操纵手柄置于空挡位置(包括电气系统开关和驻车制动)，将拖拉机前轮放正，悬挂杆件放在最低位置。

7. 向各润滑点中加注润滑脂。

8. 用脱水凡士林(加热至 100～200 ℃)涂抹电器触点、接头及未经油漆的金属零件表面。

9. 拆下蓄电池，使其充满电量，其极桩上涂上润滑脂，存放在避光、通风、温度不低于 10 ℃的室内。每月都要检查蓄电池的情况，并重新充电。

10. 松开发动机上的 V 形带，必要时将皮带取下，包好单独存放，将皮带轮槽内喷涂防锈剂。拖拉机表面脱漆的部位应补漆。

11. 用防护材料(帆布、防水布或油纸等)将发动机未封闭的管口，如进、排气口，应作封口处理，防止异物、灰尘、水分进入。

12. 为了防止轮胎被损坏，用木架将拖拉机支起，使轮胎卸掉载荷，同时将气压由额定压强减少到 70%，并定期检查。

13. 由拖拉机上拆下的零件和随车工具，应清洗干净后包好，保存在干燥的库房内。

(十六) 播种机的每班保养内容

1. 向各注油点注油，保证运转零件充分润滑。丢失或损坏的零件要及时补充、更换和修复。注意不可向齿轮和链条上涂油，以免粘满泥土，增加磨损。

2. 调整排种(槽)轮工作长度相等，使(排种量)一致。播量调整机构灵活，不得有滑动和空移现象。

3. 检查圆盘开沟器圆盘，应转动灵活，不得晃动，不与开沟器体相摩擦。

4. 将各部位的泥土清理干净，特别注意清除传动系统上的泥土、油污。

5. 将肥料箱内的肥料清扫干净，以免肥料腐蚀肥料箱和排肥部位。检查排种轴及排肥轴是否转动灵活。

6. 把播种机停放在干燥有遮盖的棚内。露天停放时，要将种肥箱盖严。停放时落下开沟器，放下支座将机体支稳，使播种机的机架上减少不必要的负荷。

(十七) 旋耕机的班次保养内容

1. 工作结束,应清除刀轴及弯刀上的泥草,检查弯刀是否松动或损坏。

2. 检查万向节传动轴有否损坏、变形。

3. 向各黄油嘴加足润滑脂。

4. 检查旋耕机变速箱、侧边齿轮箱中油位,不足的应添加齿轮油至规定油面。

5. 检查各部位是否漏油。如漏油,应更换油封或纸垫,也可用粘胶剂堵漏。

(十八) 柴油机空气滤清器的保养

1. 干式空气滤清器保养:按压除尘器的橡胶端,检查其是否堵塞。如果堵塞(报警灯会亮),卸下外滤芯,使用低于 6 kg/cm^2 压力的压缩空气由里向外清理;采用无泡沫的清洗液和 3 kg/cm^2 的水进行清洗,在低于 50 ℃的空气中晾干。

2. 油浸式空气滤清器保养:可将其分解,清洗所有零部件,把部件在煤油中浸泡半小时放掉油,在安装前再用油浸湿。

(十九) 柴油机燃油滤清器的保养

1. 将螺堵松开 3～4 圈排出沉淀物,然后启动输油泵,进行排空气。

2. 200 h 更换一级过滤器,并在密封处涂机油装上后拧紧 3/4 圈。

3. 800 h 用更换一级过滤器的方法更换二级过滤器。

(二十) 柴油机机油滤清器的更换

可换滤芯式:拆下滤清器,更换滤芯和油封,旋紧滤芯到底,再拧紧 3/4 圈。

整体式:直接拆下更换新的滤清器。

(二十一) 柴油机喷油泵保养及要求

1. 喷油泵及各连接零件应保持清洁,紧固可靠。

2. 注意各油管接头,不得有漏油现象。拆卸高压油管时,切勿松动出油阀紧座。

3. 及时添加泵体中的润滑油。柴油机工作 60 h 后,检查喷油泵和调速器润滑油面。松开油泵下体油面检查螺钉,检查油面、油质,及时添加润滑油(添加到润滑油由检查油面螺钉处流出为止)。发现润滑油被稀释时,应查出原因,放出多余的油,或更换新润滑油。

4. 喷油泵工作 120 h 后,放尽下体和调速器壳内润滑油,加入新的润滑油(与曲轴箱用油牌号相同)。

5. 喷油泵不能轻易拆卸,调速器盖上的铅封不可随意启封调整。

（二十二）柴油机润滑系统使用维护注意事项

为保证柴油机正常工作，在工作中必须注意油量、油压、油温及机油的清洁。

1. 每班工作前，一定要用机油尺检查曲轴箱内机油油量。油尺上有两条刻度线，油面应保持在两刻度线之间，不足时添加。

2. 工作时要经常注意机油压力，保持在规定范围内，正常的油压为192～392 kPa。机油压力过低应停车检查。

3. 工作中，应保持机油温度在正常范围内。在满负荷下，油底壳机油最高温度不得超过95 ℃。

4. 为保持机油清洁，必须定期清洗机油滤清器，并按规定更换机油。

（二十三）柴油机的冷却系统清洗

清洗方法如下：

1. 趁热放出冷却系统存液，关好开关。用配制好的清洗液（即10 L水内加入750 g苛性钠和450 g煤油配制而成）倒入冷却系统中进行清洗。

2. 冷却系统中加满清洗液，启动柴油机，中速运转5～10 min，待机温升至70～80℃时熄火。让清洗液在冷却系统中停留10～12 h。

3. 然后再启动柴油机，以中速运转一段时间（10～15 min）然后熄火，趁热放出清洗液，再注入清水启动柴油机，换水清洗2～3次，直至放出的水质清洁后即可。

4. 要注意清洗水垢前要将节温器拆出来，防止苛性钠腐蚀节温器，清洗结束后将节温器装入。清洗过程中应检查各接头处是否有漏水现象，如发现漏水，应排除。另一种方法：加入清洗液后，工作一个班次，停车后趁热放出清洗液，再加入清水工作一个班次放出，再加入清水工作，如此更换3次清水即可。

（二十四）免维护蓄电池的保养注意事项

1. 应经常保持蓄电池表面的清洁和干燥，以免自行放电。

2. 及时清除电桩和导线接头处的氧化物，并在紧固之前，涂上一层工业用凡士林或黄油，以防氧化。

3. 应经常通过检视窗口察看密度计颜色，若发现变为黑色或绿色变暗过多，要及时充电。

4. 充电时，尽量不要采用快充；感觉充满后电量有所下降时，可进行维护性充电。

5. 长期放置不用的蓄电池，应按月进行补充充电一次。

第四节　检查与调整

一、单缸四行程柴油机气门间隙的调整

调整气门间隙必须在气门关闭状态下进行。单缸四行程柴油机气门间隙调整方法：

1. 拆下气门罩盖。

2. 转动飞轮，使飞轮的上止点刻线对准水箱上的刻线（如图 2-15 所示），使活塞处于压缩上止点位置。

3. 用规定间隙的塞尺塞入气门杆和摇臂之间，能轻轻抽动塞尺且略有阻滞感。

4. 如不符合，用扳手松开锁紧螺母，用起子旋动调整螺钉调整到规定数值（如图 2-16 所示）。

5. 紧固锁紧螺母。

6. 抽出塞尺，转动飞轮，再复查一次。

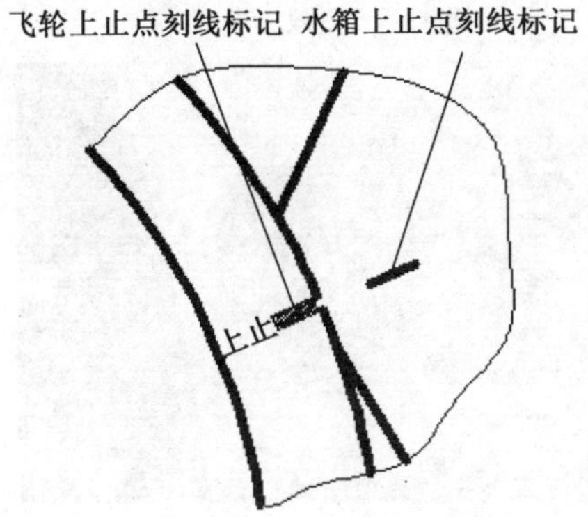

图 2-15　上止点标记

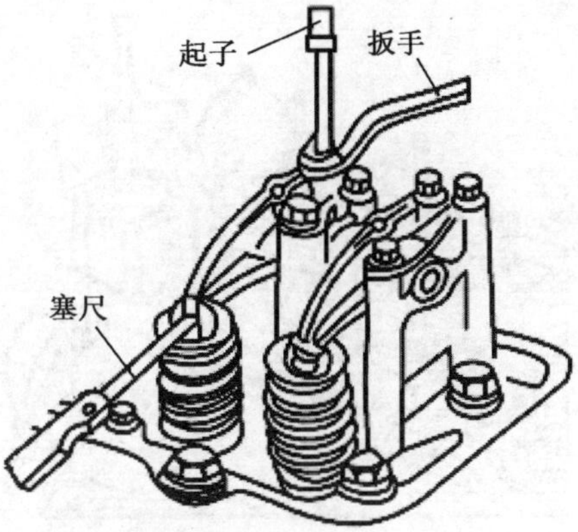

图 2-16　气门间隙检查调整

二、四缸四行程柴油机气门间隙两次调整方法

四缸发动机进排气门分两次可以调完，俗称两次调整法，以各缸按 1、3、4、2 顺序点火的四缸柴油机为例，方法如下：

1. 调整时，先使第 1 缸活塞处于压缩上止点，调整 1 缸的进排气门、3 缸的

排气门、2 缸的进气门间隙。注意进排气门的气门间隙是不一样的，选用塞尺厚度时不要弄错。

2. 将曲轴旋转一圈，使第 4 缸活塞处于压缩上止点，调整 3 缸进气门、4 缸进排气门、2 缸的排气门间隙。

3. 调好后，摇转曲轴一圈，复查 1 缸的进排气门、3 缸的排气门、2 缸的进气门间隙，如有不正确的，重新调整。再摇转曲轴一圈，复查 3 缸进气门、4 缸进排气门、2 缸的排气门间隙。

三、四缸柴油机配气相位的检查调整

柴油机拆装修理后需检查配气相位，检查方法如下：

1. 先调整好气门间隙，用磁性百分表架放在气缸盖上，百分表头顶在第一缸进气门弹簧座上，如图 2-17 所示。

2. 按柴油机运转方向缓慢转动飞轮，当表针一动立即停止，观察飞轮（或曲轴带轮）上的刻线（如图 2-18 所示），进气门打开是否在上止点前规定角度值（曲轴转角），若不符合规定值就需要调整。

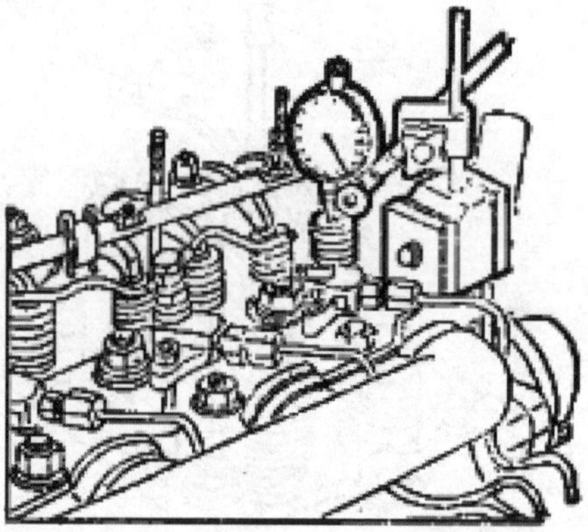

图 2-17　配气相位的检查

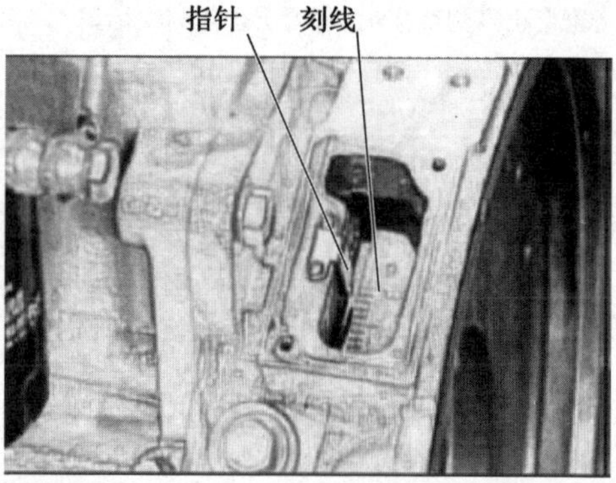

图 2-18　配气相位和供油提前角读取

3. 调整：

（1）调整气门间隙法：若配气相位误差较小，可通过改变气门间隙的方法调整（必须保证气门间隙值也在规定范围内）；

（2）凸轮轴齿轮相对凸轮轴转动法：拧松凸轮轴齿轮上的三个螺钉，将凸轮轴按所需方向（如需提前，则顺凸轮轴旋转方向；若滞后，则相反）转一适当角度，拧紧三个螺钉，再按上述方法校核一遍。

新柴油机出厂前配气相位已调整好，凸轮轴和凸轮轴齿轮的相对位置已用线条和箭头刻在二者端面上，切勿随便调整。调整气门相位时，只调整第一缸进气门的配气相位，无须各缸检查；

(3) 偏移凸轮轴键法：改变凸轮轴键的键槽位置，从而改变配气相位。

四、多缸机的供油提前角的检查调整(非电控柴油机)

对于非电控柴油机，由于喷油泵各缸出油相位在制造时已保证，因此只需调整第一缸的供油提前角。其检查调整的方法步骤如下：

1. 扳动减压手柄(如果有)，使柴油机处于减压状态。

2. 拆下喷油泵第一缸高压油管。

3. 逆时针转动飞轮(从飞轮端看)，当第一缸处于压缩行程时，转动应缓慢均匀，并密切注视喷油泵高压油管接头处油面。当看到油面开始波动，立即停止转动飞轮，观察飞轮(或曲轴带轮)上的“0”刻线与上止点标记间的角度数，若不符合规定值就需要调整。如图 2-19 所示。

图 2-19 供油提前角调整(轮-轴转动法)

4. 调整方法：根据喷油泵安装结构的不同，一般有三种调整方法。

(1) 喷油泵齿轮相对喷油泵凸轮轴转动。如东方红 LR-R、A、B、M、N、V 系列柴油机。调整时，先将指针对准要求的刻线(供油提前角规定值)，再松开高压油泵齿轮压板四个螺钉，用套筒扳手转动喷油泵六角螺母，顺时针为增大提前角，逆时针为减小提前角。在缓慢转动过程中观察喷油泵一缸出油口油面，开始波动时，停止转动，拧紧压板螺钉。

注意：调整后需复查一遍，若不符合要求，需再次调整。

(2) 喷油泵整体相对安装板转动。如常发 CF4B68G-Z-3B 柴油机，可将固定喷油泵的三个螺母拧松，然后转动喷油泵壳体，顺时针(从发动机前端看)转动供油提前角减小，反之增大。调整到规定值后，进行复查并将螺母拧紧。

(3) 在喷油泵整体和安装壳体间增减垫片。如久保田高速插秧机上所用的三缸柴油机。调整时，垫片厚度增加，供油提前角减小，反之增大。

五、如何进行脉冲式喷油器喷油压力检查调整

喷油器的喷射压力要符合规定要求。如图 2-20 所示，其检查调整时，以每分钟 80 次的速度压动手柄，至喷油器开始喷油时，观察压力表上的读数是否符合要求。若不符合，应调整，调整方法有调整螺钉法和加减垫片法。旋进调整螺钉（或增加垫片厚度），弹簧预紧力加大，喷油开启压力高；旋出调整螺钉（或减小垫片厚度）则反之。

注意：高压共轨电控柴油机所用喷油器调整需用专用的检查设备，非专业人员，严禁拆卸调整。

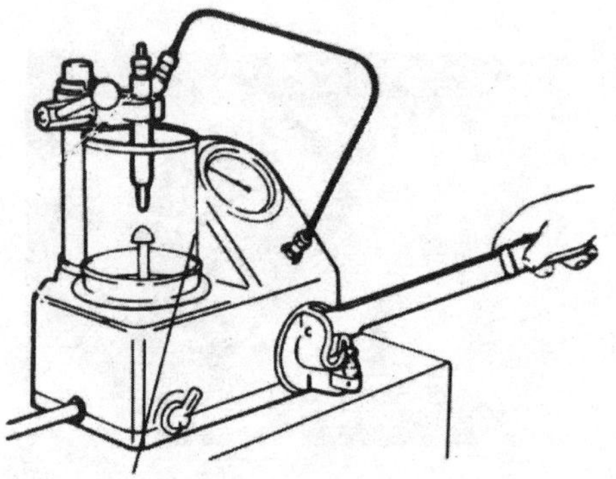

图 2-20　喷油器喷油压力检查

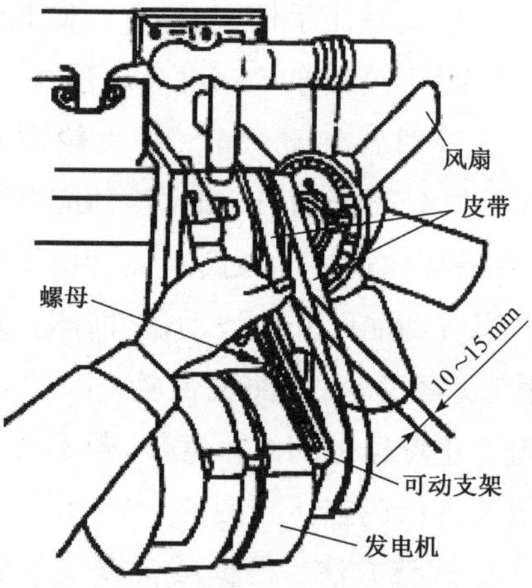

图 2-21　风扇发电机皮带张紧度检查与调整

六、柴油机风扇、发电机皮带张紧度的检查与调整

如图 2-21 所示，在皮带中部用 80～100 N 的力下按，皮带应下陷 10～15 mm。如果不正确，可松开螺母，向外扳动发电机，随同调整支架向外移动，进行张紧度调整。

七、拖拉机主离合器踏板自由行程检查与调整

1. 检查。如图 2-22 所示，先用钢直尺测量出踏板上表面中间（或顶面）位置到地板橡胶垫表面的垂直自由高度，然后再用大约 25 kg 的力量压下踏板，测出消除自由行程后的踏板高度，两次的高度差即为离合器踏板自由行程。

2. 当踏板位置变得不舒适时(太高或太低)而不能完全分离,或在行程上限之前为防止打滑,需进行调整:如图 2-22 所示,调整时,一般均先松开锁紧螺母(有时需松开弹簧),然后转动调整拉杆至合适的长度即可。

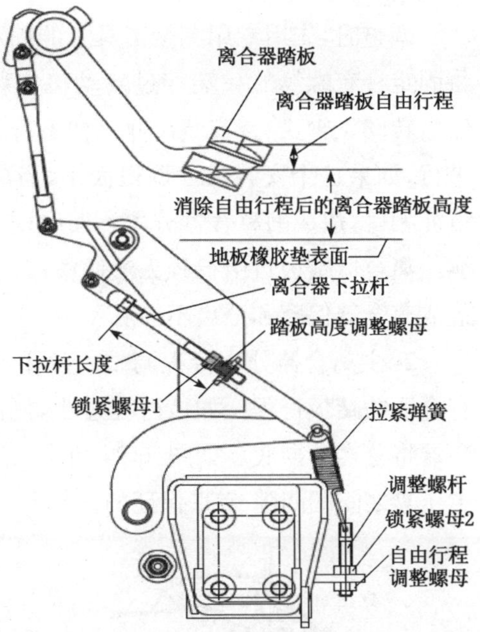

图 2-22　主离合器踏板自由行程检查与调整

八、联动操纵双作用离合器压盘总成调整

1. 分离杠杆安装位置调整。安装离合器时,必须保证分离杠杆的后端面至发动机机体的后端面的距离 $h = 189 + 1$ mm(或者是飞轮外端面到分离杠杆端头面为 $89 + 1$ mm)(此处数值只是举例,具体数据按厂家说明书要求),如图 2-23 所示,并且三个分离杠杆的距离 h 值的相互之差不大于 0.2 mm。

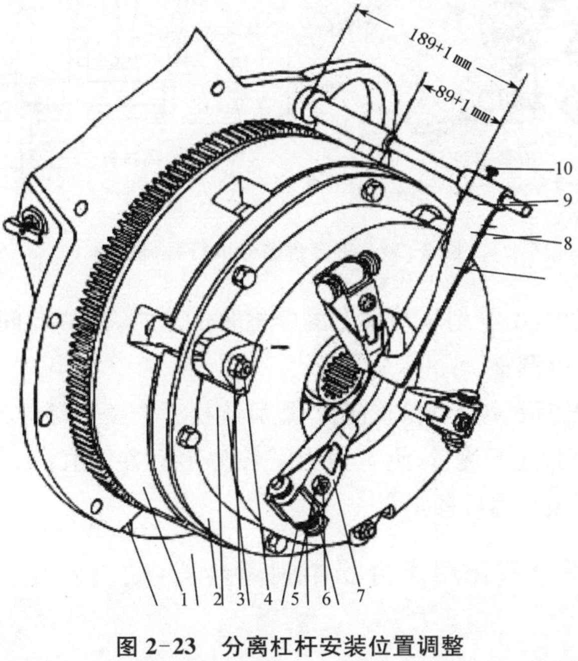

图 2-23　分离杠杆安装位置调整

1.飞轮　2. 离合器罩壳　3. 分离拉杆调整螺母　4. 分离拉杆锁紧螺母　5. 分离杠杆锁紧螺母　6. 分离杠杆调整螺钉　7. 分离杠杆　8. 活动杆　9. 固定杆　10. 固定螺钉

调整时，先用专用测量工具上的固定螺钉把活动杆紧固在固定杆的一端，再将固定杆有螺纹的一端穿过发动机安装在启动电动机的孔里，并用螺母紧固。然后转动飞轮，检查安装尺寸。如不符，用调整螺钉进行调整。调整时应仔细地进行，如果这个安装尺寸调得太小，当离合器分离时，分离杠杆和离合器罩壳有可能相碰，造成副离合器分离不彻底；若太大，当从动盘摩擦衬片磨损后，则有可能使离合器踏板自由行程无法调整；若三个分离杠杆头端的差距相差太大时，将造成离合器偏磨和分离不彻底。

2. 主离合器分离行程调整。从主离合器分离到副离合器开始分离之间应有合适的踏板行程。如该行程过小，则副离合器过早分离；如该行程过大，副离合器将分离不彻底。如图 2-24 所示，正确的分离行程是由三个垫圈的内端面和主压盘之间的间隙 S 来保证的。

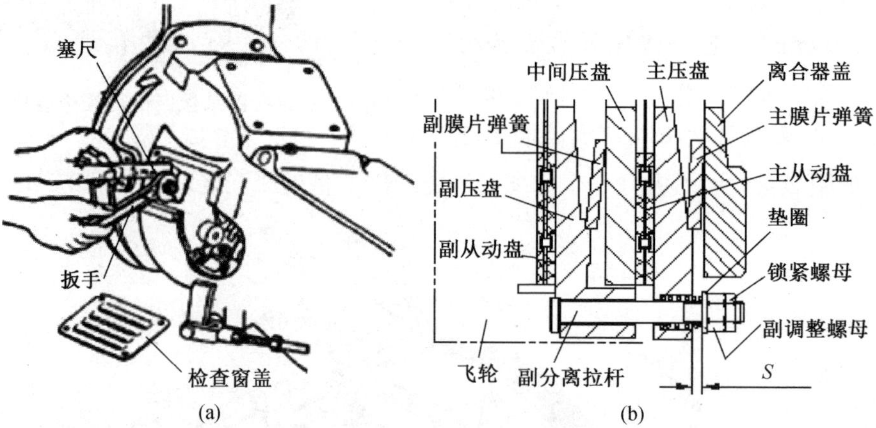

图 2-24　主离合器分离行程调整

在使用过程中，由于副从动盘上的摩擦片的磨损，造成此间隙逐渐减小，为此要进行定期检查调整。

在调整时，先拆下离合器检查窗盖，然后旋松三个锁紧螺母，再转动三个副调整螺母，同时用塞尺进行测量，使 S 值为厂家规定值(参考值：1.3 ± 0.05 mm)，调整完毕后再次用锁紧螺母锁紧。

九、独立操纵双作用离合器中副离合器(动力输出离合器)操纵手柄的调整

如图 2-25 所示，副离合操纵手柄自由行程可用钢直尺垂直测量手柄上端相

对于座椅地板的原始高度 H_1 和拉起后的工作高度 H_2，其差值 H 即为自由行程，若不符合厂家规定，应调整。

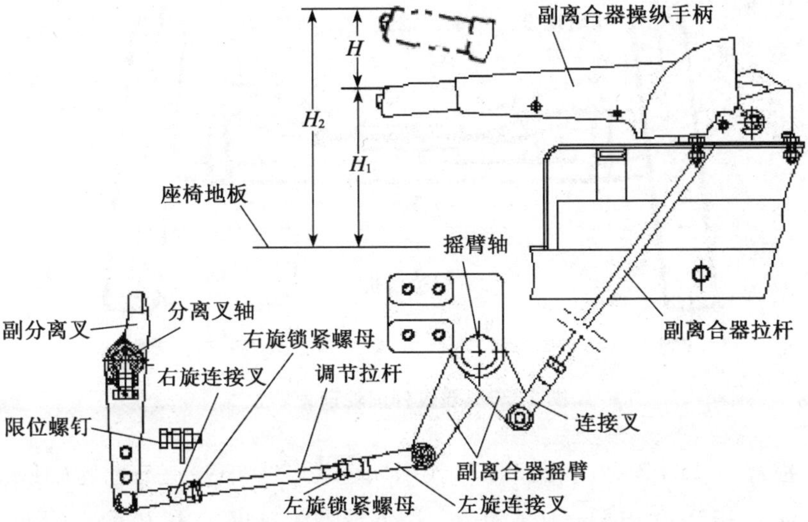

图 2-25　副离合器(动力输出离合器)操纵手柄检查与调整

调整时，先旋松两个锁紧螺母，然后转动调节拉杆，改变其有效连接长度，使副离合器操纵手柄自由行程 H 为厂家规定值，然后再旋紧锁紧螺母。

调整装于变速箱侧边的限位螺钉长度限位副离合器操纵手柄工作行程 H_2 在厂家规定范围内，保证副离合器分离彻底，动力输出能灵活换挡，然后将限位螺钉用螺母锁紧。

十、前轮前束检查与调整

前提条件：拖拉机正常载荷，四轮同时承重，确保两前轮清洁，轮毂轴承预紧度正确，轮胎气压符合要求并一致，转向系统各杆件的相互配合间隙符合要求，拖拉机停在平坦的地面上，且处于直驶状态。

注意：对于四轮驱动拖拉机，图 2-26 和图 2-27 中前方两

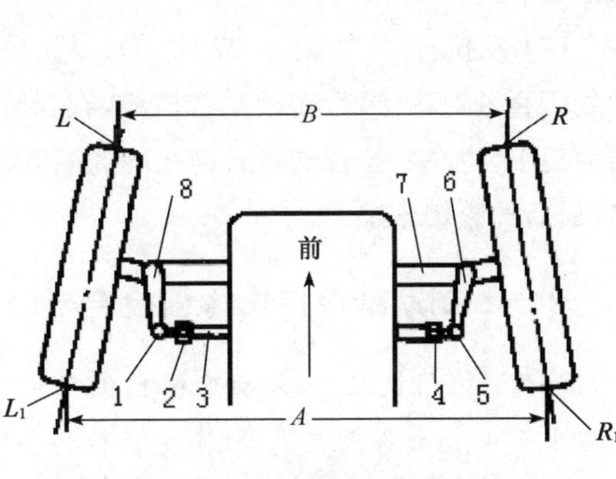

图 2-26　单拉杆前轮前束调整

1. 左转向球接头总成　2. 左旋锁紧螺母　3. 横拉杆
4. 右旋锁紧螺母　5. 右转向球接头总成　6. 右梯形臂
7. 前梁　8. 左梯形臂

点 L 和 R、后方两点 L_1 和 R_1 应做垂直投影图于地面测量。

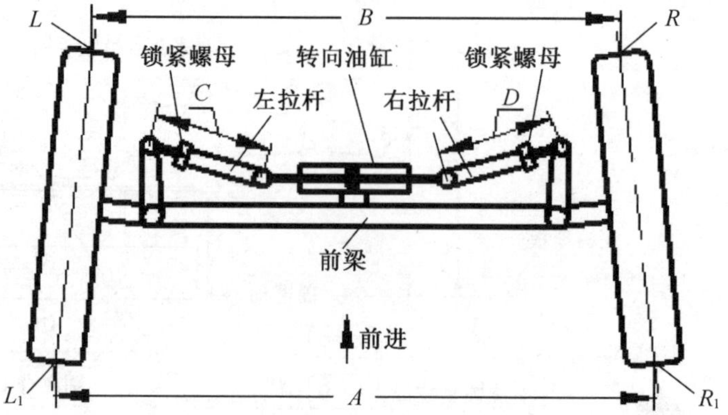

图 2-27　双拉杆前轮前束调整

1. 检查。如图 2-26 和图2-27，找出两前轮轮胎中线上与前轮轴线等高的前方两点 L 和 R、后方两点 L_1 和 R_1，用钢卷尺测量出 L 和 R 两点间的前方距离 B，然后再测出 L_1 和 R_1 两点间的后方距离 A，$A-B$ 的值即为前束值，若不符合要求(一般 3～15 mm)，应调整。

2. 调整。

(1) 单拉杆型(如图 2-26 所示)。松开左旋锁紧螺母和右旋锁紧螺母，然后转动横拉杆，直至前轮前束值符合要求，然后将左旋锁紧螺母和右旋锁紧螺母重新锁紧。

(2) 双拉杆型(如图 2-27 所示)。松开左、右转向拉杆的锁紧螺母，使两前轮处于直驶对称位置，转动左右拉杆，在保证尺寸 C 与 D 的差值不大于 1 mm 的前提下，将左右拉杆同时转动相同的圈数(同时缩短或伸长)，调整前束值至合格，最后拧紧锁紧螺母。

十一、制动踏板自由行程检查与调整

注意：拖拉机左、右制动踏板自由行程必须分别调整，且应调整一致，其差值应小于 1 mm，否则在制动时，拖拉机将会制动跑偏。

1. 检查。如图 2-28 所示，首先检查踏板原始高度值 H，用钢直尺测量踏板顶面至地板的垂直高度；然后用大约 10 kg 的力压下踏板，再次测量踏板顶面至地板的垂直高度，两次测量的差值 D_1 即为制动踏板自由行程。

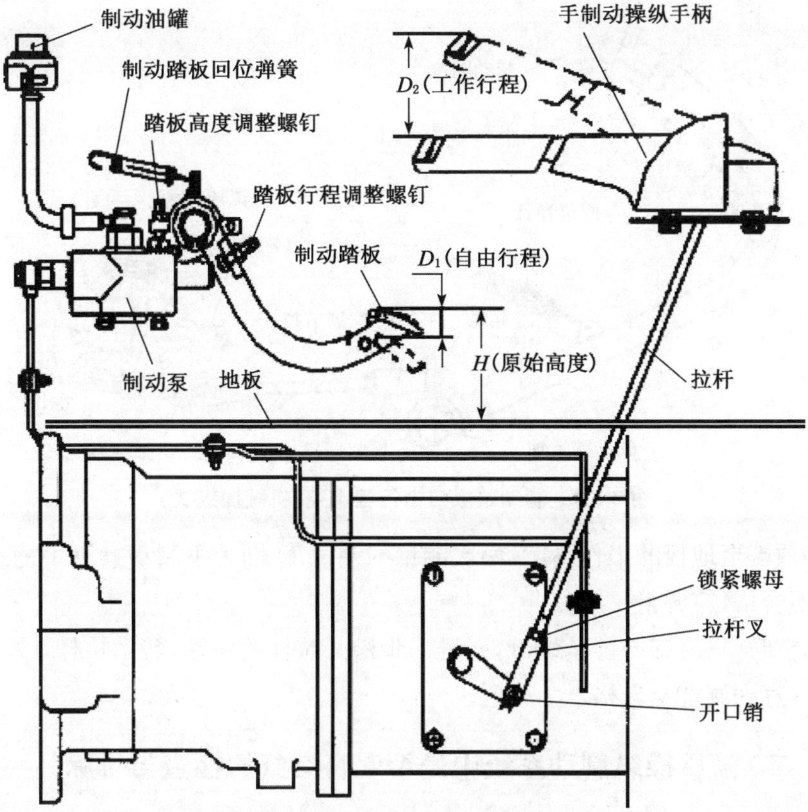

图 2-28 制动踏板自由行程调整(液压操纵式)

2. 调整。经检查,对于不符合厂家标准要求的自由行程,应进行调整。根据操纵形式的不同,其调整方法也不一样。

(1) 人力液压操纵式。如图 2-28 所示,首先调整踏板原始高度,可通过踏板高度调整螺钉调整;然后通过踏板行程调整螺钉调整制动踏板自由行程,其数值均应符合厂家具体要求。

(2) 机械操纵式。如图 2-29 所示,一般通过改变调节拉杆的长度进行调整:松开锁紧螺母,转动调节拉杆,通过伸缩改变其有效长度,直至符合厂家要求。

十二、中央驻车制动独立手刹检查与调整

如图 2-28 所示,首先,将手制动操纵手柄置于初始位置(水平位置),用钢直尺测量手柄顶端至地板的初始高度,然后将手柄拉起至制动(工作)位置,再次测

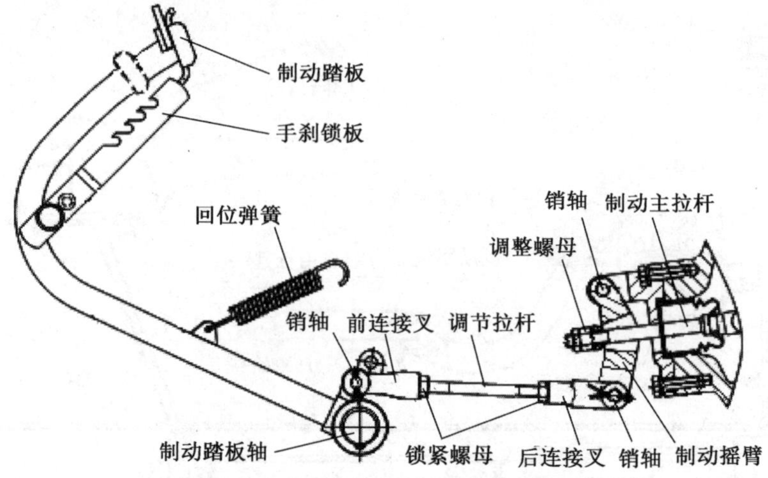

图 2-29　制动踏板自由行程调整(机械操纵式)

量手柄顶端至地板的工作高度,两次测量的差值 D 即为手制动操纵手柄工作行程,若不合格,应调整。

调整时,只需旋松锁紧螺母,或进一步松开拉杆的一端,转动拉杆,改变其有效长度,直到调整至合格。

十三、液压操纵制动系统中是否混有空气的检查与排除

1. 检查。应左右侧制动管路分别检查,将放气螺塞四周清洁干净并取下放气螺塞防护套,在踩下一侧制动踏板的同时,松开同侧放气螺塞,若有大量带有气泡的制动液流出,则该侧管路中混有空气。

2. 排除。放气时,应左右侧制动管路分别放气! 放气过程中,制动液油箱内左右腔液面高度不得低于规定最低指示标记线,若不能保证,应在放气过程中及时添加。

(1) 将放气螺塞四周彻底清洁干净;

(2) 先缓慢踩下制动踏板到底,使之建立制动压力。踩下制动踏板同时松开放气螺塞,拧松半圈让油溢出。在松开制动踏板同时,拧紧放气螺塞;

(3) 继续重复操作:缓踩制动踏板同时,拧松放气螺塞半圈,让油溢出,直到气泡随着溢出的油排净;

(4) 再踩制动踏板以建立油压,当踏板到达正常行程时,油压应完全建立并达到规定压力后,拧紧放气螺塞;

(5) 将放气螺塞四周彻底清洁干净并装回放气螺塞防护套。

十四、拖拉机中央传动的检查和调整

1. 中央传动圆锥轴承安装紧度的检查与调整。

(1) 主动圆锥齿轮轴承间隙的检查与调整;

(2) 从动圆锥齿轮轴承间隙的检查与调整。

2. 中央传动齿轮啮合位置的调整与检查。

(1) 啮合位置的调整;

(2) 啮合印痕和齿侧间隙的检查。

十五、拖拉机机械转向器的检查和调整

方向盘自由行程超过30°时,则应进行调整。主要项目有:

1. 球头销与座配合的调整。

2. 转向器轴止推轴承的调整。

3. 固定销与转向螺母配合的调整。

十六、力位独立调节拖拉机提升器(半分置式液压悬挂系统)的调整

拖拉机液压系统油路方面只有安全阀开启压力的调整,其他项目均属操纵机构的安装调整。主要有:安全阀开启压力的调整;力调节弹簧总成的调整;扇形板的调整;力调节杠杆的调整;位调节杠杆的调整。

十七、半分置式液压悬挂系统(分配器内置)提升器力调节弹簧总成的调整

如图2-30所示,将弹簧杆旋入力调节传感触头的螺纹孔中,使力调节弹簧5的轴向间隙不大于0.2 mm,然后用销子锁住。当力调节弹簧总成装入提升器壳体座孔后,再旋拧调整螺母,直到力调节弹簧总成在壳体内的轴向间隙也不大于0.2 mm为止。最后拧紧内六角螺钉,以挤压铜块,锁住调整螺母。

十八、半分置式液压悬挂系统(分配器内置)提升器扇形板的调整

将力、位调节手柄置于和提升器壳体底平面垂直位置,然后移动扇形板,使两个手柄均处于扇形板上两个三角符号之间,再拧紧两个螺栓,以紧固扇形板。

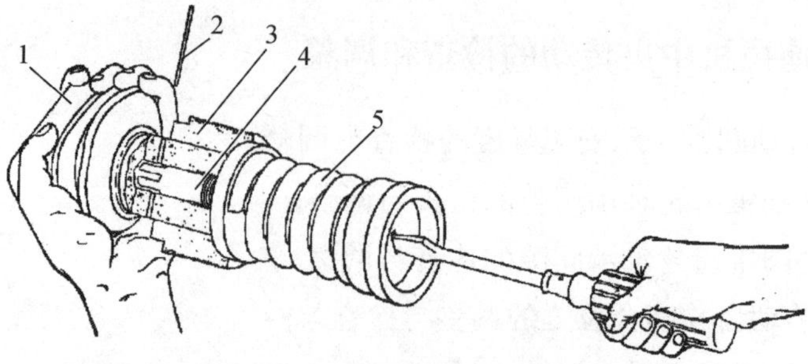

图 2-30　力调节弹簧总成的调整

1. 力调节传感触头　2. 销子　3. 调整螺母　4. 弹簧杆　5. 力调节弹簧

十九、半分置式液压悬挂系统（分配器内置）提升器力调节杠杆的调整

先将力、位调节操纵手柄移到扇形板上的上止口位置，再将提升臂托起，以使位调节杠杆控制端远离主控制阀。此时，主控制阀处于最外伸出位置，松开推杆锁紧螺母，转动推杆，使力调节杠杆控制端和主控制阀端部之间的距离为3.5 mm，如图 2-31 所示。调好后，拧紧锁紧螺母。

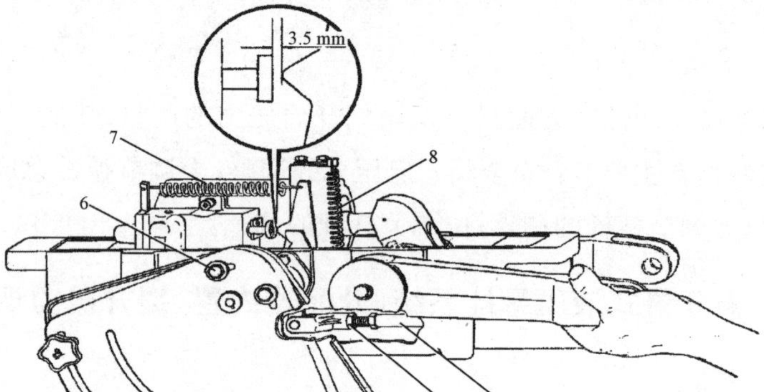

图 2-31　扇形板和力调节杠杆的调整

1. 推杆　2. 锁紧螺母　3. 扇形板　4. 位调节操纵手柄　5. 力调节操纵手柄
6. 螺栓　7. 力调节杠杆拉力弹簧　8. 位调节杠杆拉力弹簧

二十、半分置式液压悬挂系统(分配器内置)提升器位调节杠杆的调整

调整前,两操纵手柄放置在最高提升位置,提升臂放置与提升器壳体底平面平行的位置,先量出主控制阀伸出的最大长度,即 B 值。然后将提升臂按顺时针方向转动,使提升臂与提升器壳体上标准线对准(即提升臂自水平位置顺时针转动 60°)。这时,主控制阀处于中立位置,再量出主控制阀伸出的长度,即 C 值。B 与 C 之差应为 5.2 mm。如不符合,可拧松位调节凸轮固定螺栓,转动位调节凸轮来进行调整,调好后再将固定螺栓拧紧。

二十一、拖拉机整体式液压悬挂系统液压部分的调整项目(以上海-50 拖拉机为例)

主要有:

1. 安全阀开启压力的调整。
2. 力调节弹簧的调整。
3. 里、外拨叉杆的调整。
4. 偏心轮的调整。
5. 控制阀摆动杆的调整。
6. 扇形板上、下点位置的调整。

二十二、拖拉机整体式液压悬挂系统液压部分力调节弹簧的调整(以上海-50 拖拉机为例)

力调节弹簧总成组装中,当将弹簧杆向叉头拧入时,应使力调节弹簧没有轴向间隙,但又可以用手将其转动。调整适合后,在连接螺纹处打入固定销。

当将力调节弹簧总成向升降机壳体上安装时,大螺母旋入壳体座孔,应恰好使总成在壳体座孔内没有轴向间隙,检查轴向间隙时,为了避免力调节推杆碰触弹簧针,应把外手柄置于下部"深"的位置。调整适当后,应在壳体座孔旁的小螺纹孔内放入紫铜销钉,并拧紧紧固螺钉,将大螺母锁住。拧紧螺钉的力矩不得大于 7 N·m,否则造成紫铜销钉过分变形,会使拆卸困难。

二十三、拖拉机整体式液压悬挂系统液压部分里、外拨叉杆的调整(以上海-50 拖拉机为例)

将升降机盖倒置。调整前,先将外拨叉杆上的偏心轮固定螺母松开,使偏心

轮与外拨叉片分离，将升降臂放在最高位置。注意升降机盖后端与曲柄之间有5 mm的安全距离。

1. 外拨叉杆的调整。将里手柄置于扇形板的最高提升位置，拧动两螺母调整外拨叉杆的支点位置，使其前下端边距支架槽前沿为8 mm。调整好后，将螺母拧紧。

2. 里拨叉杆的调整。将外手柄拉到扇形板上方液压输出位置，拧动两螺母调节里拨叉杆的支点，使其下端边距离支架的长槽前沿为20 mm。调整好后，将螺母拧紧。

二十四、拖拉机整体式液压悬挂系统液压部分偏心轮的调整（以上海-50拖拉机为例）

将外手柄和升降臂保持在上述的位置。将里手柄放到“快降”位置上，旋转偏心轮，使它与拨叉片紧密接触，用7～8 N·m的力矩拧紧固定螺母，此时应小心防止偏心轮转动，然后将里手柄从“快降”位置移向“慢降”位置，此时外拨叉杆应从前端的槽底稍向后移动。里手柄拉到最低位置时，应移动4～6 mm的距离，表明调整是正确的。

二十五、拖拉机整体式液压悬挂系统液压部分控制阀摆动杆的调整（以上海-50拖拉机为例）

1. 在液压泵装入后桥箱之前，拧动螺母调整摆动杆的支点位置，使摆动杆的支点至液压泵后盖的距离为49 mm左右。

2. 将液压升降机盖总成和液压泵总成装入后桥箱后，将升降臂放在最高位置，将外手柄扳到“深”的位置，将里手柄扳到“快降”的位置，这时应通过后桥箱右侧窗孔检查里外拨叉杆与摆动杆的相对位置。此时，拨叉杆的下端应和摆动杆上的长滚柱保持轻微的接触，如不正确，可调整摆动杆中间支点上的螺母，一直调整到两者刚好相接触。若农具升降的位置与扇形板上指示的相对位置误差过大，也可用这种方法进行调整。

二十六、整体式液压悬挂系统液压部分控制手柄限位扇形板上、下点位置的调整（以上海-50拖拉机为例）

将里手柄（位调节手柄）向升的方向移动，农具上升到所需高度时停住里手柄。将上止点螺栓与里手柄相接触后拧紧固定，为了安全起见，调整后应用手试抬提升臂。看有无上抬余地，如无上抬余地，应将上止点螺钉再略向下移，将里手柄再向“慢降”的方向扳动，直到农具下降后将要回升而未回升时，停住里手柄。将下止点螺栓移至与里手柄相接触后拧紧固定。此项调整可在用摇把摇车的情况下进行。

二十七、整体式液压悬挂系统在升降的两个极限位置（死点位置）的调整

在两个死点位置要进行限位，否则升降作用相反，提升变下降，下降变提升。

二十八、检查免维护蓄电池的的工作状态的简易方法

如图 2-32 所示，可通过观察窗口察看孔眼内的颜色，当窗口内的颜色呈现绿色时，表明电量足够，蓄电池正常；当指示眼绿点很少或为黑色，表明蓄电池需要充电；当指示眼显示淡黄色或白色时，表明蓄电池内部有故障，需要修理或进行更换。

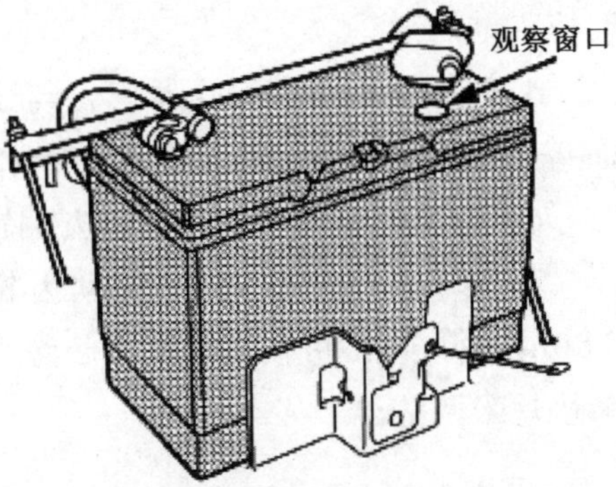

图 2-32　免维护蓄电池工作状态检查

二十九、蓄电池的放电程度检查

蓄电池的放电程度可以用负荷放电叉（又称作高效放电计）来检查。检查时，将高效放电计的两只触角紧靠在蓄电池的正负电极桩上，如图 2-33 所示。当电压表的指针基本稳定时，记下刻度数即为蓄电池端电压。对照蓄电池说明书存放电程度表即可了解蓄电池的存放电程度。注意，用放电计测量时，每次时间不能超过 20 s。

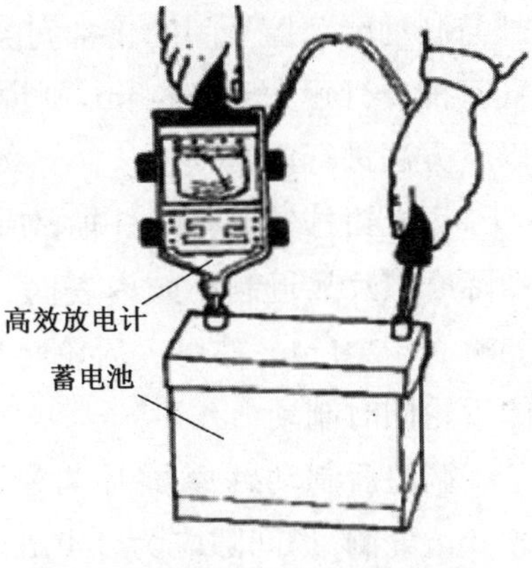

图 2-33　蓄电池放电程度检测

三十、用万用电表检查拖拉机硅整流发电机总成的技术状态的方法

在检查整台硅整流发电机时，绝不允许用兆欧表或 220 V 的交流电源来检

查元件，而是用万用电表（R×1 挡）来测量。当测出电枢接柱（正极）与外壳（负极）之间的电阻值为 50 Ω 左右，并测出磁场接柱“F”与外壳（负极）之间的电阻值为 5～6 Ω 时，说明发电机技术状态正常。

三十一、启动电机的检查与调整的要求

1. 常检查启动电机连接件是否紧固，导线接触是否可靠，清除外表油污。

2. 定期检查电刷与整流子接触情况，电刷磨损至 20 mm 以下应当更换。弹簧弹力为 9～15 N，小于 9 N 时应更换。

3. 拆检前端盖、中盖、后端盖铜衬套衣齿轮，磨损严重时更换，安装铜衬套时应加油润滑。

4. 定期检查单向离合器齿轮与止推垫圈的间隙，使齿轮外移，这时齿轮端面与止推垫圈之间的间隙应为 1.5～2.5 mm，否则应进行调整。调整偏心螺钉时，如果头部的标记向拖拉机前方偏置，则间隙变小，反之则间隙变大。

5. 安装启动电机时，其驱动齿轮端面与飞轮齿圈端面的距离应为 2.5～5 mm，不符合时，可在启动电机凸缘平面与发动机机体的启动机安装孔之间增减垫片来调整。

三十二、拖车车轮制动器的局部调整

当制动蹄摩擦片磨损量较少时，会使制动气室推杆行程增大，为了恢复制动鼓与制动蹄摩擦片间的正常间隙，车轮制动器需进行局部调整。检查时，如制动气室推杆行程大于 40 mm，则说明制动鼓和制动蹄摩擦片之间间隙太大，可按以下方法进行调整：

用扳钳拧转调整蜗杆轴，使凸轮轴转动，此时制动凸轮推开两制动蹄，使制动蹄摩擦片靠近制动鼓内表面。调整好以后，制动气室推杆行程应为 20 mm，如略大于 20 mm 亦可。后轮两个制动气室的推杆行程应一致，以保证左、右两侧后轮同时制动。

调整后制动蹄摩擦片与制动鼓内表面之间的间隙，在靠近凸轮端 20～30 mm处测量，间隙应为 0.4 mm 左右。当放松制动后，制动鼓应能自由转动，无咬住现象。

三十三、拖车车轮制动器的全面调整

全面调整可按下列方法进行：

1. 先将销轴的螺母松开，并转动两根销轴，使销轴上两个记号在水平位置靠拢。

2. 把制动气室推杆与调整臂脱开，转动调整臂，使制动蹄摩擦片压紧在制动鼓上。

3. 用 0.1 mm 的塞尺从制动鼓上的检查孔中检查每个制动蹄摩擦片与制动鼓内表面是否全部贴紧。如发现制动蹄两端摩擦片与制动鼓之间有间隙，可转动销轴消除这一间隙。在保持制动蹄摩擦片与制动鼓内表面贴紧的情况下，拧紧螺母，再把调整臂和制动气室推杆相连接。拧转调整蜗杆轴使制动蹄摩擦片与制动鼓内表面之间的间隙，在靠近凸轮端为 0.4 mm 左右，在靠近销轴端为 0.2～0.6 mm 之间，以上两处间隙都在离制动蹄两端 20～30 mm 处用塞尺测量。

4. 调整好后，制动气室推杆行程应为 20 mm 左右。全面调整后，在制动时，可使制动蹄摩擦片的工作面大部分与制动鼓内表面贴合，而放松后制动蹄摩擦片与制动鼓内表面之间有一定间隙。车轮制动器无论是进行局部调整还是进行全面调整，调整完毕后都需进行试车，检查制动性能，并检查制动鼓是否发热等。

第五节 常见故障分析与排除

一、拖拉机故障的表现形态

拖拉机出现故障的表现形态主要有：作用异常；温度异常；声音异常；外观异常；气味异常；消耗异常；振动异常。

二、故障分析的原则

故障分析的一般原则是：结合结构，联系原理；搞清征象，具体分析；从简到繁，由表及里；按系统分段，推理筛选。

三、故障分析的方法

主要方法有部分停止法、交叉对比法和试探法。

四、发动机异响的类型

发动机异响的类型有：机械异响；燃烧异响；气流异响；电磁异响。

五、发动机常见的异响部位或异响形式

有曲轴主轴瓦、连杆轴瓦、活塞销、活塞敲缸、气门、气缸漏气、正时齿轮、气缸内着火敲击等。

六、常见故障分析及排除方法

(一) 发动机活塞敲缸响的常见原因及排除

1. 活塞与气缸的配合间隙太大：重新配缸修配。

2. 活塞与气缸壁间的润滑不良：检查润滑系统，根据结果处理。

3. 活塞或气缸圆度、圆柱度误差过大：配对更换修配。

4. 活塞销与活塞销座孔配合过紧：铰孔修配。

5. 活塞销与连杆小端铜套配合过紧：铰孔修配。

6. 连杆轴瓦配合过紧：刮瓦修配。

(二) 柴油机启动困难(启动系统正常)的常见原因及排除

1. 油箱无油或油箱开关未打开(如有开关)：添加柴油或打开开关，必要时，还需进行燃油放气。

2. 油箱盖通气孔堵塞：清理；如损坏，不能修则更换。

3. 低压油管堵塞、破裂或管接头漏油：清理、更换或紧固接头。

4. 油路中有空气或水，或气缸中有水：排除油路中的空气或更换燃油，查明气缸中有水的原因并进行彻底排除。

5. 柴油滤清器堵塞或不密封：清洗或更换。

6. 低压油路限压溢流阀弹簧太弱、折断或失调，造成油压太低：更换弹簧。

7. 输油泵工作不良或进油滤网堵塞：清洗后不能解决，则更换。

8. 柴油质量不佳：更换。

9. 供油拉杆上的调节拨叉或柱塞套筒上的调节扇齿松动：紧固并重新校正。

10. 供油时间过早、过晚或联轴器可调部分松动：重新调整供油提前角或进行紧固。

11. 空气滤清器严重阻塞：清理或更换。

12. 喷油泵供油拉杆卡在停车位置或启动供油量调整不足：解除卡滞或重新校正调整。

(三) 柴油机工作不稳定的常见原因及排除

1. 怠速调得太低：重新校正调整。

2. 某缸高压油管破裂或接头松动：更换或紧固接头（紧固后仍漏油，更换油管）。

3. 油路中有空气或水：排除空气或更换柴油。

4. 供油时间太早：重新校正调整。

5. 各缸供油时间间隔不均：重新校泵，使之均匀。

6. 各缸供油量不均匀度太大：重新校泵，使之均匀。

7. 各缸喷射压力、喷射质量不一致：调整喷油器，使各缸均匀一致。

8. 调速器组件不灵活或间隙太大，造成转速忽高忽低：重新调整，仍不能解决，更换。

9. 各缸柱塞偶件、出油阀偶件和针阀偶件技术状况不一致：修配一致。

10. 供油拉杆上的拨叉或柱塞上的扇齿窜动：校正紧固。

11. 空气滤清器严重脏污且通气不稳定：清洗或更换。

12. 某缸喷油器由于针阀偶件磨损过甚，针阀下端密封锥面不密封或喷油器弹簧折断：更换喷油器或弹簧。

13. 某缸喷油器针阀卡住，造成不能开启或不能关闭：拆解清洗，解除卡滞，若不能解决，更换。

14. 某缸喷油器喷孔堵塞或喷雾不良：拆解清洗，解除堵塞，若不能解决，更换。

15. 出油阀偶件关闭不严或弹簧折断：清洗偶件后不能解决，则应更换；更换弹簧。

(四) 电控柴油机无法启动（启动系统正常）电控系统常见原因及排除

1. 曲轴位置传感器或凸轮轴位置传感器脏污严重：清洁。

2. 曲轴位置传感器或其供电、信号传递线路损坏：更换，或检查线路并修复。

3. 凸轮轴位置传感器或其供电、信号传递线路损坏：更换，或检查线路并修复。

4. 油轨压力传感器或其供电、信号传递线路损坏（高压共轨型）：更换，或检查线路并修复。

5. 燃油计量电磁阀或其供电线路损坏（高压共轨型）：更换，或检查线路并修复。

6. 因柴油品质不好造成各缸喷油器很难正常喷油：拆解清洗，无法恢复则更换。

7. 电脑或其供电线路损坏：更换，或检查线路并修复。

（五）电控柴油机工作不稳定电控系统常见原因及排除

1. 曲轴位置传感器或凸轮轴位置传感器脏污：清洁。

2. 曲轴位置传感器或其供电、信号传递线路工作不良：更换，或检查线路并修复。

3. 凸轮轴位置传感器或其供电、信号传递线路工作不良：更换，或检查线路并修复。

4. 油轨压力传感器或其供电、信号传递线路工作不良（高压共轨型）：更换，或检查线路并修复。

5. 燃油计量电磁阀或其供电线路工作不良（高压共轨型）：更换，或检查线路并修复。

6. 某一缸喷油器或其供电线路故障（高压共轨型）：查明原因后修复。

7. 某一缸电控单体泵电磁阀或其供电线路故障（单体泵型）：查明原因后修复。

8. 进气压力传感器故障或其供电、信号传递线路工作不良：更换，或检查线路并修复。

9. 冷冻液温度传感器故障或其供电、信号传递线路工作不良：更换，或检查线路并修复。

10. 进气温度传感器故障或其供电、信号传递线路工作不良：更换，或检查线路并修复。

11. 燃油温度传感器故障或其供电、信号传递线路工作不良：更换，或检查线路并修复。

12. 电脑有损伤：更换。

（六）柴油机（含电控）过热的主要原因及排除

1. 冷却液不足：添加至合格量，若很快又不足，应查明原因后彻底排除。

2. 风扇皮带打滑或断裂：更换新的皮带。

3. 节温器主阀门打不开或打开太迟：更换节温器。

4. 散热器和水套内沉积的水垢、锈污太厚：用专用清洗液清理，若不能清除则更换散热器。

5. 燃烧室积碳太多：拆解清理。

6. 气缸垫太薄或缸体、缸盖接合面在修理时磨削过多：更换合格缸垫，更换新的缸盖或气缸。

7. 散热器下部出水管堵塞：清理堵塞。

8. 散热器上部回水管凹瘪或堵塞：更换回水管或清理堵塞。

9. 水泵泵水效能欠佳或水泵轴与叶轮脱开：更换水泵或重新连接叶轮。

10. 分水管锈烂，分水能力丧失：更换。

11. 柴油机长时间超负荷工作，天气炎热或在高原地区行驶：根据外部环境，正确使用机器。

12. 喷油泵供油时间太晚(非电控型)：调整供油提前角至合格值。

13. 喷油泵供油量太大(非电控型)：重新校正，调整至合格量。

14. 冷却液温度传感器故障(电控型)：更换。

15. 涡轮增压器漏机油或其他故障：查明原因后据实排除。

16. 润滑系统故障导致润滑不良，机体温度升高：查明原因后据实排除。

(七) 柴油机机油压力过低甚至无压力的原因及排除

首先确定机油压力传感器和机油压力表及其线路正常。

1. 油底壳中无机油或机油过少：添加。

2. 机油滤清器堵塞，同时机油滤清器旁通阀堵塞：拆卸清洗后仍堵塞，更换。

3. 机油集滤器堵塞：拆卸清洗。

4. 机油黏度过低：更换合格的机油。

5. 内、外机油管路(非机体上的内部油道)有泄漏之处：查明原因后据实排除。

6. 机油泵密封件或运动件磨损严重，造成机油泄露严重：更换密封件或更换机油泵。

7. 机油压力限压阀调定压力过低或有零件损坏造成关闭不严而泄漏：重新调定或更换机油泵。

8. 气缸垫损坏，造成机油漏入气缸或冷却液进入油底壳：更换气缸垫。

9. 有机油润滑的相对运动零件表面磨损严重，间隙超限，漏油严重：更换损坏的零件。

10. 机油散热器堵塞：清洗后仍堵塞，更换。

（八）柴油机机油压力过高的原因及排除

首先确定机油压力传感器和机油压力表及其线路正常。

1. 机油压力限压阀调定压力过高或阀芯卡滞而打开压力大：重新调定、清洗限压阀后仍有问题则更换。

2. 机油变质稠化或新换机油黏度太大：更换合格的机油。

3. 机油滤清器堵塞后，从旁通阀通油：清洗后仍堵塞，更换。

4. 通往各摩擦表面的分油道内积垢阻塞或主轴瓦、连杆轴瓦、凸轮轴轴承等间隙太小：通过机修加大间隙或更换符合间隙要求的新零件。

（九）柴油机排黑烟的常见原因及排除

柴油机排黑烟主要是柴油不充分燃烧造成的。

1. 空气滤清器严重堵塞，气缸进气量不足：清洁或更换空气滤清器。

2. 喷油泵供油量过多或供油不均匀度太大（非电控）：若不能调整解决，则查明具体原因排除。

3. 喷油泵供油压力太大（非电控）：若不能调整解决，则查明具体原因排除。

4. 有缸喷油时间过早或过晚（非电控）：查明具体原因排除。

5. 有缸喷油器雾化质量不佳，或滴油严重：清洁或更换喷油器。

6. 柴油质量低劣：更换成合格柴油。

7. 柴油机在超负荷下运转：不要长时间超负荷使用。

8. 涡轮增压器损坏或气管漏气：更换增压器或气管。

9. 各缸配气正时均不正确：查明原因排除。

10. 有缸气门间隙不正确或关闭不严：调整气门间隙或查明关闭不严原因，据实排除。

11. 冷却液温度传感器故障：更换。

12. 共轨压力传感器故障：更换。

13. 进气压力传感器故障：更换。

14. ECU 故障（电控）：更换。

（十）柴油机排白烟的常见原因及排除

1. 柴油中有水，或气缸垫烧蚀，缸套、缸盖破裂漏水等原因造成气缸进水：更换柴油、更换损坏的零件。

2. 气缸工作温度太低或气缸压缩压力不足：检查冷却系统或气缸压力不足

原因后，据实排除。

3. 喷油器喷雾质量不佳：清洁或更换喷油器。

4. 供油时间太迟：查明原因后，据实排除。

5. 柴油质量低劣或选用牌号不正确：更换成合格的柴油。

（十一）柴油机排蓝烟的常见原因及排除

柴油机排蓝烟主要是气缸中混有过量机油燃烧造成的。

1. 柴油机油底壳内机油油面太高：放除过多的机油，油面至合格位置。

2. 油浴式空气滤清器内油面太高：放除过多的机油，油面至合格位置。

3. 气缸密封性差导致气缸窜机油：更换不合格的活塞环，若活塞与气缸配合间隙过大或有损伤，应重新配缸修复。

4. 气门导管油封损坏、气门导管松旷，漏机油入气缸：更换油封，或查明松旷原因并修复。

5. 机油黏度太小：更换成合格的机油。

6. 气缸垫在机油油道处有损伤，机油进入气缸：更换新的气缸垫。

7. 带有涡轮增压的柴油机，涡轮增压器内部损坏，机油进入排气管：更换涡轮增压器。

（十二）柴油机飞车的常见原因及排除

1. 供油拉杆（或齿杆）在其支承孔内因缺油、锈蚀等造成卡阻，使其在供油位置上回不来：拆解清理。

2. 调速器因飞球组件卡阻、锈污、松旷或解体等失去效能或效能不佳：拆解清理或固定，若损伤，应更换。

3. 供油拉杆（或齿杆）与飞球组件脱开：拆解重新组装，若无法修复，更换。

4. 调速器内机油过多或机油太稠，飞球甩不开：清洗并更换合格机油。

5. 油底壳或油浴式空气滤清器内机油太多或气缸窜机油严重，过多机油加入燃烧：减少机油量，更换窜机油气缸的活塞环。

（十三）电控柴油机进行故障诊断时，诊断仪正确连接和使用

1. 连接：在断电（钥匙开关关闭）情况下，将诊断仪与诊断座连接（柴油机不同，有直接插入或通过数据线相连两种形式）；通过数据线将诊断仪与电脑（可以是开机状态）相连（若是采用无线连接，无需此步；若是采用带自显示功能的诊断仪，也无需此步）；将拖拉机钥匙开关旋至“ON”挡；在电脑中打开相应诊断软件，按规定程序步骤与柴油机 ECU 相连接，进入诊断界面（若是采用无线连接，应先将电脑连接到诊断仪的 Wifi 网名;若是采用带自显功能的诊断仪,则操作诊断仪进入诊断界面)。

2. 主要操作步骤:

(1) 通过诊断界面依次进行“读取当前故障码”“消除故障码”、再“读取故障码”操作,以确认当前真实存在的故障码有哪些;

(2) 可进行“读取历史故障码”操作,以查看柴油机以前都出现过哪些电控故障问题;

(3) 启动柴油机,可通过软件诊断界面进入“读数据流”操作(根据机型不同,有可能需重新进入诊断程序),读取柴油机工作时的实时状态数据和控制数据,以检查是否有相关数据异常情况,用以分析可能存在的故障或故障原因;

(4) 可进入“动作测试”界面(如果有此功能),用诊断软件直接启动相关执行元件,以检查执行元件是否工作;

(5) 可进入“元件匹配或刷写 ECU 程序”界面(如果有此功能),对新换的电控元件进行 ECU 识别和匹配,或对 ECU 的控制程序重新刷写。

(十四) 电控柴油机的传感器信号丢失故障简易诊断

传感器信号丢失故障一般有传感器自身损坏、传感器导线损坏、传感器需检测参数专用的装置损坏等原因,可通过诊断仪直接读取出故障码,根据故障码提示查明具体原因。

(十五) 在对柴油机电控系统进行故障诊断的注意事项

1. 不可在未读取故障码之前将 ECU 断电(常火线和地线)。

2. 不可在不断电的情况下进行线束接头拔插。

3. 非专业人员,不要对高压油路进行卸压或维修。

4. 非专业人员,不要对电控系统故障进行诊断与排除,应找专业人员解决。

(十六) 离合器分离不彻底的常见原因及排除

具体故障征象是:将离合器踏板踩到底,各挡位都难以换挡,换挡时有碰齿声。若变速器在挡,拖拉机负荷不大,不制动,拖拉机有可能出现向前移动现象。

1. 离合器踏板自由行程过大:按技术要求调整至合格。

2. 分离杠杆内端高度太低或内端不在同一平面上:按技术要求调整至合格。

3. 新换的摩擦片太厚或从动盘装反:更换合格摩擦片或重新装配。

4. 从动盘钢片翘曲变形或摩擦片破裂:更换新的合格的从动盘。

5. 双片离合器中间压盘调整不当、中间压盘个别支撑弹簧折断或疲劳、中间压盘轴向移动不灵活：重新调整至合格、更换新的合格弹簧、修复至移动灵活。

6. 从动盘在花键轴上轴向移动不灵活：去除内外花键上的毛刺。

(十七) 离合器打滑的常见原因排除

离合器打滑的直接感觉和现象是拖拉机正常行驶作业情况下(发动机工作正常,不踩离合器踏板,挡位不变),当加大油门时,拖拉机速度无法提升到与发动机转速相匹配。

1. 离合器踏板没有自由行程,结合状态分离轴承对分离杠杆有压力：重新调整至合格。

2. 摩擦片油污、烧焦、表面硬化、铆钉露出,摩擦片、压盘和飞轮工作面磨损严重、厚度减薄：更换。

3. 压力弹簧退火,膜片弹簧弹力下降、开裂：更换。

4. 离合器盖与飞轮之间的固定螺栓松动：重新紧固。

5. 分离轴承套筒与其导管之间因油泥或其他原因卡住而不能回位：清洁干净或查明原因修复。

(十八) 机械式手动变速器自动脱挡的常见原因及排除

自动脱挡的直接感觉和现象是拖拉机在某个挡位或某两个挡位(同一个拨叉控制的挡位)工作时,不操纵变速杆,会自动脱挡,回到空挡而停驶,其常见原因、检查步骤及排除方法如下：

1. 若只是一个挡位脱挡,一是该挡位的拨叉轴定位槽磨损；二是该挡位齿轮或啮合套的换挡端啮合齿磨损,均应更换损坏的零件。

2. 若是两个挡位脱挡,应是拨叉轴锁定弹簧力减弱或折断,应更换锁定弹簧。

(十九) 机械式手动变速器换挡困难的常见原因及排除

检查步骤及排除方法如下：

1. 若换挡中间过程感觉操纵力正常,而所有挡换挡均困难,同时伴有金属件相撞击声,应是离合器分离不清,按离合器分离不清检查。

2. 若换挡中间过程感觉操纵力正常,只是某个挡位换挡困难,应是该挡位齿轮或啮合套换挡端啮合齿有损伤,若是毛刺,可打磨,其他情况均应更换损坏的零件。

3. 若换挡中间过程感觉操纵力增大,有明显运动摩擦阻力感,一是换挡件的滑动花键间有杂物，应清洁去除；二是所换挡的拨叉轴弯曲变形，如不好校正则更换。

（二十）机械式手动变速器异响的常见原因及排除

异响的直接感觉和现象是拖拉机在工作时，从变速箱体内发出不正常的响声，声响不同，原因一般也不同，其常见原因、检查步骤及排除方法如下：

1. 若发出周期性的咯噔声，尤其是低速时较为明显，一般是轮齿间夹杂有异物或某一轮齿损坏，应打开变速箱盖检查清除或更换损坏轮齿的齿轮。

2. 若发出的声音为干摩擦音，一般是润滑油量不足或质量不符合要求，应加足或更换润滑油。

3. 若声音较为连续，有撞击感，一般是齿轮齿面磨损过大或齿面剥落，若挂上某一挡后声音尤为明显，则应该是该挡齿轮有问题，均应检查更换损坏的齿轮。

4. 若变速箱内异响混杂，只在轴承部位有区别于别处的声响，一般是轴承磨损严重或损坏，应更换轴承，同时检查是否也造成了别的零件损伤。

（二十一）驱动桥中央传动噪声大的常见原因及排除

中央传动噪声大的直接感觉和现象是拖拉机在工作时，从中央传动部位发出超寻常的齿轮传动声，其常见原因、检查步骤及排除方法如下：

1. 主从动锥齿轮磨损严重、齿面剥落或断齿：应成对更换。

2. 主从动锥齿轮啮合不正常：重新调整啮合印痕和齿侧间隙。

3. 主从动锥齿轮支承轴承有游隙、磨损较大或损伤：应调整间隙或更换轴承。

4. 行星齿轮或垫片磨损：更换行星齿轮或垫片。

5. 半轴齿轮或垫片磨损：更换半轴齿轮或垫片。

（二十二）驱动桥最终传动异响的常见原因及排除

最终传动异响的直接感觉和现象是拖拉机在工作时，从最终传动部位发出非正常的齿轮工作声音，其常见原因、检查步骤及排除方法如下：

1. 支承轴承磨损或损坏：调整（针对可调轴承，若磨损大，也应更换）或更换。

2. 齿轮啮合不正常：调整。

3. 齿轮损伤：更换。

（二十三）动力输出轴部位异响的常见原因及排除

动力输出轴部位异响的直接感觉和现象是拖拉机在工作时，从动力输出轴装置部位发出非正常的齿轮工作声音，其常见原因、检查步骤及排除方法如下：

1. 支承轴承磨损或损坏：更换。

2. 齿轮损伤：更换。

（二十四）全液压转向系统方向盘转向沉重的常见原因及排除

1. 前轮胎气压较低：充气到规定值。

2. 油箱油位不足：加油至规定油面高度。

3. 油箱滤网堵塞：清洁。

4. 管路接头处或管路漏油：拧紧接头（若接头损坏，应加密封材料或更换）或更换损坏的管件。

5. 转向球接头锈蚀卡滞：润滑灵活，若有损伤情况，应更换。

6 液压系统中有空气：排除系统中空气，并检查吸油管路是否进气。

7. 管路堵塞：旋松接头看出油量排查，进行清堵。

8. 油泵供油不足：用油压表在出口处检查判断，拆检清洗油泵，根据检查结果处理。

9. 液压转向器故障：用油压表在出口处检查判断，拆检清洗，根据检查结果处理。

10. 转向油缸故障：进一步拆检，根据检查结果处理。

11. 两轮驱动拖拉机的转向节轴配合过紧，或缺油，或推力轴承损坏：加油、修复或更换损坏的轴承。

（二十五）全液压转向系统转向不灵甚至失灵的常见原因及排除

1. 油箱油位不足：加油至规定油面高度。

2. 油箱滤网堵塞：清洁。

3. 管路接头处或管路漏油：拧紧接头（若接头损坏，应加密封材料或更换）或更换损坏的管件。

4. 液压系统中有空气：排除系统中空气，并检查吸油管路是否进气。

5. 管路堵塞：旋松接头看出油量排查，进行清堵。

6. 油泵供油不足：用油压表在出口处检查判断，拆检清洗油泵，根据检查结果处理。

7. 液压转向器故障：用油压表在出口处检查判断，拆检清洗，根据检查结果处理。

8. 转向油缸故障：进一步拆检，根据检查结果处理。

（二十六）拖拉机行驶中自动跑偏的常见原因及排除

1. 两前轮轮胎气压不等或大小不一：充气至相等或更换至大小一致。

2. 前轮前束值不正确：调整至合格。

3. 转向杆件变形较大：校正或更换变形的杆件。

4. 前、后车轮有单边拖滞现象（如车轮轴承过紧、单边制动故障）：查明具体原因并排除。

5. 转向阀或转向油缸故障：查明具体原因后对症排除。

（二十七）前轮摆振的常见原因及排除

前轮摆振的直接感觉和现象是拖拉机在工作时，明显可见前轮在行驶中左右晃动，同时感觉方向盘不易操控。

1. 前轮毂轴承间隙过大或损坏：调整轴承预紧度或更换。

2. 转向球接头严重磨损：更换。

3. 前轮轮辋严重变形：校正。

4. 转向节立轴衬套严重磨损：更换。

5. 前轮前束不正确：进行调整。

（二十八）制动不灵或失灵的常见原因及排除

制动不灵或失灵的直接感觉和现象是拖拉机在正常行驶中，将制动踏板踩到底，但制动效果不佳，制动距离较正常时大许多，甚至制动不住。

1. 制动器踏板自由行程（制动器间隙）过大：调整至规定值。

2. 摩擦盘磨损严重或翘曲：更换。

3. 制动压盘磨损严重或翘曲：更换。

4. 制动杆件连接处脱落：重新连接。

对于人力液压操纵制动系统，还有以下常见原因：

1. 制动液不足：添加并排气。

2. 管路中混有空气：排除。

3. 制动泵损坏：查明原因后对症排除。

4. 管路接头漏油：旋紧接头，若仍漏油，可加密封带或更换接头。

5. 制动油缸不密封：查明原因后对症排除。

6. 制动油缸卡滞：查明原因后对症排除。

（二十九）制动跑偏的常见原因及排除

制动跑偏的直接感觉和现象是拖拉机在正常行驶中，将制动踏板踩下或踩到底，方向盘不转动，此时拖拉机却自动偏离原方向行驶。

1. 左右制动踏板自由行程不一致：调整至一致。

2. 一侧摩擦盘磨损严重或翘曲（若右偏，则为左侧）：更换。

3. 一侧制动压盘磨损严重或翘曲（若右偏，则为左侧）：更换。

4. 左右前轮胎气压悬殊较大：按规定气压充气。

对于人力液压操纵制动系统，还有以下常见原因：

1. 一侧管路制动液不足：添加并排气。

2. 一侧管路中混有空气：排除。

3. 一侧制动泵损坏：查明原因后对症排除。

4. 一侧管路接头漏油：旋紧接头，若仍漏油，可加密封带或更换接头。

5. 一侧制动油缸不密封：查明原因后对症排除。

6. 一侧制动油缸卡滞：查明原因后对症排除。

（三十）液压悬挂系统轻重负荷均不能提升常见原因及排除

轻重负荷均不能提升的直接感觉和现象是操纵分配器操纵手柄转向提升方向时，配套机具不管轻重都无法升起，其常见原因、检查步骤及排除方法如下：

1. 半分置式液压悬挂系统：

（1）农机具下降速度调节阀完全关闭：打开；

（2）油箱油位不足：加油至规定油面高度；

（3）油路中混有较多空气（拧松管路接头，有气泡冒出）：排放空气；

（4）滤清器堵塞：清洗，若损伤，更换；

（5）油泵故障：用油压表在出口处检查判断，拆检清洗油泵，根据检查结果处理；

（6）分配器故障：拆检，根据检查结果处理；

（7）油缸出现问题：拆检，根据检查结果处理。

2. 整体式液压悬挂系统：

（1）控制阀卡死：卡阀主要是油液太脏，可打开拖拉机侧面的检视孔，拨动控制阀，或将里操纵手柄连续上下移动数次，也可能使阀恢复正常；

（2）油箱油位不足：加油至规定油面高度；

（3）安装不当，拨叉杆的下端安装在控制阀摆动杆的后方，致使操纵手柄失去对控制阀的控制，不能推移控制阀：应拆卸提升器盖重新安装；

（4）滤清器堵塞：清洗，若损伤，更换；

(5) 安全阀磨损或弹簧折断,工作油液从安全阀大量泄出,油压降低:更换损坏的零件;

(6) 油泵故障:拆检清洗油泵,根据检查结果处理;

(7) 活塞在油缸中卡死:出现这种故障,提升时安全阀会开启,发出尖锐的响声:应拆卸油缸,检查缸体与活塞及活塞环的安装间隙,检查油液清洁状况,必要时更换油液或密封件;

(8) 油缸密封件严重损坏,造成漏油严重:更换密封件。

3. 分置式液压悬挂系统:

(1) 油箱油位不足:加油至规定油面高度;

(2) 油路中混有较多空气(拧松管路接头,有气泡冒出):排放空气;

(3) 滤清器堵塞:清洗,若损伤,更换;

(4) 油泵故障:用油压表在出口处检查判断,拆检清洗油泵,根据检查结果处理;

(5) 分配器故障:拆检,根据检查结果处理;

(6) 油缸出现问题:拆检,根据检查结果处理。

(三十一) 液压悬挂系统无负荷或轻负荷能提升,重负荷不能提升或提升缓慢常见原因及排除

无负荷或轻负荷能提升,重负荷不能提升或提升缓慢的直接感觉和现象是操纵分配器操纵手柄向提升方向时,配套机具较轻可以上升,若太重则无法上升,其常见原因、检查步骤及排除方法如下:

1. 半分置式液压悬挂系统:

(1) 油箱油面过低或油路中混有少量空气(拧松管路接头,有气泡冒出):排放空气并加油至规定量;

(2) 滤清器堵塞(未完全堵死):清洁或更换;

(3) 油泵主件严重磨损或柱塞泵进出油单向阀损坏:更换油泵或单向阀;

(4) 系统安全阀调定压力过低:调整,若弹簧力减弱,更换弹簧,其他原因,更换系统安全阀;

(5) 油缸安全阀调定压力过低:调整,若弹簧力减弱,更换弹簧,其他原因,更换油缸安全阀;

(6) 油缸密封件损坏,造成漏油:更换油缸密封件;

(7) 分配器主阀磨损或其他阀故障:更换分配器。

2. 整体式液压悬挂系统：

(1) 液压油泵的进、出油单向阀与阀座磨损或弹簧压力不足，形成阀体与阀座关闭不严，内部漏油，造成供油量降低：更换，安装时检查密封性；

(2) 油泵柱塞与套筒磨损，供油量降低，达不到正常工作压力：更换；

(3) 控制阀与油封磨损，特别是回油腔出油孔处的油封经常在压力油冲刷下，出现沟槽时会严重漏油：更换油封，若不能解决，更换控制阀与油封；

(4) 油液不清洁，吸油滤网堵塞，油缸漏油，高压油管密封圈损坏，引起供油不足：按时清洗滤清器，必要时更换工作油液。

3. 分置式液压悬挂系统：

(1) 油箱油面过低或油路中混有少量空气(拧松管路接头，有气泡冒出)：排放空气并加油至规定量；

(2) 滤清器堵塞(未完全堵死)：清洁或更换；

(3) 油泵主件严重磨损或柱塞泵进出油单向阀损坏：更换油泵或单向阀；

(4) 系统安全阀调定压力过低：调整，若弹簧力减弱，更换弹簧，其他原因，更换系统安全阀；

(5) 油缸密封件损坏，造成漏油：更换油缸密封件；

(6) 分配器主阀磨损：更换分配器。

(三十二) 液压悬挂系统所带配套机具自动降落常见原因及排除

配套机具自动降落的直接感觉和现象是不操纵分配器操纵手柄，配套机具却在自重下自动降落，其常见原因、检查步骤及排除方法如下：

1. 半分置式液压悬挂系统：

(1) 安全阀损坏：若弹簧减弱，更换，其他原因，更换安全阀；

(2) 下降速度调节阀损坏：更换；

(3) 主控制阀或回油阀损坏：若有异物卡住，清洁清洗，若损坏，更换；

(4) 油缸磨损、损坏或密封件损坏：更换。

2. 整体式液压悬挂系统：

(1) 安全阀损坏：若弹簧减弱，更换，其他原因，更换安全阀；

(2) 主控制阀损坏：若有异物卡住，应清洗，若损坏，更换；

(3) 油缸磨损、损坏，或密封件损坏：更换。

3. 分置式液压悬挂系统：

(1) 安全阀损坏：若弹簧减弱，更换，其他原因，更换安全阀；

（2）主控制阀损坏：若有异物卡住，清洁清洗，若损坏，更换；

（3）油缸磨损、损坏或密封件损坏：更换。

（三十三）液压悬挂系统所带配套机具不能下降常见原因及排除

配套机具不能下降的直接感觉和现象是操纵分配器操纵手柄向下，配套机具却不能下降，其常见原因、检查步骤及排除方法如下：

1. 半分置式液压悬挂系统：

（1）回油阀卡死在关闭位置：清洗不能解决，则更换；

（2）主控制阀卡在“提升”位置：清洗不能解决，则更换分配器；

（3）下降速度调节阀处在全关闭状态：清洗不能解决，则更换；

（4）主控制阀门轴向孔道堵塞：清洁堵塞。

2. 整体式液压悬挂系统：

农具升起后不能下降，原因和排除方法与农具不能提升基本相同。此外还应检查：

（1）控制阀弹簧是否过软或失效：检查时，可拆去检视孔盖，观察控制阀能否被推力弹簧的弹力压紧，当弹簧过软时，拆下油泵，检查弹簧的弹力，如果必要，应予更换；

（2）提升轴套磨损：提升轴套磨损以后，农具在提升状态，会因运动中的颠簸将内提升臂卡在后桥体上，造成农具不能下降，应卸去农具，扳动提升臂，使内提升臂松脱，必要时更换轴套。

3. 分置式液压悬挂系统：

（1）主控制阀卡在“提升”位置：清洗不能解决，则更换分配器；

（2）主控制阀门轴向孔道堵塞：清洁堵塞。

（三十四）半分置式液压悬挂系统农具升起后有颠动常见故障原因及排除

1. 主控制阀与阀套密封不良，不能关闭排油道：更换主阀或整个分配器。

2. 活塞与油缸密封不良：更换密封圈，若是磨损量大，更换整个油缸。

3. 单向阀密封不严：清洗、更换单向阀或整个分配器。

4. 安全阀密封不严：清洗、更换安全阀或整个分配器。

（三十五）半分置式液压悬挂系统农具沉降量过大常见故障原因及排除

1. 液压油不符合规格，黏度过低或油温过高，内部泄漏增加：更换为合格液压油。

2. 单向阀密封不严：清洗、更换单向阀或整个分配器。

3. 主控制阀与阀套密封不严，不能关闭排油道：更换主阀或整个分配器。

4. 油缸与活塞密封不严，密封圈损坏：更换密封圈，若是磨损量大，更换整个油缸。

5. 配用的机具超过规定重量：按规定选用配套机具。

（三十六）蓄电池电量下降太快，超出正常速度的主要原因及排除

1. 发电机发电量不足，造成充电缓慢或无法充电：查明具体原因并修复。

2. 电压调节器损坏，造成充电不足或无法充电：更换电压调节器。

3. 充电线路导线有接触不良或损坏之处：查明具体原因并修复。

4. 拖拉机停机休息后，钥匙开关未旋到关闭挡：按规范关闭开关。

5. 蓄电池本身老化或损坏：更换。

（三十七）发电机发电量不足甚至不发电的常见原因及排除

1. 发电机皮带过松、老化或断裂：调整皮带张紧度至合格、更换皮带。

2. 电压调节器损坏：更换电压调节器。

3. 发电机励磁线路或接地线路电阻过大或断路：查明具体原因并修复。

4. 发电机本身损坏：查明具体原因，修复或更换。

5. 柴油机转速过低：提高发动机转速。

（三十八）发动机无法启动的启动系统常见原因及排除

1. 启动时，启动电机无任何声响。

（1）带有电源总闸的拖拉机总闸未合上：合上总闸；

（2）蓄电池电量严重不足或损坏：充电或更换蓄电池；

（3）电源总保险丝或启动电路保险丝损坏：更换；

（4）启动继电器损坏：更换；

（5）启动系统电路导线某处有损坏或接头脱落：查明原因，修复；

（6）启动电机损坏：查明原因修复，若不易修复，则更换；

（7）带有变速箱空挡安全启动和离合器安全启动开关的拖拉机，离合器未踩到位、变速箱未挂入空挡、离合器安全启动开关位置不正确或离合器安全启动开关损坏：将离合器踩到底，变速箱挂入空挡，调整离合器安全启动开关至正确位置或更换损坏的离合器安全启动开关。

2. 启动电机运转无力，不能带动发动机启动。

（1）蓄电池亏电：充电；

（2）启动电机供电线路有接触不良之处：查明并修复；

（3）启动电机内部损坏，如电枢烧坏、轴承磨损过大、电枢弯曲等：更换。

3. 启动电机转动有力，正常，但不能带动发动机启动。

（1）启动电机保持线圈损坏，使齿轮弹出后不能保持：更换电磁开关总成或启动电机；

（2）启动电机单向离合器打滑：更换单向离合器或启动电机；

（3）启动电机齿轮或飞轮齿圈损坏，如打齿、磨损严重、卷齿等：更换齿轮、启动电机或飞轮（齿圈）。

第三章　联合收割机安全操作与维修

第一节　谷物联合收割机的类型与总体构造

联合收割机在20世纪50年代初被称作康拜因，是能够一次完成谷类作物的收割、脱粒、分离茎秆、清除杂余物和集粮（茎秆切碎匀抛）等工序，从田间直接获取谷粒的收获机械。

一、联合收割机分类

1. 按行走部件类型可分为轮式联合收割机和履带式联合收割机。

2. 按动力来源可分为牵引式和自走式联合收割机。

牵引式（如图3-1所示）——工作时由拖拉机牵引前进，本身又可分为带发动机和不带发动机两种。特点：结构简单，价格低廉，机组动力利用率高。缺点是机组庞大，机动性差，不能自行开道。

图3-1　牵引式联合收割机

图3-2　自走式联合收割机

自走式(如图 3-2 所示)——自带发动机和行走装置,割台配置在机器前方,自行开道,机动性好,生产率高。但机构复杂,造价较高,动力利用率低。

3. 按作物喂入方式可分为全喂入式和半喂入式联合收割机。

全喂入式(如图 3-3 所示)——收获时,被割谷物(包括茎秆)经输送装置全部进入联合收获机脱粒系统进行加工处理的方式。秸秆在滚筒中被打碎、揉乱。主要由行走及操纵系统、割台、输送槽、脱粒装置、分离清选系统及粮箱等组成。

图 3-3 全喂入式联合收割机

图 3-4 半喂入式联合收割机

半喂入式(如图 3-4 所示)——被割谷物只有穗头部分在联合收割机夹持装置的输送下进入脱粒系统参与加工处理,茎秆部分随后被粉碎或直接排出机外。

表 3-1 为半喂入式联合收割机与全喂入式联合收割机性能比较。

表 3-1 半喂入式联合收割机与全喂入式联合收割机性能比较

	半喂入式联合收割机	全喂入式联合收割机
优势	1. 油耗较低; 2. 割桩的高度可以控制在 3 cm,有利于倒伏的收割及来年的耕作; 3. 收获的谷粒完整性较好且较为干净; 4. 自动化程度高; 5. 可整体保留稻秆	1. 操作便捷; 2. 收获时不需对行; 3. 收获速度较快,高于半喂入式; 4. 购置价格较低; 5. 机具的适用性高,改良后可以兼收小麦和油菜
劣势	1. 售价较高; 2. 国内熟练机手数量不足; 3. 南方区域的稻谷含水量高,收割时易脱落; 4. 收获时需对行,不对行收获的损失率较大	1. 含杂率及破损率高于半喂入; 2. 油耗相对较高; 3. 目前稻秆切碎后一般只能用于还田; 4. 稻茬需留地约 20 cm,不利于翻田后再次耕种

二、联合收割机的构成

本书主要介绍履带式谷物联合收割机。

(一) 全喂入自走式(履带式)联合收割机

总体构造(如图 3-5 所示)。全喂入自走式联合收割机由收割台、倾斜输送装置、粮箱、脱粒清选装置、发动机、底盘、驾驶台、液压系统、电气系统等组成。

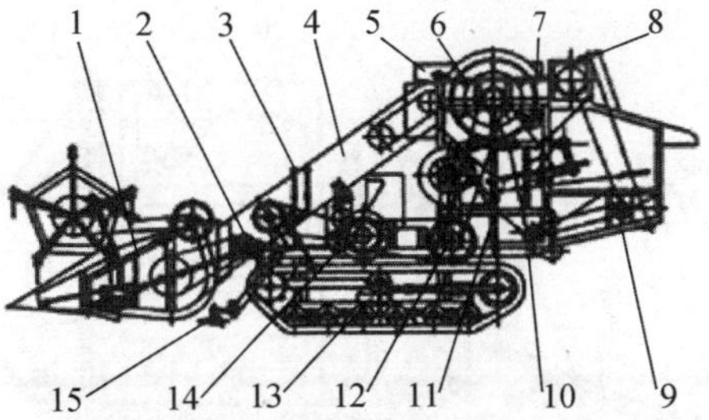

图 3-5　全喂入自走式联合收割机示意图

1. 割台　2. 变速箱　3. 变速杆　4. 倾斜输送　5. 接粮箱　6. 脱粒滚筒　7. 凹板筛　8. 复脱装置　9. 二次搅龙　10. 出谷搅龙　11. 振动筛　12. 主传动装置　13. 底盘　14. 发动机　15. 二次切碎装置

割台位于联合收割机的正前方,包括分禾器、拨禾轮、切割器、谷物螺旋推运器(割台搅龙)等,用于切割和运送作物。

中间输送装置是指割台与脱粒清选系统之间的倾斜输送器,通称为过桥或输送槽。作用是将割台上的谷物均匀连续不断地输送到脱粒清选系统。

脱粒清选系统包括脱粒、清选、复脱和籽粒输送等装置,用于对谷物的脱粒、分离和清选。

发动机一般后置于清选室的上部,是驱动工作部件和行走传动部件的动力源。

底盘位于脱粒清选装置的下部,主要包括行走传动系统、转向系统、制动系统。其功用是支承整机全部负载和完成机器的行走任务。

驾驶台包括仪表和操纵系统,用于监视收割作业和操纵机器转移。仪表包括机油压力表、水温表、燃油表、车速里程表、转速表等。

液压系统是联合收割机转向、割台收降和无级变速等项操作的控制系统。包括液压油泵、油缸、分配阀和油箱、滤清器、油管等。

电气系统担负着发动机的启动、夜间照明、工作监视、故障报警和自动控制等，主要由电源设备、用电设备和配电设备三部分组成。

（二）半喂入自走式联合收割机

总体构造（如图 3-6 所示）。半喂入自走式联合收割机的工作原理和行驶操纵方式不同于全喂入自走式联合收割机，因而半喂入自走式联合收割机在收割台、脱粒清选系统、行走系统等方面的结构与全喂入自走式联合收割机有较大区别。

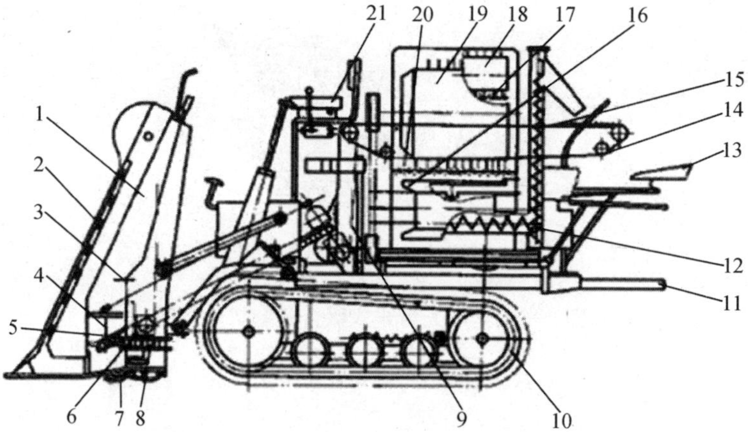

图 3-6　半喂入自走式联合收割机

1. 割台　2. 扶禾器　3. 上输送链　4. 拨禾星轮　5. 中间输送上链　6. 中间输送下链　7. 切割器　8. 下输送链　9. 二级夹持链　10. 履带　11. 卸粮台　12. 水平螺旋　13. 卸粮座位　14. 脱粒夹持链　15. 竖螺旋　16. 风扇　17. 副滚筒筛板　18. 副滚筒　19. 主滚筒　20. 凹板筛　21. 驾驶台

割台主要由侧分草杆，分禾器，辅助拨禾装置，割刀（左、右），上、下输送链，纵输送链，辅助输送链，脱粒深度调节装置等组成。割台的作用是将作物梳整扶直、切割、输送并以合适的脱粒深度整齐地输送给脱粒部分。

第二节　收割台和中间输送装置构造及功用

收割台形式有立式收割台和卧式收割台两类。所谓卧式收割台是指其台面呈平卧状，作物经切割后呈卧式状态运送的收割台；而立式收割台是指作物经切割器切割后仍保持近于直立状态运送的收割台。中间输送装置是收割台与脱粒清选系统的过桥，全喂入联合收割机中间输送装置又称为倾斜输送器或输送槽。

半喂入联合收割机则往往将中间输送装置与收割台紧紧连在一起。

一、全喂入联合收割机收割台

全喂入联合收割机收割台大多为卧式收割台（如图 3-7 所示），主要由拨禾轮、分禾器、切割器、割台螺旋推运器、倾斜输送器、收割台体等组成。

（一）分禾器

分禾器安装于收割台左、右两侧，一般由圆锥形铁件、弧形导板等组成，其功能是将待切割和暂不切割的作物分开。

（二）拨禾轮

拨禾轮一般由拨禾轮轴、拨禾轮辐条、拨禾板（又称压板）、拨齿、偏心盘、偏心支杆、拨禾轮臂、拨禾轮轴承等组成。其功能是扶持作物并拨向切割器，同时将割下来的作物拨向割台螺旋推运器以利推运作物。

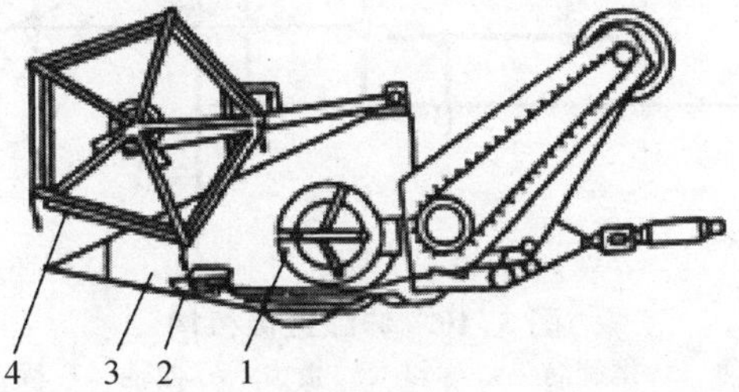

图 3-7　全喂入式联合收割机割台

1. 割台螺旋推运器　2. 切割器　3. 收割台体　4. 拨禾轮

（三）切割器

切割器的作用是切断谷物茎秆，它是联合收割机的主要工作部件之一。切割器由动刀片、刀杆、定刀片、压刃器、摩擦片、护刃器、护刃器梁等组成。如图 3-8 所示为标准切割器的典型结构。

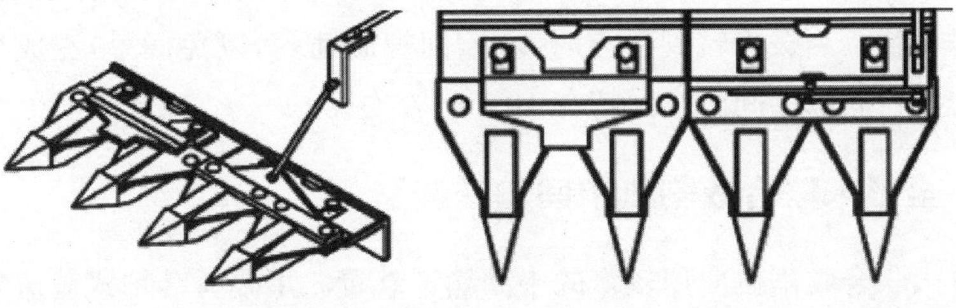

图 3-8　切割器

(四) 割台螺旋推运器(割台搅龙)

割台螺旋推运器的主要功能是将切割器切割下来的谷物,从收割台的左右两端均匀地送到输送器喂入口。割台螺旋推运器由螺旋搅龙(如图 3-9 所示)和伸缩拨齿(如图 3-10 所示)两大部分组成。割台螺旋推运器将割下的谷物推向伸缩拨齿,拨齿将谷物流转过 90°纵向送入倾斜输送器(或输送槽)。

图 3-9 割台螺旋推运器(割台搅龙)

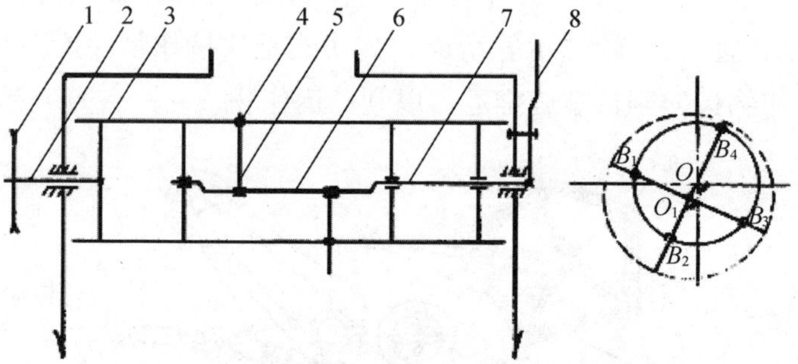

图 3-10 伸缩拨齿机构

1. 主动轮 2. 转轴 3. 螺旋筒 4. 球铰 5. 拨齿 6. 曲轴 7. 固定轴 8. 调节手柄

割台螺旋推运器由圆筒和螺旋叶片组成。搅龙的转速对输送谷物的输送质量和效率有较大影响,转速高时,喂入均匀,效率高,但过高会增加收割台的振动和落粒损失。

伸缩拨齿安装在螺旋搅龙筒内,并排铰接在拨齿轴上,通过曲柄与固定半轴连在一起。拨齿轴中心与筒体中心有一个偏心距。这样当主动轮通过转轴带动螺旋筒旋转时,它就带动拨齿一起旋转,但由于二者不同心,拨齿就相对于螺旋筒面做伸缩运动。工作时,要求拨齿转到前下方时,具有较大的伸出长度,以便向后扒送谷物。当拨齿转到后方时,应缩回螺旋筒内,以免回草,造成损失。拨齿外端与割台底板的间隙应保持在 10 mm 左右。

二、全喂入联合收割机中间输送装置

全喂入联合收割机应用较多的中间输送装置。主要有链耙式输送器和带耙式输送器(背负式联合收割机上又称为输送槽)两种。

1. 链耙式输送器。由主动轴、从动轴、主动链轮、从动链轮、装在套筒滚子链上的齿板链耙和输送槽体等组成(如图 3-11 所示)。被动轮轴上装有张紧装置。为适应谷物厚度的变化,被动轴可以浮动。为避免突然堵塞时造成机件损坏,不少联合收割机的主动链轮轴上装有安全离合器。链耙式输送器工作可靠,输送能力强,在大、中型自走式联合收割机上应用广泛。

2. 带耙式输送器。该输送器主要用于悬挂式联合收割机。带耙式输送器的上部挂在脱粒机体喂入口两侧的挂耳上,下部搭在收割台输出口底板上。带耙式输送器由主动轮、从动轮、输送带、耙齿、输送带张紧调节装置、输送槽壳体等组成(如图 3-12 所示)。输送带及安装于其上的耙齿是输送作物的主要工作部件,为保证正常工作,必须有一定的张紧度。为适应作物产量的变化,从动轮位置可以浮动。

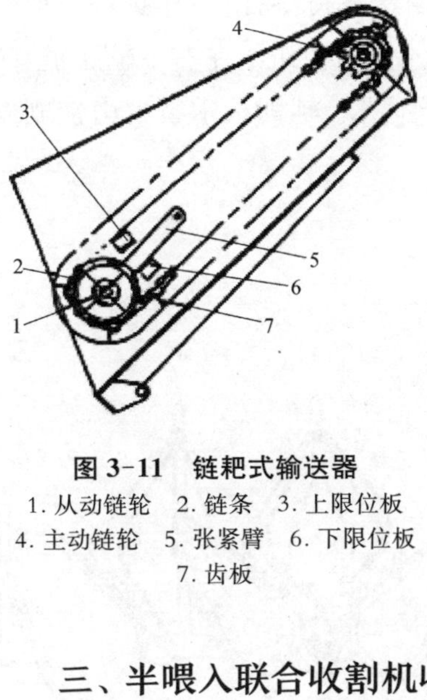

图 3-11 链耙式输送器

1. 从动链轮 2. 链条 3. 上限位板 4. 主动链轮 5. 张紧臂 6. 下限位板 7. 齿板

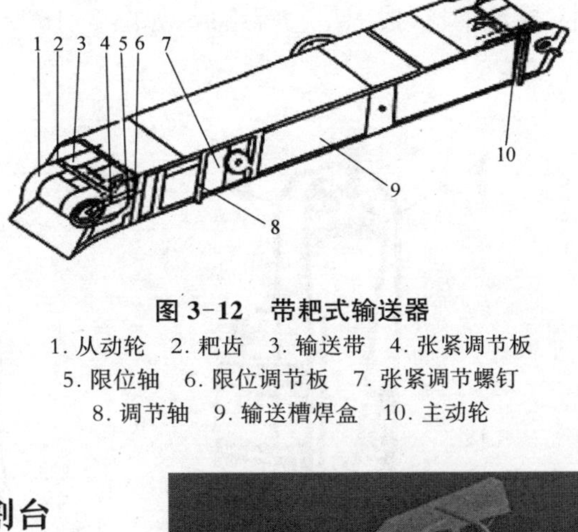

图 3-12 带耙式输送器

1. 从动轮 2. 耙齿 3. 输送带 4. 张紧调节板 5. 限位轴 6. 限位调节板 7. 张紧调节螺钉 8. 调节轴 9. 输送槽焊盒 10. 主动轮

三、半喂入联合收割机收割台

半喂入联合收割机大多采用立式收割台(如图 3-13 所示)。采用立式收割台的联合收割机,茎秆输送整齐。各种立式收割台结构组成基本相同,不同厂家生产的机型结构稍有差别。

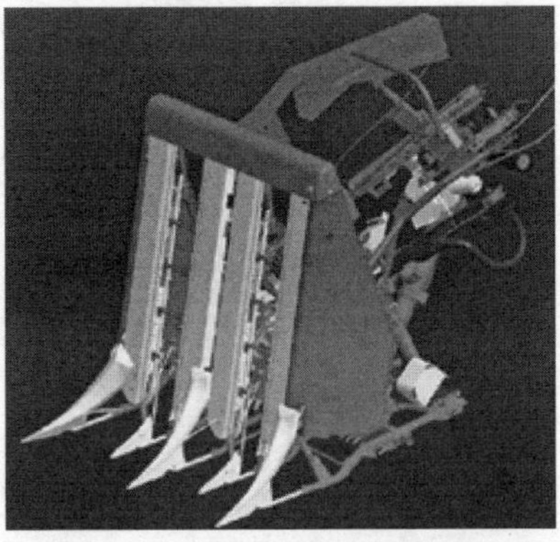

图 3-13 半喂入联合收割机收割台

1. 侧分草杆。侧分草杆位于收割台左右两侧,侧分草杆的作用是分开植株,保证机器进入田间时，作物不被履带压倒以及穗部不会碰上机架等而掉粒。

2. 分禾器。分禾器位于收割台前部，功用是将收割作物引导至扶禾链壳的拨指工作侧，配合扶禾器进行扶禾。收割倒伏作物时，分禾器还可起到防止叶穗纠缠，防止作物断茎、拔禾的作用。

3. 扶禾器。扶禾器的功用是将作物扶直后，向割刀方向引导，为切割作物做准备。扶禾器由主动链轮、从动轮、张紧轮、扶禾链、拨指、固定导轨、辅助导轨、扶禾链壳、调节螺钉、限位螺钉、张紧弹簧等组成（如图 3-14 所示）。

扶禾链在扶禾器壳体内回转，连接在链条上的拨指受导轨的约束可以伸出、缩进。当扶禾拨指运动至扶禾器下部时拨指根部进入导轨，拨指伸出扶禾壳体：当扶禾拨指运动到扶禾器上部时，拨指根部脱离导轨，拨指缩进扶禾壳体。

4. 辅助拨禾装置。辅助拨禾装置的作用是输送夹持茎秆，将作物整齐地输送到切割器，为切割器切割提供支承，并把割下的作物输送给左右下输送链，防止割下的茎秆被扶禾拨指上抬，避免掉秆或茎秆不齐。辅助拨禾装置由梳刷皮带、导流钢丝、拨禾星轮等组成（如图 3-15 所示）。

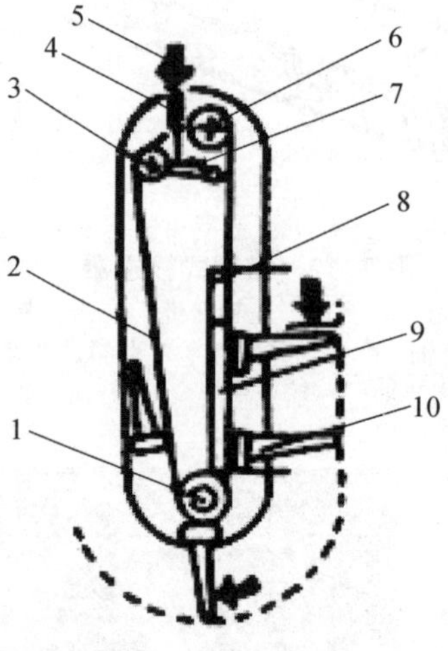

图 3-14 扶禾器构造

1. 被动轮 2. 扶禾链 3. 张紧轮 4. 张紧弹簧 5. 调节螺钉 6. 主动链轮 7. 限位螺钉 8. 辅助导轨 9. 固定导轨 10. 拨指

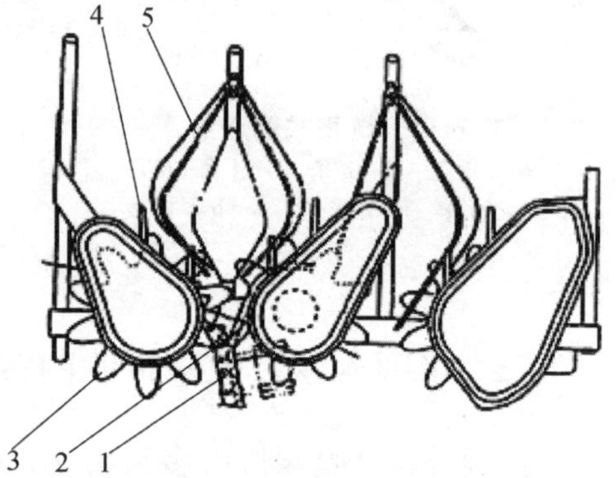

图 3-15 辅助拨禾装置

1. 下输送链 2. 导流杆 3. 拨禾星轮 4. 梳刷皮带 5. 导流钢丝

5. 切割器（割刀总成）。半喂入联合收割机切割器，大多采用无护刃器的小刀片切割器（刀片间距一般为 50 mm）。与标准切割器相比，其结构组成基本相同，不同的是所有定刀片都铆接在一定刀杆上，而定刀杆将整个切割器总成固定在收割台机架上。

6. 下输送装置。下输送装置由左右下输送链、导流杆、链轮、张紧轮、张紧臂、导轨等组成。其功用是接受扶禾链和辅助拨禾装置送来的作物，由导流杆将作物压在锯齿形链条上，使作物随着链条的运动而运动，将作物根部强制传送给纵输送链。

7. 上输送装置。上输送装置由左右上输送链、链轮、滚轮、张紧轮、输送导杆、壳体等组成，其功用是与下输送装置同步，输送扶禾拨指送来的穗头侧茎秆，使茎秆以较好的脱粒姿势（穗头平行滚筒）进入滚筒入口。上输送导杆配合上输送拨指对茎秆的输送，可防止茎秆错乱（如图3-16 所示）。

8. 纵输送装置。纵输送装置由纵输送链、纵输送导杆、链轮、滚轮、张紧轮等组成，其功用是将下输送链送来的茎秆无错乱地送给辅助输送链、喂入链，并通过脱粒深度调节装置改变茎秆根部的传送位置和喂入链的接受位置，使作物有较合适的脱粒深度。

9. 辅助输送装置。辅助输送装置由辅助输送链、辅助导流杆、链轮、张紧轮、壳体、堵塞报警开关等组成。辅助输送装置是收割台输送装置与脱粒喂入装置过渡的桥梁，它接受纵输送链输送的作物，然后把作物根部传递给脱粒喂入链，防止穗头滞后和掉草。

半喂入联合收割机各输送链位置关系示意图（如图 3-17 所示）。

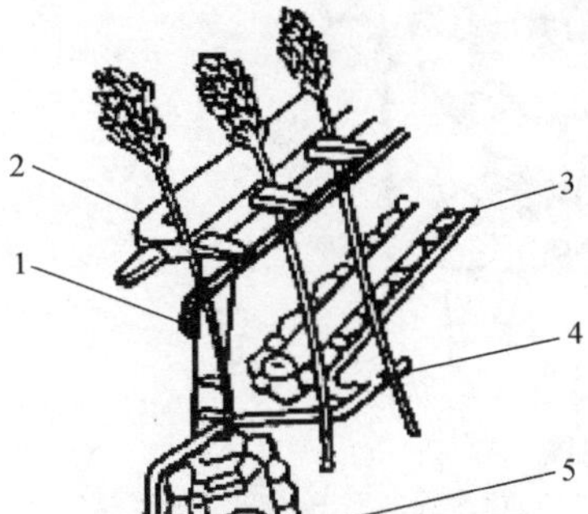

图 3-16　茎秆上输送装置

1. 上输送导杆　2. 上输送拨指　3. 纵输送链　4. 根部导流杆　5. 下输送链

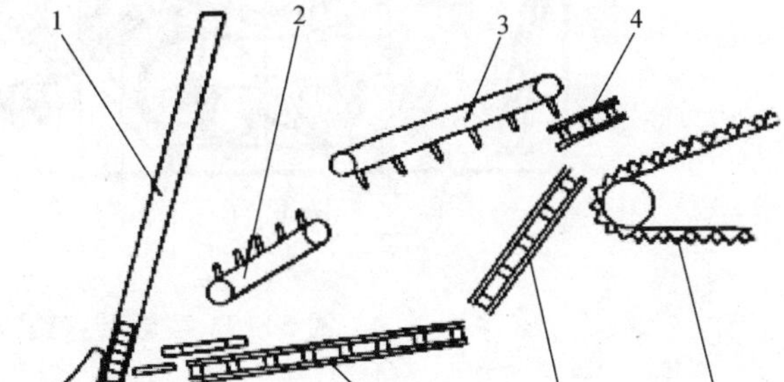

图 3-17　输送链位置关系示意图

1. 扶禾链　2. 左上输送链　3. 右上输送链　4. 辅助输送链系　5. 喂入链　6. 纵输送链　7. 下输送链

第三节 脱粒清选系统的构造及功用

脱粒清选部分是联合收割机重要组成部分之一，其处理能力的大小决定了联合收割机的工作效率，其工作状态的好坏又直接关系到联合收割机的损失率、清洁度、破碎率等性能指标。

一、全喂入联合收割机脱粒清选系统

1. 脱粒装置。脱粒装置由滚筒和凹板组成。全喂入脱粒装置按滚筒的数量分，可分为单滚筒脱粒装置（悬挂式联合收割机多为此种型式）和双滚筒脱粒装置；按作物沿滚筒的运动方向，可分为切流式（作物喂入后沿滚筒切向运动并被排出）和轴流式（作物喂入后一面随滚筒做螺旋运动，一面做轴向运动）；按滚筒的结构形式分，可分为钉齿滚筒、纹杆滚筒、板齿滚筒等。

某脱粒装置结构简图如图 3-18 所示。

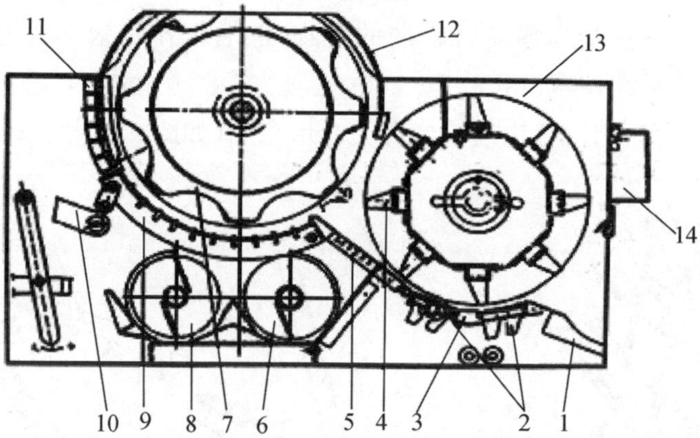

图 3-18 脱粒装置结构简图

1. 喂入口过渡板焊盒 2. 板齿凹板 3. 板齿凹板固定框 4. 板齿滚筒 5. 板齿凹板过渡板 6. 第一分配搅龙 7. 轴流滚筒 8. 第二分配搅龙 9. 活动栅格凹板 10. 栅格凹板调节机构 11. 固定栅格凹板 12. 轴流滚筒室上盖 13. 板齿滚筒上盖 14. 喂入口

2. 清选装置。清选装置（如图 3-19 所示）位于脱谷部分后部，用于对滚筒脱出物的分离、清选，以获得干净的籽粒。全喂入联合收割机的清选系统结构大致相同。清选装置主要包括阶梯板、筛箱、筛箱驱动机构、风扇等部件组成。筛箱包括筛箱体、小抖动板、上筛、下筛等部件。筛箱驱动机构为一曲柄连杆机构，它将第一分配搅龙轴的旋转运动转变为筛箱的往复运动，主要由偏心链轮、连杆、驱动轴等组成。风扇由蜗壳、叶轮、风扇轴、调风板、链轮、皮带轮等构成。调风板安装在进气口蜗壳侧壁上，以改变进气口开度，调节风扇风量。

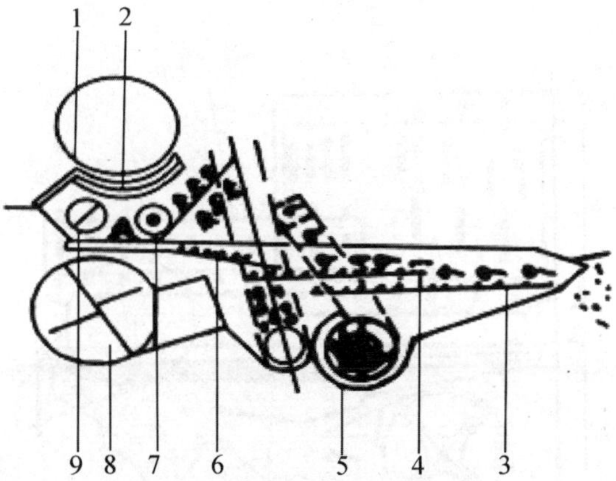

图 3-19　清选装置系统图

1. 脱粒滚筒　2. 凹板筛　3. 下筛　4. 上筛　5. 杂余推运器　6. 小抖动板
7. 第二分配搅龙　8. 风扇　9. 第一分配搅龙

脱粒装置脱粒下来的谷粒混合物从凹板分离出来落到小抖动板(阶梯板)上，由小抖动板抖送到上筛、下筛及尾筛。在筛箱的抖动及风扇气流的配合作用下，籽粒通过筛孔经滑板进入谷粒推运器，穗头落到杂余推运器经杂余推运器进入复脱器，进行二次处理，然后又补抛到阶梯板上进行再次清选。

3. 复脱装置。复脱装置的作用是将杂余搅龙推来的杂余筛落的未脱尽残穗复脱后，再抛回清选室清选。复脱装置一般由杂余搅龙轴、叶轮、搓板、抛射筒、皮带轮、齿垫式安全离合器组成。安全离合器的作用是当工作阻力矩超过一定值时，使皮带轮在轴上打滑，对搅龙和复脱器起安全保护作用。在收获作业过程中，如果因杂草或潮湿禾秆过多带入复脱器引起复脱器堵塞时，皮带轮在轴上空转，起安全保护作用。

4. 籽粒和杂余输送装置。籽粒和杂余输送装置有两种形式：一种是螺旋式输送器，也称搅龙式输送器或螺旋搅龙，一般用于谷粒或杂余的水平或倾斜输送；另一种为刮板式输送器，也称刮板式升运器，主要用于使谷粒或杂余沿倾斜或接近垂直方向升运。

二、半喂入联合收割机脱粒清选系统

半喂入联合收割机脱粒清选系统按滚筒数目来分，可分为单滚筒型脱粒清选系统和双滚筒型脱粒清选系统，两者脱粒、清选原理基本相同。现以双滚筒型脱粒清选系统为例，介绍脱粒清选系统（如图 3-20 所示）的结构组成。

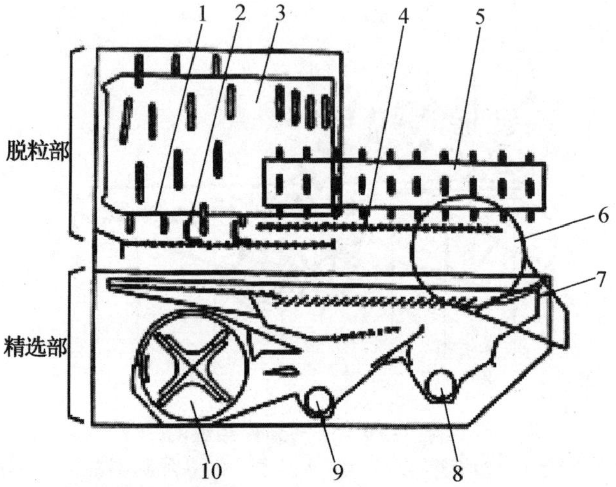

图 3-20　半喂入联合收割机脱粒清选系统示意图

1. 主滚筒凹板筛　2. 凹板筛加强筋　3. 主滚筒
4. 副滚筒凹板筛　5. 副滚筒　6. 吸引风扇

1. 脱粒装置。脱粒装置由脱粒喂入部分和脱粒部分组成。脱粒喂入部分的功用是夹持输送作物茎秆，为主滚筒脱粒创造良好的条件，防止作物茎秆卷入脱粒室。脱粒喂入部分由喂入链、压草板、夹持弹簧、链台、加强板等组成。如图 3-21 为压草装置的结构示意图。在工作过程中，压草板和喂入链对输送作物的茎秆进行有效的夹持。压草板分段铰接而成，通过夹持弹簧作用，保证作物层出现不均匀厚度时，能自动进行调整。

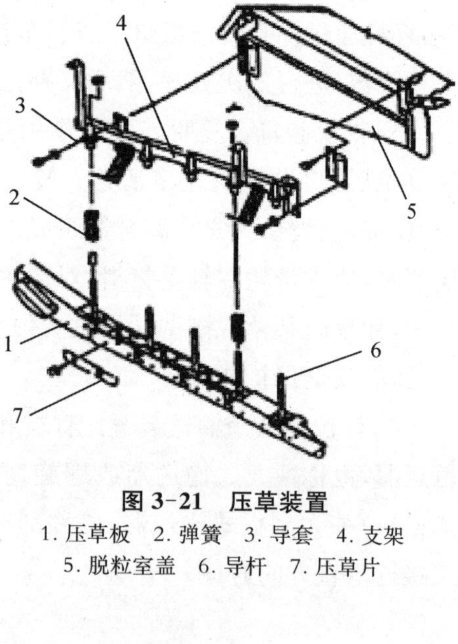

图 3-21　压草装置

1. 压草板　2. 弹簧　3. 导套　4. 支架
5. 脱粒室盖　6. 导杆　7. 压草片

脱粒部分的功用是对作物进行脱粒，并实现籽粒与其他杂余的初步分离。脱粒部分由主滚筒、凹板筛、脱粒室上盖、送尘调节手柄、副滚筒、凹板筛等组成。

主滚筒进口端做成锥形，以便作物喂入。主滚筒上装配系列弓齿（如图3-22所示），包括系列梳整齿、加强齿、脱粒齿。梳整齿齿形低矮、平缓，齿根距大，便于作物穗部导入；加强齿脱粒量大，分布较稀；脱粒齿齿形较尖，用于处理较难脱粒的籽粒。主滚筒上配有观察孔和检修窗，便于调节滚筒前后间隙及拆装弓齿。

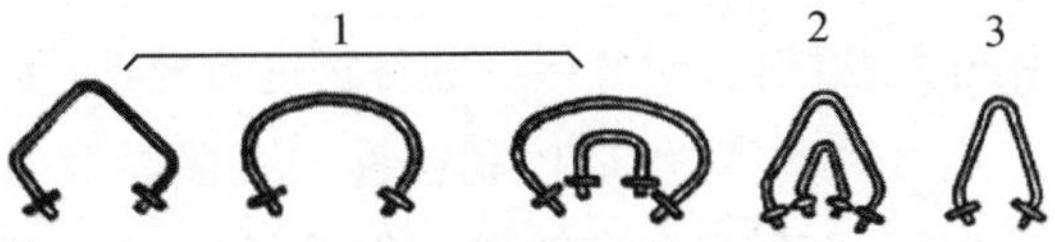

图3-22　弓齿种类

1. 梳整齿　2. 加强齿　3. 脱粒齿

凹板筛由筛网、加强筋、切禾刀、筛架组成（如图3-23所示）。

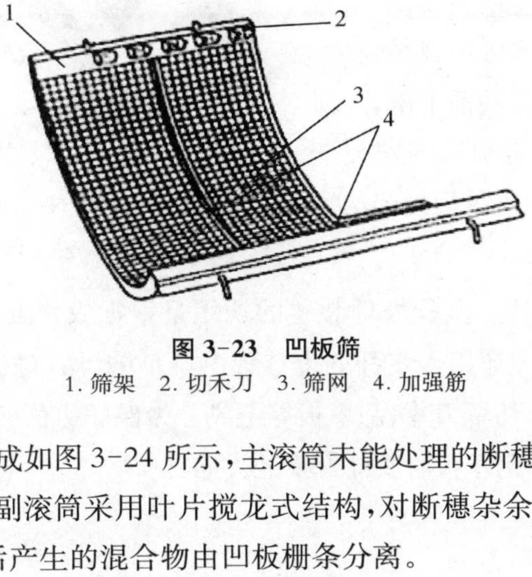

图3-23　凹板筛

1. 筛架　2. 切禾刀　3. 筛网　4. 加强筋

副滚筒结构组成如图3-24所示，主滚筒未能处理的断穗及团絮状杂余由副滚筒进一步处理。副滚筒采用叶片搅龙式结构，对断穗杂余进行强制输送和板齿高速打击，打击后产生的混合物由凹板栅条分离。

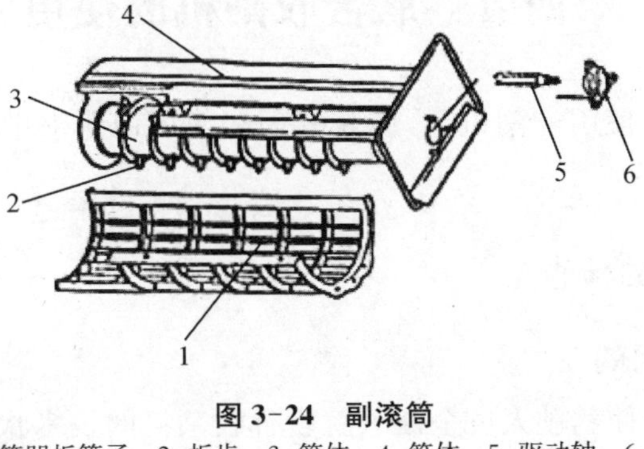

图3-24　副滚筒

1. 副滚筒凹板筛子　2. 板齿　3. 筒体　4. 箱体　5. 驱动轴　6. 轴承座

2. 清粮装置。清粮装置由振动筛、主风扇、吸引风扇、一次搅龙、二次搅龙、提升搅龙、斜搅龙等组成，其功用是把籽粒从谷物脱出物中分离出来送至出粮口，将杂余排出机外。

振动筛按作用不同分为前、后两部分（如图 3-25 所示），前部由波纹板制成，通过振动筛体的振动，将落入此位置的谷粒与杂余分离成谷粒层和杂余层。后部采用叶片状结构，对分层后的谷物进行分选，后部叶片可分为 3 组，通过调节第一、第二组叶片开度，可以控制谷物的下漏量及谷物在筛面上的流动速度。第三组叶片位于振动筛尾部，为防止抛洒，设计为固定式且开度较大。振动筛作为总成通过滑轮与机体导轨固定在特定位置。为保证振动筛运动中与结合处的密封，振动筛特设置了许多胶垫，拆装时应特别注意橡胶垫的位置。

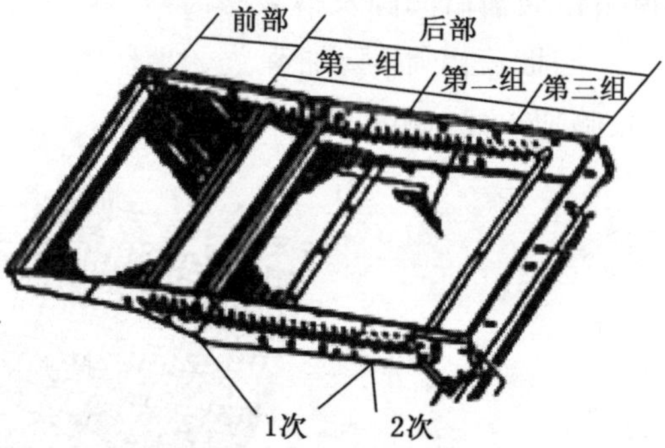

图 3-25　振动筛结构

风扇由主风扇和吸引风扇组成。主风扇安装于振动筛的前下部，为清选提供主要风力。吸引风扇安装于振动筛的后上部，把主风扇扬起的瘪谷、灰草吸出机外。

3. 茎秆处理装置。茎秆处理装置的功用是根据农户要求对脱粒后的茎秆进行整齐铺放或切碎还田。茎秆处理装置由排草链、切草机组成。切草机由高速轴、低速轴、压盘、切草刀片、刮草板等组成。为保证切草机压盘和刮草板的正常工作，安装压盘和刮草板时要注意安装方向。

第四节　联合收割机的使用

安全无小事。使用收割机前，应充分理解使用说明书中的内容，进行安全作业。

一、出车前的检查

（一）检查的目的

通过检查可以使驾驶人员全面了解联合收割机的技术状况，防止机具带病作业，把事故隐患排除在作业之前，确保作业的安全和作业质量。

通过检查配齐联合收割机作业过程中常用的工具、配件及其他辅助物品，提高工作效率。

（二）出车前检查的内容

出车前检查的内容随联合收割机机型不同而有所不同。一般来说，联合收割机出车前主要检查以下项目。

1. 机器技术状态的检查。

（1）各操纵装置的功能是否正常，离合器、刹车踏板自由行程是否适当；

（2）发动机机油、冷却液是否在油尺的上限值和下限值之间；

（3）履带是否松动或损伤（履带式），轮胎气压是否正常（轮式）；

（4）仪表板指示灯、转速表的指示是否正常，喇叭是否鸣响；照明灯能否照明；

（5）轮胎、驱动轮、脱粒滚筒等重要部位的螺栓、螺母有无松动；

（6）软管、电线包皮是否破损，有无漏水、漏油或漏电现象；

（7）割刀、脱粒齿、凹板筛网、切草机刀口等重要部件是否有严重的磨损或破损，间隙是否适当；

（8）分禾器、扶禾器（半喂入式）、拨禾轮（全喂入式）、割台机架等部件有无变形；

（9）各传动皮带、传动链、张紧轮是否松动或损伤，运动是否灵活可靠；

（10）发动机有无异响，排气烟色是否正常。

在实际工作中，联合收割机技术状态检查的内容可根据使用说明书及机器的技术状况灵活掌握，一般以负荷大、转速高、振动大及容易磨损和堵塞的部件作为机器技术状态检查的重点。

2. 随车装备的检查。

（1）是否配备足够的麻袋、油料；

（2）是否配备了拨齿、刀片、铆钉、易损皮带等常用配件；

（3）是否配备了皮尺、扳手、钳子、锤子、毛刷等常用的工具；

（4）是否配备了机器使用技术资料、工作日记本、毛巾、口罩等辅助用具。

二、田块的准备

田块准备的目的是为联合收割机入区作业和正常收割打下基础，使联合收割机高效、优质、安全、低耗地进行工作。田块准备的主要内容是填平影响收割机行走作业的田埂、沟渠，清除田间的土堆、树桩、石块、竹竿，填平作业区内的洞穴、凹坑等。对难以清理的障碍，应做出明显的标志。除此之外，还应了解和查看田块的大小、形状，作物的品种、高矮、成熟日期、单位面积产量和倒伏程度，土壤潮湿程度或泥脚深度。为方便联合收割机下地、转弯、卸粮，如田埂较高，用人工或机器将田头、四角、田埂边、卸粮道等处的作物收割，以减少联合收割机作业时的空行程。

三、机器的调试

联合收割机进行正常的作业之前，必须根据作物状况对机器的作业性能进行调试。联合收割机的种类和型号较多，各机型的调整项目、调整方法及调整数据有所不同。本节主要介绍全喂入和半喂入两种类型联合收割机调试的一般原则。全喂入式主要对拨禾轮、脱粒装置、清选装置进行调试，半喂入式主要进行割茬高度、割幅、作业速度和脱粒喂入深度的调试，详情见第四章收割机各部位调整。

四、机器试割

试割的目的是对机器调试后的技术状况进行一次全面的现场检查，并根据作业情况和农户要求进行必要的调整。

机器试割可按如下步骤进行：

1. 将联合收割机开至距待收作物一定距离处停下，在出粮口挂好接粮袋（有粮箱则不需要）。在发动机低速运转下，平稳地接合工作部件离合器，使工作部件慢速转动，并将收割台降至预计的割茬高度。若各个部分运转正常，则逐渐将油门加至最大，使发动机转速达到标定转速。

2. 踏下离合器踏板，切断行走离合器动力，将变速箱变速杆放置低挡位置然后平稳地接合离合器联合收割机前进即开始收割作物。收割 10～20 m 后，分离行走离合器，联合收割机停止前进收割，但发动机仍应保持大油门运转 10～20 s。待已割的作物全部通过机器脱粒清选系统后，再减小油门，降低发动机转速，分离工作部件离合器，使各工作部件停止运动，变速箱挂空挡，最后关闭发动机。

3. 检查联合收割机作业质量。主要检查粮箱内粮食的清洁度（或含杂率）、籽粒破碎率、排草口作物的脱净率、排杂口籽粒清选损失率、割茬高度等。各指标应符合使用说明书或有关规定的要求。如不符合，必须对有关部分进行再调整。

4. 检查联合收割机是否存在故障。重点检查各部件的紧固情况，各润滑部位(轴承)处的温度是否正常，各传动带或传动链条的张紧度是否正确。

5. 联合收割机进行调整后，按上述步骤再次进行试割和检查作业质量，直到符合要求为止。

在机器试割过程中，要注意观察各工作部件工作情况，特别是要查看割刀切割是否正常，割台上的作物拨送喂入是否均匀、流畅，各传动系统工作是否平稳，机器工作声音是否正常，有没有异常气味。

试割完成后机器便可投入正常作业。

五、田间作业

(一) 进入田块的方法

机器的结构不同，机器作业的方向也不同。卸粮台在机器左侧的联合收割机，考虑到卸粮的方便，要求机器沿顺时针方向收割(右转弯作业)，即收割时机器的左侧靠已割区，沿田块的左边开始收割。相反，卸粮台在机器右边的联合收割机则要求进行左转弯收割。

机器进入田块作业，一般从田块的一角进入。对于左转弯作业的联合收割机，从田块的右角进入，沿地块的右边收割；对于右转弯作业的联合收割机，则从田块的左角进入，沿地块的左边收割。

少数田块受道路条件的限制，机器不能从正常地点下地作业，可选择机器容易下地的地点，先用人工或机器先割出一块可调头的空地，待机器进入田块可调头后，再按正常路线进行作业。

(二) 开割道

左转弯收获的联合收割机开割道的行走路线如图 3-26 所示。联合收割机从田块的右角开始，沿着前进田块的右边割一趟，割到头后，机器倒退 10～15 m，然后斜着割出第二趟。按同样方法割第三趟，直至机器可以转弯为止。用同样方法，把田块的四周及转角处的作物都割掉，然后机器就可以正常作业了。这种方法不需人工开割道，只需将机器难于收割到的作物人工收割。

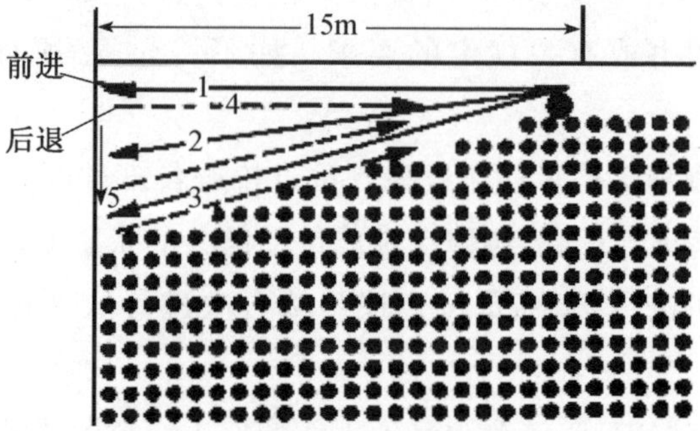

图 3-26　开割道

要注意的是，斜割过程中，机器应走直线，切忌边转弯边作业，以避免左侧分禾器刮倒谷物和左侧后轮压倒谷物。规划较整齐的田块，可以把几块田连接起来开出割道，割出割道后再分区收割，这样可以提高收割效率。

开割道时机器都是靠近田埂作业，要注意及时提升收割台，防止分禾器、切割器等插入田埂，造成机具损坏。操作技术还不熟练的驾驶人员开割道时，四周的一圈秸秆尽量用切草机将其切碎或将稻草搬到田埂上，否则已割秸秆易被卷入收割台，引起堵塞。

(三) 收割作业方法

割道开好后，为提高作业效率，应根据田块大小、作物情况、土壤湿度等选择合适的作业方法。常用的作业方法主要有以下两种(以左转弯收割为例)。

1. 纵向两边收割法。这是一种常用的作业方式(如图 3-27 所示)，尤其适用于狭长田块。作业时先用四边收割法将田块两头开出 3～4 行宽的割道，以后只沿田块的长方向收割。机器割到地头后，绕过已割的田头至另一侧收割。用这种方法作业，机组虽走了横向空行程但不用倒车，因而对于狭长田块，时间利用率高，生产效率也比较高。

2. 四边收割法。对于较大的地块可采用这种收割方法(如图 3-28 所示)。当一趟收割到头后，升起收割台，继续前进至后轮或履带将要离开割区时，立即向左约 45°转弯，待机器转过一段距离后，再一边倒退一边向左转弯，使机器转过 90°。当收割台正对收割区时，停车，挂上前进挡，放下收割台，再继续收割。这样一圈接一圈地收割，直至作物收完。对于长度和宽度相差不多的田块，用这种作业方法收割，生产效率较高，机器空行程少。

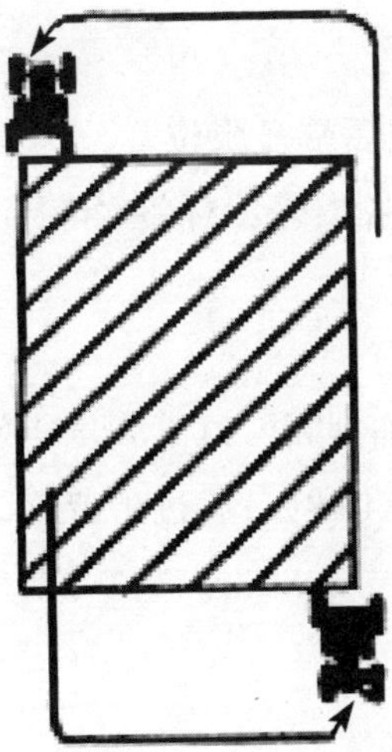

图 3-27　纵向两边收割法

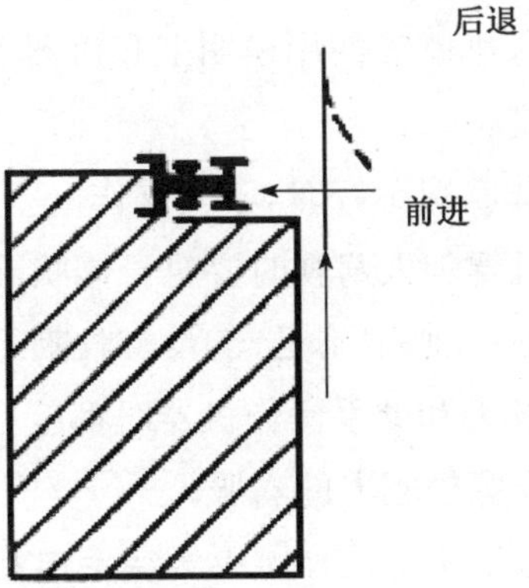

图 3-28　四边收割法

第五节　联合收割机安全操作规程

一、持证上岗

联合收割机投入使用前，其所有人应当按照国家有关规定向所在地县(市、区)、设区的市农业机械化主管部门申请登记。联合收割机的安全检验为每年一次，逾期未参加安全检验的，由登记地农业机械化主管部门通知其所有人参加安全检验。连续三年未参加安全检验的，由登记地农业机械化主管部门公告注销其证书、牌照。申请操作联合收割机的人员，经过培训后，应当经所在地县(市、区)、设区的市农业机械化主管部门考试合格，领取操作证件。

联合收割机操作证件有效期为六年；有效期满，操作人员可以向原发证机关申请续展。未满十八周岁的，不得操作拖拉机、联合收割机。操作人员年满七十周岁的，原发证机关应当注销其操作证件。

操作人员作业前，应当了解该收割机结构原理，要对农业机械进行安全查验；作业时，应当遵守农业机械安全操作规程。

二、安全操作注意事项

1. 收割机的号牌应当分别安装在收割机前、后端显眼位置。

2. 请仔细阅读使用说明书和机器上粘贴的各类警示标签，牢记正确的驾驶和作业方式。

3. 身体状况不好时，不要操作。

收割机驾驶人驾驶时要对身体状况作出正确判断。以下人员切勿驾驶：①饮酒；②睡眠不足；③没有收割机驾驶证；④孕妇；⑤过于劳累、病患。

4. 驾驶人和助手操作机器时都应穿作业服。

不要穿宽松肥大的衣服；

不要佩戴头巾或在腰上缠绕毛巾；

不要穿凉鞋或拖鞋；

要收紧袖口，根据需要佩戴安全头盔、护目镜、手套、安全鞋等。

5. 将机器借给他人，应让其阅读使用说明书，并向其讲解使用方法和注意事项，指导作业安全进行。

6. 严格禁止改装收割机。

7. 在上下收割机时，选择平坦的地方紧握扶手，踩稳踏板上下，不要跳上跳下。机器行进时不要上下车。

8. 非驾驶人员不要乘坐机器。

9. 不要在夜间作业或转移机器。

不得已在夜间作业时，一定要打开前照灯和作业灯。

不得已要在夜间转移时，打开后方的作业灯。

三、启动

启动前，有驾驶室的机型注意废气排放，及时进行换气，避免发动机废气中毒。

按使用说明书的要求检查润滑油、燃油、冷却液和轮胎气压，确认各部件安全技术状态良好后方可启动。起动发动机时，应坐在驾驶座上，将变速器操作手柄置于空挡位置，各离合器手柄置于分离位置。

电起动机应禁止直接搭接通电启动，禁止用溜坡或向进气管中注入燃油等非正常方式启动。

四、起步

起步前，要观察周围是否有人或障碍物，确认安全后方可起步。

检查各仪表读数是否正常；操纵件操作应灵活可靠；旋转部件转动应无卡滞；自动回位的手柄、踏板回位应正常；发动机怠速及最高空转转速应运转平稳；发动机各部位应无漏水、漏油、漏气现象和异常声响。

五、转移行驶

1. 行驶时注意事项

联合收割机上道路行驶时，收起辅助平台，使机器宽度变窄。左、右制动板应锁住，将收割台提升到最高位置并锁定。

驾驶室及驾驶座不得超员乘坐，不得放置有碍操作及有安全隐患的物品。

行经人行横道、村庄或容易发生危险的路段时，应当减速缓行；遇行人正在通过人行横道时，应停机让行。

上、下坡时，应直线行驶，不得急转弯、横坡掉头，转弯时降低速度，慢慢放下液压转向杆后进行转向。下坡时，不得空挡或分离离合器滑行；坡道上停机时，应锁定制动器，并采取可靠防滑措施。

行经堤坝、便桥、涵洞时，应先确认其载重能力、路面宽度及空间宽度和高度是否能通过。进入田块，跨越沟渠、田埂以及通过松软地带，应使用具有适当宽度、长度和承载强度的跳板。高低差达到 10 cm 时，请使用长度在高低差 4 倍以上的装卸板。

倒车时，应察明联合收割机后方情况，确认安全后方可倒车，同时开启倒车报警装置。不得在铁路道口、交叉路口、单行路、桥梁、急弯、陡坡或者隧道中倒车。

联合收割机不得牵引其他机械；粮箱禁止载人或载物；出现故障需要牵引时，应采用刚性牵引杆。

联合收割机在道路上发生事故妨碍交通又难以移动时，应开启危险报警闪光灯并在来车方向设置警告标志等措施扩大示警距离，夜间还应同时开启示廓灯和后位灯。当发生道路交通事故时，应立即向事故发生地公安机关交通管理部门报案。

2. 搬运时注意事项

在平坦的地方用卡车装卸，装卸时需要完全排除谷仓谷粒。选择装卸板时，不得因机器重量而发生倾斜。将卡车的变速手柄置于[R](后退)或[1]速，并对轮胎进行制动，以免卡车移动。请尽量在助手的引导下进行装卸，装卸时请勿使他人靠近。装车、卸车时，请使用标准装卸板。

装卸时确保装卸板钩挂牢靠并与卡车车厢平行。将各作业离合器(脱粒、收割)手柄置于[离]的位置。以前进方式装车，以后退方式卸车，在装卸板上不要调整方向。需要改变方向时，请先返回地面或车厢，调整好方向后再重新操作。

上车后在卡车上降下割台，直至接触车厢面，挂上停车刹车，在规定的位置拴挂绳索，将其牢牢固定于车厢面。

运输过程中，不要进行突然发动、急刹车和急转弯。

六、收获作业

联合收割机驾驶操作人员应对参与作业的辅助人员进行相关的安全教育，使其熟悉与作业有关的安全操作注意事项。

作业时，驾驶操作人员应与参与作业的辅助人员设置联系信号，并禁止非作业人员在作业区域内滞留。启动发动机及合上作业离合器或打开开关时，鸣笛提示，并得到助手的反馈许可。助手靠近机器时，必须告知驾驶人。

作业区域内严禁吸烟和明火。不要在拆下皮带和链条的护罩、清扫口和检查窗护罩等状态下驾驶。不要在坡度大于5°的场所作业，否则容易翻车。

驾驶操作人员作业前，应勘察作业场地、清除障碍，并在障碍、危险处设置明显标志。

多台联合收割机在同一地块作业时，应保持安全距离。

联合收割机在地头转弯或地边作业时，应避免收割台触及田埂、水渠、树木或其他障碍物。转移时，应切断工作部件动力。

作业时，还应注意严禁使用行走挡位进行收割，离合器严禁在大油门状态下结合，对于有脚制动的收割机在使用副变速手柄做换挡操作时，必须先将主变速器手柄置于中间位置且踩下制动踏板，否则会造成变速箱故障。

手动脱粒时，务必稍微离开机器割台，并少量喂入作物。先将机器停放在平坦的场所，停止割台的动作，挂上停车刹车。共同作业人员应坐在驾驶座上，做好随时关停发动机的准备。请将割台和卷筒置于最上升位置，挂上收割下降锁定件以防止割台下降。不要站在割台的正面进行操作。操作时收紧衣服的袖口，不要佩戴手套、头巾、围巾及在腰部缠绕毛巾。

作业过程中，如发生收割台、脱粒、分离、秸秆切碎装置等缠草，或切割器、滚筒等作业部件发生堵塞，应立即关停发动机，拔下钥匙，在停机熄火后清理。禁止将手伸入出粮口或排草口排除堵塞。

卸粮时，不得用手、脚或铁器等工具伸入粮仓推送或清理粮食。接粮时，踏板承载不得超过产品使用说明书规定的承载能力。接粮人员不得在收割进行中上、下接粮台。用运粮车与联合收割机并行行走接粮时，应注意保持间距，双方应有设定的信号，联系始卸、停卸或必要时的停车。大型谷物联合收割机卸粮时，应避开高压线路。

联合收割机在作业时发生事故的，驾驶操作人员应当立即停止作业，保护现场；造成人员伤害的，应立即采取措施，抢救受伤人员，因抢救受伤人员变动现场的，应标明位置，并立即向事故发生地农业机械化主管部门报告；造成人员死亡的，还应向事故发生地公安机关报告。

七、停机检查

联合收割机作业中，遇到下列情况之一时应立即停机进行检查：发动机或传动箱突然出现异常声响或气味，发动机润滑油压力降低到不正常范围，发动机转速异常升高，油门控制失效；其他异常现象。

发生冷却水沸腾时应停止作业，使发动机在无负荷状态下低速运转到温度降低后再停机。禁止高温时拧开水箱盖，避免被烫伤。

第六节　联合收割机维修保养注意事项

一、停放时注意事项

1. 不要将机器停放在草屑或枯草上，以免引起火灾。
2. 检查清扫前关停发动机，并拔下钥匙，避免被卷入机器内。
3. 关停发动机并等各部位冷却后再进行检查清扫等工作。
4. 检查发动机主体、消音器周围、皮带护罩内的配线部以及蓄电池周围的草屑，并清除干净。

5. 清扫时，不要触摸割刀刀刃，以免割伤。

6. 不要使用明火靠近蓄电池或使蓄电池短路，蓄电池会产生氢气，可能导致爆炸。

7. 检查线束和蓄电池电线等电气配线的保护层是否损坏，配线是否被夹住等，以免短路造成火灾。

8. 在发动机、消音器冷却后再盖上机罩。

9. 请在使用机器作业时，注意安全使用切碎装置（切碎装置为选配件）。

切碎装置由动刀和定刀组成，刀刃锋利，在使用、维护保养和维修过程中切碎器必须停止工作且保持静止状态，防止割伤人体。在切草器作业时，排草出口处5 m内不得有人，防止飞出的秸秆或碎刀片打伤人。

切草器在使用过程中尽量避免触碰除秸秆以外的硬物（如：钢丝、螺栓、石块等），否则可能会损坏刀体。

二、检查维护时注意事项

1. 不要随意丢弃或焚烧废弃物。机器排放废液时，请使用容器盛装。请勿使废液流淌到地面上或河流、湖泊、海洋中。

废弃或焚烧废油、燃油、冷却水（防冻液）、制冷剂、溶剂、滤清器、蓄电池、橡胶类及其他有害物质时，请与经销商或工业废弃物处理公司等协商，按照规定的方法进行处理。

2. 进行各部位的检查、维护、更换及清扫时，请务必在平坦的场所关停发动机，拔下钥匙，将各离合器手柄置于［离］的位置，将主变速手柄置于［P］（停车刹车）的位置。

打开脱粒桶侧盖时，用撑杆固定。

3. 不要在打开发动机侧盖、脱粒桶侧盖和顶盖的状态下运行。

4. 抬起割台进行检查、维护以及清扫作业时，锁定割台，采取措施防止割台下降。作业前，关停发动机并挂上停车刹车。不要钻入割台下方或将手脚伸入其中。调整、更换割刀的切割刀、定刀时请戴好手套。

5. 筛选箱等重型部件的拆装由 2 人以上完成。

6. 拆卸蓄电池时，首先请拆下负（－）极线。不要使明火（火柴、打火机以及香烟的火星等）靠近蓄电池或使蓄电池电线短路。安装蓄电池时，首先请将正

(+)极线安装于正极端子上。蓄电池的液位在最低液位线以下时，不要使用或对其充电。蓄电池的电解液不足时，请立即补充，使其处于上限和下限之间。请将蓄电池从机器上拆下后再充电，充电时选择通风良好的场所。

在放电后的蓄电池上连接增压电缆等进行起动时，请仔细阅读增压电缆的操作方法后再进行操作。

不要把蓄电液沾到身上。电解液不慎进入眼睛时立即用水冲洗，然后就医。电解液沾到皮肤、衣物上，立即用水冲洗。

7. 在发动机冷却后再打开散热器压力盖，打开时注意释放蒸汽后打开。

8. 橡胶制品易软化，每两年更换一次燃油软管、散热器软管及排油软管。

9. 使用厚纸板或板材等检查燃喷射管、液压管中的高压油有无泄漏。

10. 不要用手直接接触高压油，否则可能渗入皮肤，导致皮肤坏死。如有不慎接触，请立即就医。

三、各部分的开闭和拆装注意事项

注意将机器停放在平坦安全的场所进行操作，关停发动机。拆装的护罩以及盖板需要安装好，不要在打开护罩和盖板状态下行走。

1. 发动机仓侧盖的开闭。因过热打开发动机侧仓盖检查时，注意收割机停止行走，油门朝[小]侧推到底，使发动机在怠速状态运转 5 min 左右，然后关停发动机。关停发动机 30 min 以上再打开侧盖。需要接触发动机内部时事先确认无烫伤危险。打开时将发动机侧仓盖朝胸前打开，不要按压发动机侧仓盖的网状部位，以免变形。关闭侧仓盖后，要用卡扣锁定。

2. 驾驶座下侧盖、运行面板下盖、踏板的拆装。拆卸驾驶座下侧盖前，先拆下运行面板下侧盖。安装踏板时，正确安装踏板背面固定件。

3. 拨禾器侧盖、供给装置侧盖、供给装置上部清扫口盖板的拆装。注意将割台降至地面后，关停发动机开始操作。

4. 脱粒部前盖的拆装。注意将割台降至地面后，关停发动机开始操作。将脱粒部前盖右侧、固定前盖和皮带护罩螺栓拆下，然后拆下皮带护罩。拆下螺栓时，用手扶住皮带护罩，以免掉落。

5. 脱粒筒上盖的开闭。发动机刚停止时，请勿立即打开脱粒筒上盖。否则，脱粒筒可能因惯性仍在旋转，从而导致受伤。为了防止手或手指被夹受伤，请缓慢开闭脱粒筒上盖。抬起脱粒筒上盖时，请充分注意脚下安全和作业姿势，以免脚下打滑而从收割机上坠落。

6. 承网的拆装。缓慢拆装承网,以免手被夹伤。拆装时,注意脚下安全和作业姿势,以免发生事故。

第七节　全喂入联合收割机的检查与调整

一、割刀的检查调整

割刀的检查(如图3-29所示)。将收割机停放到平坦场所后,升起割台,再将割台安全锁具置于[锁定]位置,以防止割台下降。此外,还应采取垫入枕木等防止下降的措施。作业时戴手套。不要用手直接接触割刀的刀刃,避免发生意外导致受伤。

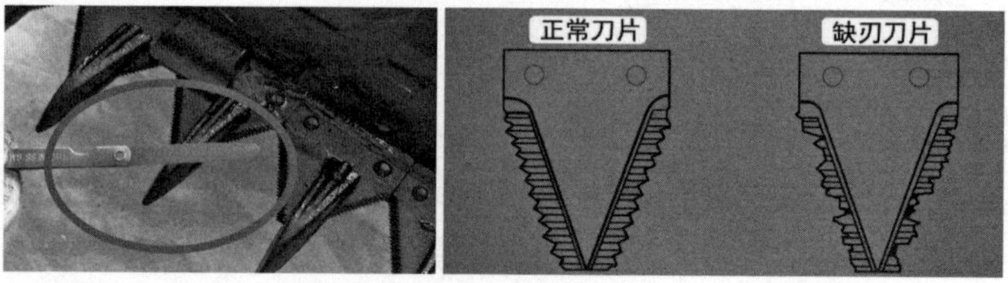

图3-29　割刀的检查

割刀的刀刃磨损或缺损时,会导致作物割茬不整齐,造成拉拔稻株的现象,要尽早检查、调整、更换割刀。

1. 动刀与护刃器间隙的调整

所有护刃器的工作面都应在同一平面内,动刀片与护刃器应贴合,其前端允许有不大于0.5 mm的间隙,后端允许有不大于1.5 mm的间隙。间隙过大会影响收割,应进行校正,可用一截钢管套在护刃器尖端进行校正,也可以用榔头轻轻敲打校正。在实际收割过程中,发现刀部有拥堵现象,就可以判断为间隙过大或者是刀口损伤。

2. 压刃器与动刀之间间隙调整

压刃器起着使动刀片贴在护刃器的底刃上而不至于被卡着的作用。调整压刃器时,刀杆要处在动刀片中心处在护刃器唇部位置,在压刃器下增减垫片,使其间隙控制在 0.5 mm 以内。所有的压刃器调整好后，应紧固压刃器，涂抹润滑油，使刀片运转自如。

3. 动刀与定刀对中的调整

当刀杆处在两端极限位置时，动刀中心线与护刃器中心线应重合，其偏差应不大于 5 mm，其调整方法是将摆环箱的摆臂处在相应的极限位置，通过移动刀杆连接位置来调整。

二、拨禾轮的调整

1. 检查调整分禾器。安装和调整分禾器须保证分禾器中心线要垂直于割台的动刀杆，分禾器尖与切割器高度一致；若分禾器变形，应及时校正，以免漏割、斜割而造成稻谷损失。

2. 检查调整拨禾轮。拨禾轮的高度为拨禾轮及拨齿转至最低位置时，应作用在作物切割处以上三分之二的部位，过高易打击稻穗部，过低易在拨禾板上挂茎秆。拨禾轮的前后位置，应调整到割台处于切割位置时，拨禾轮轴位置在割刀的稍前方较合适。

3. 检查调整拨禾轮板的倾角。收割直立或轻微倒伏的水稻时，拨禾轮板应垂直向下，这样可减少拨禾轮板与稻穗头的接触，减少谷粒损失。收割倒伏的水稻时，拨禾轮板向后倾，并减少水稻联合收割机使用中谷粒损失的技术措施将拨禾轮降低和后移。

4. 检查调整伸缩杆偏心位置。为防止割台喂入口翻草造成谷粒损失，伸缩杆伸出时，与割台底板间隙为 5～10 mm；缩进时与中间输送槽被动轮方向应缩至搅龙圆筒外周面。

5. 检查调整拨禾轮转速。拨禾轮转速一般用无级变速轮来调节。转速过高，压板会打掉籽粒，使收割台损失增加；转速过低，压板不能有效地将作物拨向切割器。收割一般作物拨禾轮的圆周速度与机器的前进速度相当；收割植株高、密度大的作物，拨禾轮圆周速度应略小于机器的前进速度，以减少拨禾轮的打击；收割低矮、稀疏的作物，拨禾轮的圆周速度应稍快于机器的前进速度，减少已割作物在收割台台面上的堆积。

三、喂入搅龙的检查、调整

在平坦的场所将拨禾轮升到最高位置，关停发动机。检查喂入搅龙的螺旋叶片、拨禾杆轴、拨禾齿，如发现变形或破损，请及时更换。检查喂入搅龙螺旋叶片到割台底板的间隙，拨禾齿与割台底板间的间隙。间隙具体数值参照各机具说明书进行调整。

1. 喂入搅龙叶片与割台底板的间隙调整。调整前首先松开喂入搅龙传动链条的张紧轮，然后松开喂入搅龙两头的固定螺母和伸缩齿调整螺母，按需要的间隙量拧转两侧的调节螺母，使喂入搅龙升高或降低。在重新紧固时一定要检查喂入搅龙和底板间全长间隙是否一致，伸缩齿间隙是否合适和张紧轮的张紧度。对一般作物底板间隙应为 15～20 mm，对高大稠密作物底板间隙应为 20～30 mm，对稀矮作物底板间隙应为 10～15 mm。值得注意的是，在收割干燥的小麦时，根据实践经验，喂入搅龙叶片与割台底板的间隙应适当减小。

2. 伸缩齿与割台底板的间隙调整。伸缩齿在收割过程中把喂入口的作物运送到倾斜输送槽，伸缩齿杆与底板之间保持合理的间隙，才能有效地把作物推向倾斜输送器。这个间隙一般控制在 6～15 mm，调整时先松开伸缩齿长短调整手柄上的螺栓，将手柄向上转间隙变小，向下转间隙变大。调整完成后将螺栓拧紧。需注意将左右两边的间隙调节一致。

3. 喂入搅龙叶片与割台后壁的间隙调整。喂入搅龙叶片与割台后壁的间隙一般保持在 20～30 mm，调整时先松开喂入搅龙传动链条张紧轮，然后松开割台两侧的固定螺母和伸缩齿调整螺母，按需要调整搅龙叶片和后壁之间的间隙量，移动左右调节板使喂入搅龙向前或向后。移动时应保证两边间隙相等。

四、中间输送装置（倾斜输送器）调整

倾斜输送器也称过桥，它将割台与机体衔接起来，并通过链耙把作物送入脱粒室。过桥壳体上有检视孔盖，两侧有调节拉杆和支架，用于调节输送链耙，通过拧动调节拉杆上的螺母来调整链耙的张紧度，衡量链耙张紧度可以用手将链耙中部上提，其提起高度以 20～35 mm 为宜，调整后的链耙必须保证左右高低一致，同时要检查被动轮轴是否浮动自如。旋松固定输送链耙的固定螺栓，用调节螺母进行调节。同样的步骤将两侧耙齿与底板的距离调节一致。调节螺母的位移会导致输送槽前后移动，这样就会使传送链耙的张力得到调整。调整时，以左侧的输送装置传送链条为基准，以免输送装置筒倾斜。如果输送装置筒倾斜，将会导致损坏。

五、清选装置的调整

1. 送风量的调整。若粮食的清洁度差，粮中有糠说明风量小；在颖糠中有籽粒，则说明风量过大。一般收获籽粒大的作物，潮湿、杂草多、成熟度差的作物风量应大些；相反，送风量应小些。因此，收获的早期，早晨和晚上的收割，送风量要比收获的晚期和中午大些。

2. 清选室上下筛的调整。清选室上下筛的调整包括上下筛倾角的调整（部分机型不可调）及筛片开度的调整。上下筛倾斜度过大，粮食清洁度降低；过小则易从筛面跑粮，使损失增大。上下筛开度过大，则增加杂余搅龙的工作负荷，容易造成堵塞；开度过小，没有脱净的穗头会从上筛后部的尾筛上“跑掉”。筛片开度合适的标志是筛片无堆积，无跑出杂余。

3. 导风板的调整（部分机型无此项调整）。当作物湿度大或杂草多时，应将导风板上调，使气流吹向筛子后边；反之，导风板应下调，使气流吹向筛子前部。

4. 割茬高低的调整。割茬的高低，不仅影响作业的质量、生产效率，而且与随后的土地翻耕质量有较大关系。割茬高有利于提高生产效率，减轻滚筒等工作部件的负荷，但不利于以后的翻耕。割茬过低，割刀容易“吃泥土”，使割刀损坏，同时使生产效率降低，滚筒等工作部件的负荷增加。全喂入联合收割机一般割茬高度的选择范围为 100～150 mm。但当地块不平、杂草多、密度大、湿度大时，割茬应留高些。收获倒伏作物时，割茬应低些。割茬的高低通过升降收割台来实现。

5. 行走速度的调整。联合收割机作业速度的快慢直接影响生产效率和作业质量。行走速度选择的原则是在保证收获质量的前提下，争取最大的生产效率。对于产量高、成熟度差、秆长的作物可选用低速挡工作；反之，可适当提高作业速度。在收倒伏作物时除尽可能减小割茬外，还要降低行走速度。

六、脱粒装置的调整

影响脱粒分离质量的主要因素是滚筒转速、脱粒间隙等。不同种类的作物脱粒时，滚筒转速、凹板间隙不同。即使是同一作物，由于成熟程度、潮湿程度的差异，滚筒凹板的配置及有关参数也不尽相同。一般原则是在作物脱净的前提下，尽量选择低转速。转速高时，籽粒破碎的量将增加。对于“口紧”的品种，湿度大、成熟度不够的品种，要适当增大滚筒转速；反之，则应降低滚筒转速。凹板间隙的大小也与作物品种、成熟程度、潮湿程度等有关。凹板间隙越小，脱粒率愈高，但会使籽粒破碎增加，且滚筒容易堵塞。一般要求是在脱净的前提下，尽量使凹板间隙大些。在收获潮湿和难脱作物时凹板间隙应小些。在调整时，沿轴向凹板的间隙应保持一致。

发动机刚停止时，请勿立即打开脱粒筒上盖。否则，脱粒筒可能因惯性仍在旋转，易导致人员受伤。为了防止手或手指被夹伤，请缓慢开闭脱粒筒上盖。抬起脱粒筒上盖时，请充分注意脚下安全和作业姿势，以免脚下打滑而从收割机上坠落。

若脱粒齿齿尖磨损，可能会导致脱粒性能降低。为防止脱粒性能降低，请将脱粒齿杆对换组装或更换脱粒齿杆。检查测量脱粒齿与凹板筛之间的间隙在 15～20 mm 范围内，如果不在该范围，进行调整。调整时，先松开齿杆的固定螺栓，再将齿杆拉动至合适位置后拧紧螺栓（如图 3-30 所示）。

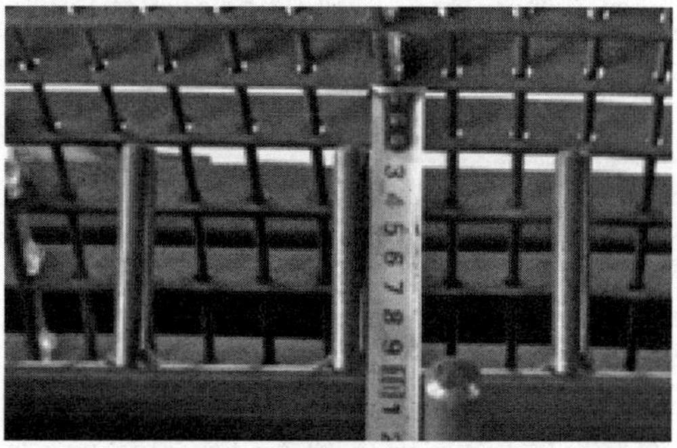

图 3-30　脱粒齿的检查调整

由于脱粒部前侧的脱粒齿磨损比后侧严重，因此以使用 300 h 为标准，定期进行对换组装。每隔一根脱粒齿杆，将脱粒齿杆固定在中轴板上的螺栓的前、后方向安装位置都要不相同。测量脱粒齿和承网之间的间隙，间隙过大要更换。注意测量时，应测量前后左右两端共 4 个位置。如果调整和对组换装后都无法达到要求，应更换脱粒齿杆。

七、振动筛开口调整

振动筛有多个不同档位的调节，以适应不同环境不同作物的收割条件。调节手柄一般位于中间位置，具体操作步骤详见机具说明书。

八、各部位皮带的检查调整

（一）皮带使用和保养

为了延长 V 形带的使用寿命，在使用中应注意以下问题：

1. 装卸V形带时应将张紧轮固定螺栓松开，不得硬将传动带撬下或撬上。必要时，可以转动皮带轮将胶带逐步盘下或盘上，但如果是胶带制造公差问题，不要太勉强，以免破坏胶带内部结构或拉坏轴件。

2. 安装带轮时，同一回路中带轮轮槽对称中心面位置度误差不大于中心距的0.3%。

3. 要经常检查传动胶带的张紧程度，新的传动胶带在刚使用的前两天易拉长，要及时检查调整。传动三角带的张紧程度按规定的挠度检查。

4. 机器长期不使用，传动皮带应放松。

5. 传动带上不要弄上油污，沾有油污时应及时用肥皂水进行清洗。

6. 传动胶带工作温度不能过高，一般不超过50～60℃（手能长时间触摸）。

7. V形带应以两侧面工作，如带底与带轮槽底接触摩擦，说明胶带或带轮已磨损，需更换。

8. 经常清理带轮槽中的杂物，防止锈蚀，减少胶带的磨损。

9. 皮带轮转动时，不许有大的摆动现象，以免缩短胶带的使用寿命。发现皮带轮摇摆转动时，要检查轴和皮带轮是否变形或位置歪斜，检查轴承是否磨损或失效损坏。

10. 带轮工作面有缺口（铸件）或变形张口（冲压件）时，应及时修理更换。

11. 传动带应保存在阴凉干燥的地方，挂放时，应尽量避免打卷。

（二）各部位皮带的检查

1. 检查各部位皮带时，应注意：

（1）皮带烧结或磨损、保护层脱落、开裂或裂纹；

（2）皮带底部和带槽轮之间应有一定间隙；

（3）皮带是否伸长；

（4）若发现有异常现象，应及时更换或对皮带张力进行调整。皮带松弛、打滑时进行张力调整，若调整无用则进行更换；

（5）新收割机所有皮带、链条在工作20 h后进行调整，此后每100 h调整一次。

2. 割台传动皮带的检查与调整。首先需要拆下输送槽皮带护罩，再旋松锁紧螺母，调整张紧螺母，使张紧弹簧（如图3-31所示）在收割离合器手柄至于［合］的位置时仍保持合理间隙。

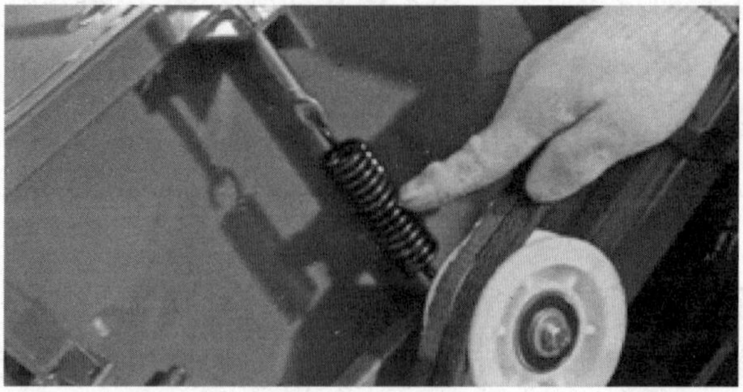

图 3-31 张紧弹簧

3. 拨禾轮传动皮带的检查调整。拆下割台右侧皮带盖板护罩，调整锁紧弹簧的位置或紧固螺母，调整张紧弹簧，使弹簧张紧间隙在合适范围内。

4. 供给装置反转驱动皮带的检查调整（如图 3-32 所示）。拆下脱粒驱动齿轮箱的前盖板；将油门手柄放到中油门位置，手拉反转离合器手柄，查看皮带是否有打滑现象，若打滑则调整张紧弹簧。

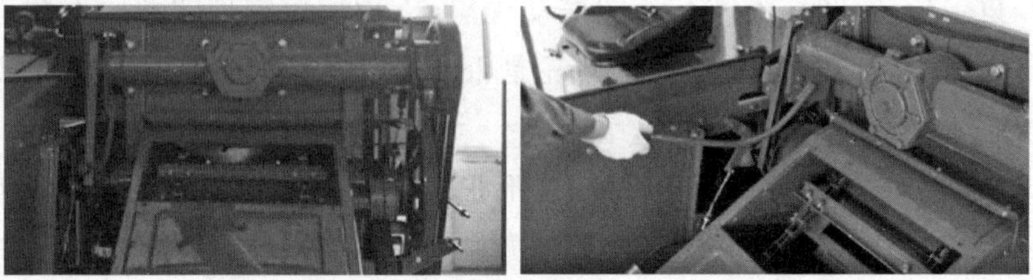

图 3-32 供给装置反转驱动皮带的检查与调整

5. 脱粒传动皮带的检查、调整。将收割离合器手柄置于[合]的位置，拆下脱粒部护罩，调整锁紧弹簧的位置或紧固螺母，调整张紧弹簧，使弹簧张紧间隙在 2 mm 内。

注意：脱粒传动皮带为两根，更换时需要同时更换。

6. 水平搅龙（籽粒推运搅龙和杂余推运搅龙）传动皮带的检查调整。调节张紧弹簧，保持弹簧间隙在机型说明书指定范围内。

7. 振动筛传动皮带检查、调整。调节振动筛张紧弹簧，保持弹簧间隙在机型说明书指定范围内。

8. 风扇驱动皮带的检查、调整。如果发现风扇皮带松动，首先旋松交流发电机的安装螺栓，然后用手推动交流发电机，使皮带适度张紧后拧紧安装螺栓。

9. 行走传动皮带的检查、调整。通过调整底盘上的张紧弹簧调整行走皮带张紧度，保持弹簧间隙在机型说明书指定范围内。

10. 履带张紧度的检查与调整。向上托起履带，一般以能够托起 20 mm 左右为正常状态。

调整时，拔下履带螺栓的卡销，拆下固定件，然后转动履带张紧螺栓，张紧履带。履带过紧会导致履带异常磨损、车轴损坏；履带过松会导致履带脱落；新履带在 20 h 后进行初步调整，之后每 100 h 调整一次。

九、各部位链条的检查调整

（一）链条的使用保养

1. 在同一传动回路中的链轮安装在同一平面内，其轮齿对称中心面位置度误差不大于中心距的 0.2%。

2. 链条的张紧度应适度，用力拉动链条的主动侧，应有一定的挠度。

3. 安装链条时，可将链端绕到链轮上，便于连接链节。连接链节应从链条内侧向外穿，以便从外侧装联接板和锁紧固件。

4. 链条使用伸长后，如张紧装置调整量不足，可拆去两个链节继续使用。如链条在工作中经常出现爬齿或跳齿现象，说明节距已磨损，不能继续使用，应更换新链条。

5. 拆卸链节冲打链条的销轴时，应轮流打链节的两个销轴，销轴头如已在使用中撞击变毛，应先磨去。冲打时，链节下应垫物，以免打弯链条。

6. 链条应按时润滑，以提高使用寿命，但润滑油必须加注到销轴与套筒的配合面上。因此应定期卸下润滑。卸下后先用煤油清洗干净，待干后放在机油中或加有润滑脂的机油中加热浸煮 20～30 min，冷却后取出链条，滴干多余的油并将表面擦净，以免在工作中沾附尘土，加速传动件磨损。如不热煮，可在机油中浸泡 12 h（链条的清洗润滑是延长寿命的有效方法）。

7. 新旧链节不允许在同链条中混用，以免因新旧节距的误差而产生冲击，拉断链条。磨损严重的链轮不可配用新链条，以免因传动副节距差，使新链条加速磨损。

（二）喂入搅龙驱动链条的检查、调整

检查方式为一般用手按链条有 5～10 mm 的晃动。拆下割台喂入搅龙所在侧的护罩，通过张紧轮（如图 3-33 所示）进行调整。

(三) 输送槽链条的检查、调整

图 3-33　喂入搅龙驱动链条和张紧轮

拆下输送槽外侧护罩和下方的青草口盖板，将输送槽链条的耙齿和输送槽底板之间的间隙调整为 10～12 mm。旋松固定输送槽的固定螺栓，用调节螺母进行调节。用同样的步骤将两侧耙齿与底板的距离调节一致。调节螺母的位移会导致输送槽前后移动，这样就会使传送链条的张力得到调整。

调整时，以左侧的供给装置传送链条为基准，以免供给装置筒倾斜。如果供给装置筒倾斜，会导致部件损坏。

第八节　半喂入联合收割机的检查与调整

一、发动机部

1. 发动机机油的检查。拔出检油尺，检查机油量是否充足，是否混有脏物。油量不足时添加专用机油。有脏物时更换新机油。更换机油时更换新机油滤芯。

2. 水箱冷却水检查。冷却水水量应在“FULL”和“LOW”之间。水量不足时，从副水箱的给水口加入纯净水。更换时，先拆下发动机后盖，卸下放水塞。

排除散热器水箱(如图 3-34 所示)中和机体内的水；装上放水塞，加入适量的防冻液，再加满纯净水；装上主水箱盖，启动发动机，使防冻液和冷却水充分混合。冷却水一年更换一次。

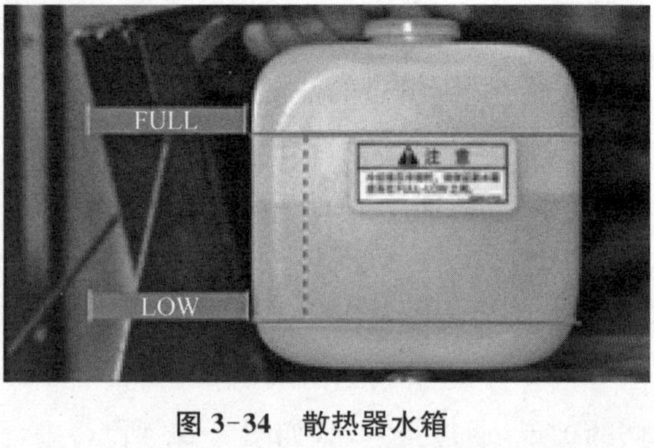

图 3-34　散热器水箱

3. 柴油滤清器的更换。发动机后部上方有柴油进油管、喷油泵进油管等连接柴油滤清器。用滤芯扳手进行拆卸。滤清器一般为整体式，只能更换不能清洗。每 100 h 更换一次。

4. 柴油沉淀杯的清洗。柴油沉淀杯（如图 3-35 所示）可以除去燃油内的污垢和水。

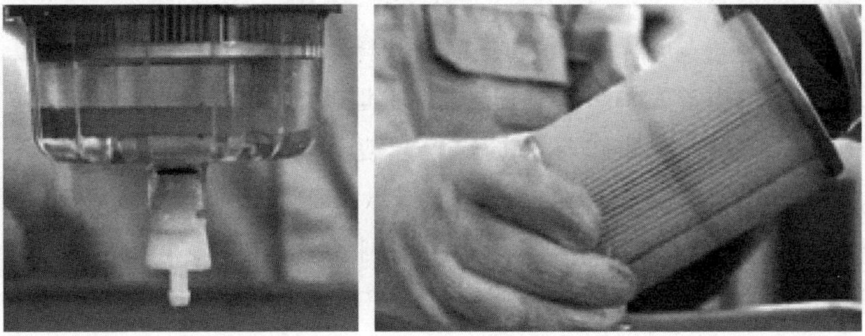

图 3-35　柴油沉淀杯

卸下排污螺栓，放干净内部的水和污垢。拆下沉淀杯，清洗内部滤芯。每 100 h清洗一次，200 h 更换。

5. 燃油箱排污。燃油箱内有水和污垢沉淀，不能进入油路。排污方法：取下燃油箱下部的放油塞，排除箱内沉淀物，每 100 h 排污一次。

燃料排空气方法：加满燃油后拧紧油箱盖，钥匙开关打到开的位置 20～30 s，燃油油路中空气会自动去除，打到启动位置启动发动机。

6. 空气滤清器的更换。每 400 h 更换。打开发动机室，掰开卡口，取下盖子，取出滤芯。

注意事项：

(1) 滤芯保持干燥；

(2) 滤芯不能水洗或油洗；

(3) 滤芯堵塞时，会消耗发动机油，引起故障；

(4) 滤芯清扫时，注意不要让滤芯变形。变形后灰尘会进入，使发动机活塞、缸体等产生异常磨损。

7. 冷却风扇皮带（发电机传动皮带）的检查与调整。检查时用手指压皮带中央，调节挠度为 10～15 mm。调整时打开发动机室，松开发电机固定螺栓，将发动机向外拉到需要调节好的位置后拧紧固定螺栓。

二、行走部

1. 变速箱机油的检查。通过变速箱的检油窗口检查油量。更换机油时，从变速箱底部的放油口放油，将废油放干净后进行加油。加油时，注意装好放油螺栓；拆下加油口盖进行加油。第一次换油为工作 50 h 后，以后每 400 h 更换一次。

2. 行走驱动皮带的检查调整。松开张紧弹簧锁止螺母，根据说明书调节弹簧长度至合理范围。

3. 履带的点检与调节。顶起底盘和变速箱下部，将第三支重轮和履带的间隙调节到说明书指定大小。调节方法：在平坦的地方顶起底盘；在底盘的前部、后左侧、后右侧分别支撑；卸下止转片，松开锁紧螺母；旋转调节螺母进行调节。

4. 作业速度的调整。作业速度的快慢取决于机器负荷的大小和机器的作业质量。一般情况下为提高作业效率，可将副变速放到高速挡，主变速位于最快位置进行快速收割，但在作物潮湿、倒伏、高产难脱或地块高低不平时，应适当降低前进速度，降低的程度主要视作业质量而定。

三、割取部

1. 割台最低位置的调节方法。作业时，为防止分禾器插入泥土，须用油缸限位器调节割台的高度。具体方法是：松开锁紧螺母，转动限位螺栓进行调节，然后固定锁紧螺母。

2. 割刀总成间隙的调节。分别调整割刀总成的 6 个压刃器。方法是增加或减少压刃器下的调整垫片，使动刀片、定刀片前端相互接触，间隙 0.1～0.5 mm。允许部分动、定刀片有 0.5～1 mm 的间隙，但数量不得超过总数的 1/4。动、定刀片的后端间隙不大于 1 mm。调整后检查，用手推拉无卡阻现象。间隙过大，作物不易割断；过小，则运动阻力大，割刀运动不灵活。

3. 割刀刀片的更换。割刀总成（如图 3-36 所示）上共有定刀片 2 种，动刀片 4 种。更换时将破损刀片从刀杆上分离，用沉头铆钉把新刀片和刀杆固定。注意铆钉的安装方向。重新安装割刀时需要调整割刀间隙。

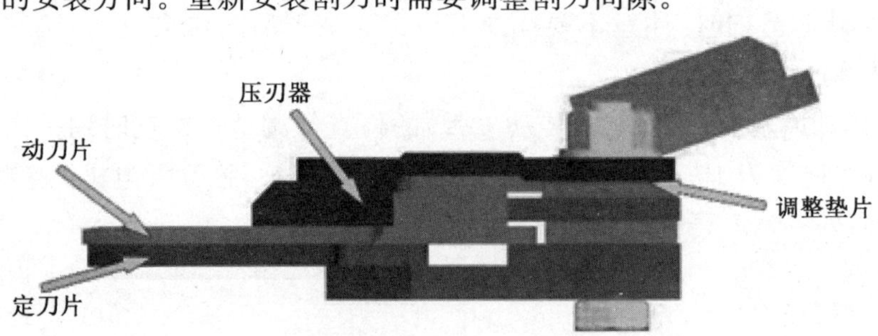

图 3-36　割刀总成

4. 割刀曲柄连杆的调节。调整割刀曲柄连杆(如图 3-37 所示)的目的是调整割刀的行程。将左、右动刀总成向内侧移动至最大位置。松开曲柄连杆的 2 个固定螺母,转动曲柄连杆,将动刀片与定刀片调整到对齐(最大错位不能超过 2 mm),在割刀的中央部位,确认左、右动刀总成的间隙在 4～6 mm 范围内,如果间隙不足,用上一步的方法重新调整,直到间隙在 4～6 mm 为止,最后拧紧固定螺母。

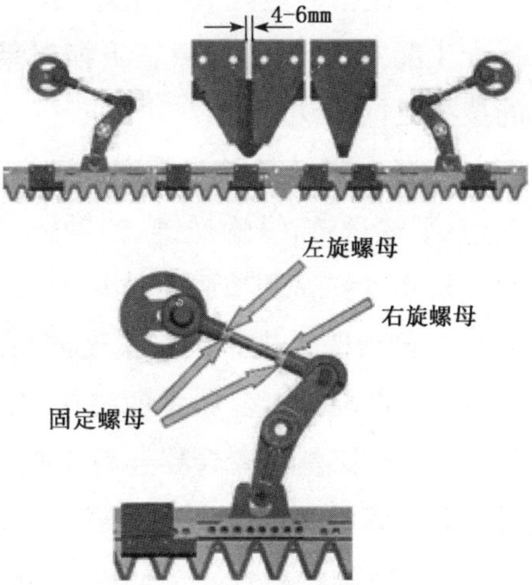

图 3-37　割刀曲柄连杆

5. 分禾板的调整。联合收割机在湿地作业时,有时会出现“前仰”现象;在收割倒伏作物时,有时会过多拔起作物。这时需调节分禾板尖端与地面的相对位置。调节时松开分禾板与分禾杆的联接螺栓,将分禾板尖端往下调节,同时必须保证左、中、右 3 块分禾板尖端调节到相同高度。

6. 扶禾链的调整。

(1) 扶禾拨指收起高度调整。扶禾链壳内,有一根滑动导轨可上下移动,它的位置决定了扶禾拨指的收起高度。调节时解除滑动导轨的锁定杆,上下移动滑动导轨,然后在所需位置锁定。扶禾拨指收起的高度应根据作物的状况作不同的选择,一般情况下滑动导轨处于中间位置,收割过熟作物时滑动导轨调节到离地较近的位置,收割茎秆较长且已倒伏的作物时,滑动导轨调节到离地面较远的位置;

(2) 扶禾链张紧度的调整。打开扶禾链盖板松开锁紧螺母,旋转调节螺母,调节弹簧限位钩与螺母的间隙至 0.5～2.5 mm,然后拧紧锁紧螺母;

注意:扶禾链张紧不够,影响正常扶禾,张紧度过紧,作业过载时不能适当卸载,加快链条磨损。

(3) 扶禾链速度的调整。扶禾高速手柄有“标准”“低速”“高速”三挡位置,一般情况下设置在“标准”位置作业,在收割 45°以上的倒伏作物或纠缠在一起的作物时,将扶禾调速手柄设置在“高速”位置,收割小麦或成熟度较高的作物时将扶禾调速手柄设置在“低速”位置;

(4) 拨指的更换。拨指磨损角度过大或者扭曲变形损坏时,要及时更换,避免产生漏割、堵塞等现象。更换时请注意拨指及拨指销的打入方向。上输送链的拨指更换方法相同。

7. 各输送链条的张紧度调整。主要有左、右上输送链,穗部输送链,主要有左、右下输送链,纵输送链,辅助输送链。松开紧固螺栓,旋动调节螺栓,按照说明书将张紧弹簧调节到合适长度,然后拧紧紧固螺母。

8. 割台驱动皮带的张紧度调整。

(1) 将割台离合器手柄放在[合]的位置;

(2) 拧松割台离合器连杆上的锁紧螺母"M8",旋转调节螺母,将割台离合器张紧弹簧的长度调节到合适长度;

(3) 将割台离合器手柄放到[离]的位置,然后将手柄慢慢推向[合]的位置,检查皮带张紧度的调节效果。要求离合器手柄从[离]的位置开始可轻松向前推动,到刚进入垂直位置时,感受到有力。如果达不到要求,按上述(1)、(2)步骤重新调节;

(4) 张紧度符合要求后,拧紧锁紧螺母。

9. 梳刷皮带的调整。松开张紧轮和固定螺母,向下拉皮带,调节皮带的指压挠度至合理大小后拧紧紧固螺母。

10. 割茬高度的调整。割茬高度的调整主要取决于地面平整度、作物生长高度及作物是否倒伏等因素。半喂入联合收割机割茬高度一般控制在5~15 cm之间,地面高低不平或作物较高的,须将割茬高度适当提高以免割刀碰上杂物或影响作业效率。当作物高度较低或作物倒伏时须适当降低割茬高度,以保证作物正常的喂入长度。在一般情况下,如用户无特殊要求,适当提高割茬高度有利于延长割刀使用寿命。

11. 割幅的调整。有些机手为提高作业效率总以为割幅越宽越好。实际作业时一般不应进行满幅收割,而应空出5~15 cm的幅宽。这样不易产生漏割,机器容易操作,劳动强度小。机器作业过程中如发现负荷较大还可将幅宽空出更多。

12. 扶禾链辅助拨指导轨的调整。扶禾链辅助拨指导轨用于控制拨指扶持作物的高度。一般情况下收割直立作物,拨指导轨的位置对收获质量影响不大。当作物较高、作物倒伏易打结时,须将拨指导轨调到起作用的位置。当作物容易掉粒或麦收后期茎秆容易折断时,可将拨指导轨调到不起作用的位置,使扶禾链上方拨指缩进扶禾链壳内。

四、脱粒清选部

(一) 机油和液压油的更换

脱粒传动箱机油更换。初次 50 h，以后每 400 h 更换齿轮油。

滚筒传动箱机油更换。初次 50 h，以后每 400 h 更换齿轮油。

喂入链传动箱机油更换。初次 50 h，以后每 400 h 更换齿轮油。

液压油箱液压油更换。400 h 更换专用液压油。更换时滤芯一起更换。

(二) 脱粒喂入装置的检查与调整

1. 脱粒喂入装置的检查与调整。

(1) 喂入链张紧度的检查调整。检查喂入链链条张紧度；调整时松开喂入链张紧弹簧片固定螺栓，改变喂入链张紧弹簧片的长度；

(2) 压草板与喂入链间隙检查调整。检查间隙是否为零，调整时松开辅助压草片及压草板支架上的腰形孔紧固螺栓，改变压草片的上下位置。

2. 脱粒装置技术状态的检查。

(1) 检查脱粒滚筒有无穿孔，弓齿有无严重磨损，各固定螺栓固定是否可靠；

(2) 检查滚筒转动是否灵活，有无碰擦，有无明显轴向窜动，前后挡草圈有无严重磨损；如有卡滞需拆下清洗并注油；

(3) 检查切禾刀是否锋利，齿纹磨损是否超限(切禾刀齿纹高度不低于 1 mm)；

(4) 检查凹板筛筛网有无破损，凹板筛压条(加强筋)有无严重磨损；

(5) 检查滚筒上盖导流板调节手柄(送尘调节手柄)有无松动。

3. 清粮装置技术状态的检查。

(1) 检查振动筛各密封垫有无破损，安装位置是否正确；

(2) 检查风扇转动有无碰擦，叶片有无裂纹或严重变形，风道有无堵塞；

(3) 检查搅龙叶片高度磨损是否超限。搅龙顶与搅龙槽应有 6～8 mm 间隙，如果此间隙不对，易造成输送能力下降和导致作物籽粒产生剥壳、碎米等现象。

4. 茎秆处理装置技术状态的检查。

(1) 排草链张紧度的检查调整。检查排草链张紧度是否合适。调整时松开链条紧度锁紧螺母，拧动调节螺母使调节杆台阶平面与支承平面间隙为标准值。调整后用锁紧螺母固定好；

(2) 切草机刀片轴向间隙的检查调整。检查切草刀磨损是否超限;检查切草刀片、两端的刮草板安装方向是否正确;检查高、低速切草片轴向间隙是否合适。调整时松开切草机皮带,拧松高速轴紧固螺母,增减高速轴两边垫片;

(3) 主滚筒弓齿的检查更换。打开脱粒主滚筒上的两个维修窗口盖,就可从内部拆下弓齿。弓齿早期磨损可以换面,磨损严重需要更换。

5. 脱粒喂入深度的调整。脱粒喂入深度决定了机器脱粒清选部分的负荷及脱净率的高低。脱粒喂入深度一般可进行自动控制,通过调节自动脱粒深度传感器位置使穗头到达脱粒深度指示的位置,脱粒性能较好。当收割穗幅差较大的作物时,可扳动手动脱粒深度开关将脱粒深度适当调深一点;当收获过程中发现脱粒负荷较大时,可使用手动脱粒深度开关将脱粒深度适当调浅一点。

6. 脱粒室导流板调节手柄(又称送尘调节手柄)的调整。送尘调节手柄的作用是调节脱出物在滚筒内滞留时间的长短及负荷的大小以控制脱粒程度。在作业中手柄通常位于中间位置。当谷粒中枝梗较多,谷物脱粒不净时,可改变送尘调节手柄的位置,增加脱出物在滚筒内滞留的时间;当谷粒破壳严重或作物潮湿负荷较大时应将送尘调节手柄向反方向调节,减少脱出物在滚筒内滞留时间。

7. 振动筛筛片手柄的调整。振动筛筛片的作用主要是控制籽粒的清洁程度。在使用中筛片手柄一般位于中间位置。当籽粒清洁度差、枝梗较多时,应调小筛片的开度;当作物潮湿负荷大、杂余较多、籽粒抛洒严重时,应调大筛片的开度。

8. 主风扇风量的调整。主风扇风量的大小决定了籽粒清选的程度。风量大易清选干净,但籽粒损耗大,风量小则不易清选干净。

五、各部位皮带检查调整

各部位皮带的张紧度是否合适,有问题及时调整。

1. 脱粒离合器皮带。调整时将手柄推到[开]侧,手柄停止位置离[关]侧的杆槽端面约 75 mm。松开离合器的锁止螺母两个,用张紧螺杆调节螺杆的长度到合适位置。

2. 主滚筒传动皮带。调节张紧弹簧长度至合适张紧力。

3. 排草传动皮带。调节张紧弹簧长度至合适张紧力。

4. 清选输入皮带。调节张紧弹簧长度至合适张紧力。

5. 清选皮带。调节张紧弹簧长度至合适张紧力。

6. 振动筛传动皮带。调节张紧弹簧长度至合适张紧力。

7. 卸粮皮带。调节张紧弹簧长度至合适张紧力。

8. 卸粮传动箱驱动皮带。调节张紧弹簧长度至合适张紧力。

第九节　全喂入联合收割机的维护保养

对各部分进行调整、检查及更换零件时，关停发动机，将各操作手柄置于[OFF](关)的位置，停止旋转部分后再进行作业。

检查结束后，务必将拆下的旋转部各类罩盖安装好以后再进行作业。否则衣服等有被卷入的危险。

将收割机停放在平坦且周围没有草屑等易燃物的场所。

蓄电池、消音器、发动机的周围如粘有脏物或燃油等，将会导致火灾。

检查作业时挂上停车刹车，并且将割台降至最低位置。

在升起割台的状态作业时，将安全锁具置于[锁定]位置，以防止割台下降。此外，还应采取垫入枕木等防止下降的措施。

因检查发动机仓而拆下外罩时，待内部充分冷却，确认已无烫伤的危险后再进行检查。

更换机油的过程中应严禁烟火。

清洁割刀和加油时，戴上手套，小心作业，以免被刀刃割伤。

水、燃油、机油如有溢出，擦拭干净。

收割机仪表盘上显示警报时，确认警报内容，然后根据收割机仪表显示的异常和处理信息的内容进行处理。此外，根据作物、田块的状态和条件，对收割机各部分进行检查、调整、更换和正确的操作、清洁和检查。

一、日常保养

首先要清除机器上的灰尘、油污、杂物，将柴油机汽缸盖、气缸体清扫干净。

彻底检查和清理联合收割机各部位是否有缠草，以及颖糠、麦芒、碎茎秆等堵塞物；检查各部位螺栓、螺母的紧固情况，如有松动，应及时紧固。

检查发动机的油封有没有漏油，检查发动机的水箱有没有漏水，检查发动机的进气管道有没有漏气。如有“三漏”，应查明原因后，及时排除。

清理发动机空气滤清器。

打开水箱罩，查一下水箱是否堵塞。如堵塞，应及时清洗水箱。只需要用清水冲洗干净即可。

检查柴油机的燃油、机油、液压油、冷却水是否充足，不足时应及时添加。加燃油一定要注意速度要慢，跑出来的油要擦掉，否则容易起火。

拨禾轮的转轴、链条、割刀，每班次滴润滑油 1～2 次，各黄油嘴要加注润滑脂。链条要清理后加油。

检查变速箱、柴油机润滑油，根据需要添加。

二、各部位的清扫

对各部位进行清扫和加油前，务必关停发动机，将各类手柄置于[0FF]（关）的位置，使旋转部停止旋转。

拆下或打开了盖板的各旋转部有可能将衣服等卷入，引发危险，因此在清扫和加油后务必将各盖板安装好。

清扫结束后，确认清扫口中已无谷粒残留，然后关闭或安装各类盖板，否则，下次收割作业时，谷粒会从清扫口漏出。

清扫前先将脱粒机内部充分干燥。内部如果潮湿，谷粒会附着在脱粒机内。

在湿田中作业后，务必清除履带及其周围的泥土。

（一）供给装置清扫

打开供给装置的清扫口，将内部的积屑清扫干净。清扫结束后装好盖板。

（二）脱粒部传动皮带清扫

拆下所有脱粒部侧盖，将各部位皮带轮的积屑和灰尘清扫干净。

（三）1、2 号水平搅龙下部底盖

如果所选机型的下部底壳可拆卸，则按此方法打开底盖进行清扫。安装时注意两个底板不要装错。

（四）水平搅龙和垂直搅龙的交界处

打开该清扫口盖板后进行清扫。

（五）垂直搅龙清扫口

2 号搅龙的清扫口，旋下螺栓拆下盖板进行清扫。

（六）水平搅龙与垂直搅龙交接处

拆下盖板进行清扫。

(七) 脱粒室

打开脱粒室左侧盖板进行清扫，同时对脱粒承网、筛选箱和筛选板进行清扫。

(八) 发动机仓的清扫

使用软毛刷子清扫发动机防尘网；打开发动机仓侧盖，拆下发动机仓前、后检查口护罩，然后用软毛刷进行清扫。清扫时注意不要让散热片变形。

(九) 空气预滤清器的检查、清扫

进行收割作业时，每天检查空气预滤清器（如图 3-38 所示），清理集尘杯中的灰尘。

图 3-38　空气预滤清器

图 3-39　空气滤清器

(十) 空气滤清器滤芯的检查、清扫、更换

解开卡扣，拧下空气滤清器（如图 3-39 所示）前盖，去除前盖中的灰尘。

取出滤芯，轻轻拍打和摇晃滤芯，或者用压缩空气从内侧向外吹扫。最后安装好空气滤清器。注意，密封垫一定要上紧。

如果在空气滤清器被灰尘堵塞的状态下继续运行，可能会造成发动机输出功率降低，发动机机油异常损耗或老化，从而引起发动机故障。

清扫外芯时，注意：不要用硬物接触滤芯，以免滤芯变形或破损；向滤芯吹压缩空气时，隔开适当的间隔，以免损坏滤芯。

为避免发动机故障，出现下列情形时，更换内芯：

1. 清扫也无法去除垃圾或脏物时。
2. 滤芯严重污损时。
3. 滤芯使用时间超过 300 h 时。

不要向内芯吹压缩空气，或者用水清洗。否则可能会造成损坏。

（十一）机油滤清器的更换

用滤清器扳手拆下机油滤清器（如图 3-40 所示）滤芯。安装新的滤清器时，在密封圈上涂抹一层机油后，用手拧紧。

图 3-40　机油滤清器

（十二）底盘的清理

用高压水或刷子，将底盘的驱动轮、拖轮、平衡轮、张紧轮、履带上的泥土和积屑清扫干净。用水清洗时，不要将水洒在电气元件上，以免导致机器故障。

（十三）粮仓的清理

粮仓内部清扫：打开粮仓上盖，进行清扫，结束后上盖装回原位。

粮仓外部清扫：将粮仓的外部积屑清扫干净。

三、燃油、机油、黄油的检查、补充和更换

（一）割刀、拨禾杆、拨禾轮

用油壶给割刀、拨禾杆、拨禾轮的塑料部分注油。为割刀进行清洁或加油时（如图 3-41 所示），戴上手套小心作业，以免被刀刃割伤。

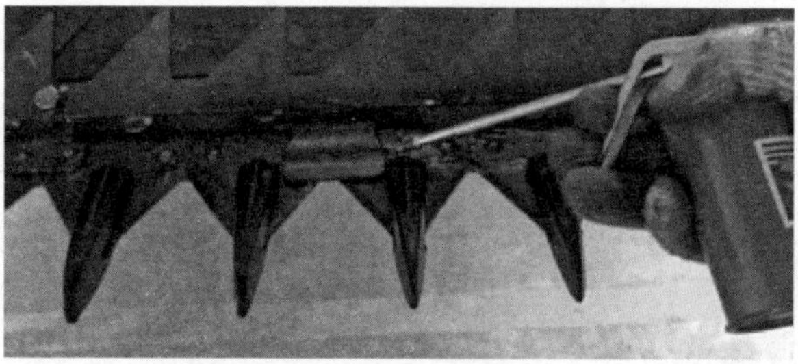

图 3-41　割刀加润滑油

(二) 喂入搅龙驱动链条

将割台左侧传动链条、割刀驱动传动轴及轴承座添加润滑油。

(三) 割台输送槽传动链条

一边运行机器，一边用油壶给链条加油，务必小心。

(四) 燃油的补充

补充燃油前，将收割机停放到平坦的场所，关闭发动机拔下钥匙。

检查确认油位显示，燃油不足三分之一时尽早补充。

补充燃油注意事项：

不要使用旧燃油；

不要使用有铁锈、泥垢、水、脏物等异物混入的燃油(贮存在锈蚀的容器内等)；

不要使用混有除柴油以外的液体的燃油；

不要使用等级差的燃油；

不要取下加油口的燃油滤网。避免有垃圾等异物进入燃油箱导致发动机故障。

若不小心在燃油中混入其他物质，或者燃油箱内有异物混入，将燃油箱内的燃油全部排出后，把油箱洗净至异物完全清除。并在加入新燃油之前，将燃油滤清器及油水分离器清洗干净。

每次添加燃油时，请仔细检查燃油粗滤器和燃油精滤器，有水时，及时拧下防水螺母进行防水。每工作 200 h 更换滤芯。

(五) 发动机机油的检查、补充、更换

更换发动机机油之前，要关停发动机，等发动机充分冷却后再开始作业，否则可能会导致烫伤。

发动机停止后，等待 30 min 以上，然后打开发动机仓侧盖。

检查、补充、更换发动机机油以后，将发动机仓侧盖装回原位。

注意事项：

发动机机油的补充量不要超过油尺的上限。同时，也不要在油量低于下限时运行发动机，否则可能会造成发动机故障。

检查、补充：

检查前，先拔出油尺(如图 3-42 所示)，将端部擦拭干净。然后重新将油尺插入到底，再拔出，确认油尺的上限和下限之间有无发动机机油。油量不足时，

请拔下加油塞，从加油口将发动机机油补充到规定的量。

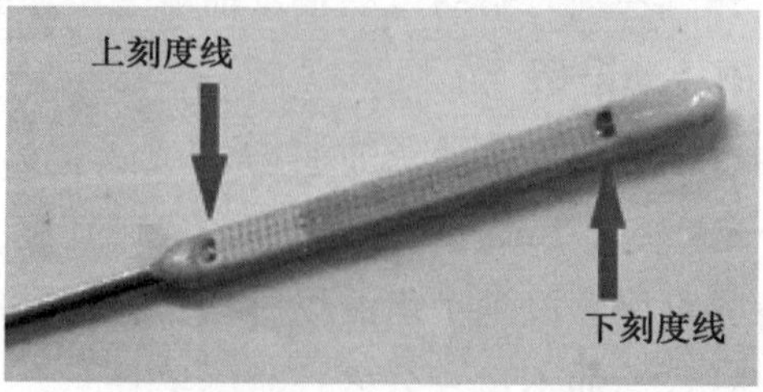

图 3-42 油尺

补充机油时，使用附带的漏斗和软管，使机油在上刻度线和下刻度线之间。

更换发动机机油时，先将旧油排干净，排油方法：

旋下加油塞；

旋下排油螺栓，从排油口排除机油；

排净后装好排油螺栓。

注意事项：

观察排油螺栓密封垫圈是否完好，有问题及时更换；

加油时，注意机油在油尺上下刻度之间；

更换发动机机油时，机油滤清器一起更换。

（六）变速箱油的检查、补充、更换

检查、补充、更换变速箱机油时，升起割台，将割台的安全锁置于锁定位置，还可以采取垫入枕木等防止下降的措施。采取安全措施后，关停发动机。

检查、补充：

旋下检油塞，发现有机油溢出则为正常，无溢出则需要加油。

排油方法：

旋下加油塞，再旋下排油螺栓。

加油方法：

旋紧排油螺栓，打开红色的加油塞，用漏斗加入专用油，直到检油口有油溢出为止。

（七）液压油的检查、补充、更换

旋下油箱盖，观察油位是否到达滤网底部，不够时添加。

加油时从加油口进行加油，直到加满后拧紧油箱盖。

排油时旋下油箱盖，再打开排油螺栓进行排油。

(八) 脱粒筒驱动箱内机油的检查、补充、更换

发动机刚停止时,请勿立即打开脱粒筒上盖。否则,脱粒筒可能因惯性仍在旋转,从而导致伤人。

为了防止手或手指被夹受伤,缓慢开闭脱粒筒上盖。

抬起脱粒筒上盖时,充分注意脚下安全和作业姿势,以免脚下打滑而从收割机上坠落。

检查、补充时打开检油塞,若机油从检油口溢出则为正常。若油量不足,从加油口进行补充。

排油时旋下加油塞,然后再旋下排油螺栓,将机油排出。

加油时旋紧排油螺栓,从加油口将机油补充至规定的量,直到机油从加油口溢出,然后旋紧检油塞,再旋紧加油塞。

(九) 黄油的补充

1. 行走轮、支重轮、拖轮黄油的添加。用卡簧钳打开钢丝挡圈,拆下端盖(如图3-43 所示),用黄油枪进行加注(如图 3-44 所示),加满后直到按压黄油枪也不能再注入时停止加注。

图 3-43　端盖

图 3-44　黄油枪加注黄油

2. 割台升降支点黄油的添加。拆下盖板后,用黄油枪向控制割台升降支点的两个黄油嘴加注适量黄油。

3. 其他需加注黄油部位:

(1) 停车刹车踏板钢索两端外露活动部位;

(2) 卸粮提升搅龙传动链(如图 3-45 所示);

图 3-45　链条加注黄油

(3) 卸粮提升搅龙旋转抱箍、卸粮上箱体。

(十) 发动机冷却液的检查、补充、更换

如果在发动机运行中或刚停止时打开散热器盖，可能会有热水喷出，导致人员烫伤。外界气温低于 －5℃时加防冻液，但禁止混用不同厂家的产品。

检查、补充时打开发动机仓侧盖后，确认水箱的水量是否过低，若水位过低，打开水箱盖，向水箱中补充纯净的矿泉水，最低要求自然水。补充结束后关闭发动机仓侧盖。

注意事项：

冷却水因自然蒸发而水量不足时，务必补充清水。若补充防冻液，会造成浓度过高，可能会导致发动机或散热器故障；

没有清水时，使用自来水烧沸 30 min 后的蒸馏水。不能使用河水、池水、井水等有杂质的水。否则会引起发动机故障。

更换时：

打开发动机仓侧盖，拧开水箱盖，再拧开放水开关，将散热器内的冷却水放干净，然后用自然水清洗散热器内部，直接把里面的杂物和锈蚀清除干净(同时需拆除上水管与下水管)；

清洗完成后，则按拆卸方法装好所有零部件；

若配置洋马机型则需按照目标温度(气温)向散热器加入适量比例(混合比)的防冻液；

分别装好散热器盖；

关闭发动机仓侧盖。

注意事项：

若防冻液的混合比不当，冬季时冷却水可能冻结，夏季时可能导致发动机故障及散热器损坏；

使用防冻液时，勿加入散热器保洁剂。因为防冻液中含有防锈剂，若混入保洁剂，会对发动机零件造成损害；

防冻液(长效冷却液)的有效期限为 2 年。2 年后务必更换新品；

若忘记关好放水开关，则会发生漏水，可能会致发动机损坏；

防冻液有降低结冰温度的效果，可以防止寒冷时冷却水结冰，避免发动机损坏。

第十节　半喂入水稻联合收割机的维护和保养

一、日常保养

日常保养是保持机器良好技术状态的基础，保养中除清洁、润滑、添加和紧固外，及时的检查能发现小问题并予以纠正，可以有效地预防或减少故障的发生。

检查柴油、机油和水，不足时应及时添加符合要求的油、水；

检查电路，感应器部件，如有被秸秆杂草缠堵的应予清除；

检查行走机构，清理泥、草和秸秆，橡胶履带如有松弛应予调整；

检查收割、输送、脱粒等系统的部件，检查割刀间隙、链条和传动带的张紧度、弹簧弹力等是否正常。在集中加油壶中加满机油，对不能由自动加油装置润滑的润滑点，一定要记住用人工加油润滑；

清洁机器，检查机油冷却器、散热器、空气滤清器、防尘网以及传动带罩壳等处的部件，如有尘草堵塞应予清除。

二、各部位加油

割刀、割取输送链、脱粒部喂入链、排草链、割取离合器钢丝绳的两端部、转向钢丝绳的两端加注润滑油；

底盘各轮系加注黄油；

副滚筒轴、轴孔加黄油；

振动筛轨道处加黄油；

提升搅动转动箱和两侧搅动振动箱加黄油；

卸粮筒转动各支点部的加油孔加黄油。

三、各部位的清扫

打开二次脱粒孔挡板进行清扫；

提升搅龙接口处挡板进行清扫；

2次搅龙接口处挡板进行清扫；

拆下滚筒前盖板，对前、后挡圈进行清扫；

1、2次搅龙槽底部清扫；

拆下斜搅龙盖板进行清扫；

拆下空气滤芯的集尘杯，对空气滤芯进行清扫。

第十一节　长期贮存时的保养

收割季过后要一直停机到第二年时，在贮存之前应仔细检查、保养各部位。

一、各部位的清扫、加油和修理

将收割机停放在平坦的场所。用水洗净各部位粘附的泥土等脏物，然后用干布将水擦干。

清除干净缠在各旋转部位、割刀、皮带、链条等上的杂草及草屑。若各部位残留谷粒或稻秆碎屑，可能会招来老鼠做窝，导致电线线路被咬坏，引发故障，因此需清理干净。清洗收割机时，不要将水洒在电气元件上。

收割季节结束后以及长期停机贮存之前，参照“维护”章节向各部位进行维护。给各链条、旋转部位以及摩擦滑动部位充分加油，在涂料剥落的地方补刷涂料，以免生锈。

二、散热器冷却水

散热器中的冷却水，需加入防冻液（长效冷却液）与纯净水混合的冷却水，以防止发动机在冬季冻结开裂。

补充或更换冷却水，向散热器及备用水箱中加入规定量的混合比正确的含防冻液的冷却水。

注意：若防冻液的混合比不当，冬季时冷却水可能冻结，夏季时可能导致发动机故障及散热器损坏。使用防冻液时，不要加入散热器保洁剂。因为防冻液中含有防锈剂，若混入保洁剂，会对发动机零件造成损害。

并不是所有机型散热器都需要加防冻液，根据机型具体联系当地经销商或咨询三包服务中心。

三、蓄电池

贮存或搬运蓄电池时，不要接近明火或者使线路短路，否则可能会引发爆炸。

检查蓄电池时关停发动机,将主开关的钥匙置于[OFF](关)位置。长时间不使用时,尽量将蓄电池从收割机上取下。另外,贮存前应进行检查,必要时进行补充电(若蓄电池为补水型,请补水之后进行补充电)。

蓄电池即使在贮存中也会自行放电,因此请夏季每 1 个月、冬季每 2 个月检查一次,必要时进行补充电。

将蓄电池贮存在以下场所:

避免阳光直射(温度低且温差小)的干燥场所;

不会产生对蓄电池有害的气体、液体、粉尘的场所。

收割机上长期贮存时,务必拆下负极(-)侧的电线。

第十二节 收割机常见故障与处理方法

一、全喂入式联合收割机

表 3-2 割台常见故障与处理方法

故障	原因	检查、调整、调节或更换的部位	处理方法	
			步骤 1	步骤 2
割台头部损失较多	拨禾器转速过快	拨禾器驱动皮带	终止作业 将收割离合器手柄置于[OFF](离)的位置	降低转速
	拨禾器扶禾爪过于伸进作物	拨禾器升降手柄		提高高度
	拨禾器扶禾爪角度过大	拨禾器扶禾爪		减小角度
	拨禾器高度不符合收割条件	拨禾器升降手柄		调整至合适位置
作物堆积割台	拨禾器高度不符合收割条件	拨禾器升降手柄		调整至合适位置
	拨禾器转速过快	拨禾器驱动皮带		降低转速
	喂入搅龙和底板的间隙过大	喂入搅龙	终止作业,关停发动机	调整至合适的间隙
拔起稻秆,不收割作物而将其压倒	作业速度过快	主变速手柄 副变速手柄	—	调整作业速度,使适合田块和作物
	割刀或传送部混入稻根、稻秆、泥土等异物	割刀、传送部	中止作业,关停发动机	清除异物,检查割刀和传送部有无异常
	收割驱动皮带打滑	收割驱动皮带 张紧弹簧		更换皮带,调整张力
	割刀不锋利	割刀		调整割刀间隙或更换

表 3-3　脱粒部常见故障与处理方法

故障现象	故障原因	检查、调整、调节或更换的部位	处理方法	
			步骤 1	步骤 2
脱粒后的残留谷粒和夹在秸秆中的谷粒较多	脱粒齿磨损	脱粒齿	中止作业，关停发动机	调整或更换
	承网堵塞	承网		清扫
	脱粒室排尘阀开口过大	排尘阀调节手柄		减小开口
	作业速度过快	变速手柄	—	调整为合适速度
	发动机转速低	油门手柄		提高发动机转速
谷粒飞散较多	发动机转速过高	油门手柄		减低发动机转速
	清选风扇风力太大	清选风扇调整板	中止作业，关停发动机	朝风力小的方向调整
	脱粒室排尘阀开口过大	脱粒室排尘阀调节手柄	暂停作业	减小开口
	筛选箱各部分调节不良	筛选箱辅助板	中止作业，关停发动机	朝前调整
		谷粒筛		更换
		谷粒筛		增大谷粒筛开度
		排尘调节板		朝上侧调整
	筛网堵塞	谷粒筛		清扫
筛选不良	发动机转速过低	油门手柄	—	提高发动机转速
	清选风扇风速过小	清选风扇调整板	中止作业，关停发动机	朝风力大的方向调整
	筛选箱各部分调节不良	筛选箱辅助板		朝后侧调整或更换网孔谷粒筛
	筛选板的开度过大	筛选板调节手柄		增大谷粒筛开度
	草屑等堆积在清选风扇的风口处	清选风扇风路		拆下筛选箱进行清扫
脱粒室内发出声音	发动机转速过低	油门手柄	—	提高发动机转速
	作业速度过快	变速手柄		调整为合适速度
	作物水分多	作物	中止作业	等作物干燥再作业
	脱粒室排尘阀开口过小	脱粒室排尘阀调节手柄	暂停作业	增大开口
2 号搅龙堵塞	发动机转速过低	油门手柄	—	提高发动机转速
	2 号搅龙还原量过多	筛选箱辅助板	中止作业，关停发动机	朝前侧调整
		筛选箱调节手柄		将筛选板手柄朝开的方向调整
		谷粒筛		更换网孔谷粒筛
		清选风扇调整板		朝关的方向调整
	筛选箱各部分调节不良	筛选箱辅助板		朝前侧调整
		筛选板的开度		将筛选板手柄朝开的方向调整
		谷粒筛		更换网孔谷粒筛
		排尘调节板		朝下侧调整

续表

故障现象	故障原因	检查、调整、调节或更换的部位	处理方法	
			步骤 1	步骤 2
掉壳、损伤的谷粒较多	作物供给不稳定	作业速度	—	稍微加快速度
	发动机转速过高	油门手柄		降低发动机转速
	2 号搅龙还原量过多	筛选箱辅助板	中止作业，关停发动机	朝前侧调整
		谷粒筛		更换网孔谷粒筛
	脱粒室排尘阀开口过小	脱粒室排尘阀调节手柄	暂停作业	朝开的方向调整
	筛网堵塞，或 2 号搅龙还原量增加	谷粒筛	中止作业，关停发动机	清扫或将筛选板手柄朝关的方向调整

二、全喂入式收割机割台有堵塞异物

收割反转离合器手柄的使用方法：

务必先中止收割作业后再操作。

割台有异物堵塞，发出很大声响或割台和供给装置传送部停止时，应暂时中止收割作业，操作收割反转离合器手柄以清除堵塞的异物。

1. 先将收割离合器手柄置于[OFF]（离）位置，再将主变速手柄置于[STOP]（停止）位置，停止行走。

2. 将油门手柄置于[小]位置，使发动机处于怠速状态。

3. 使发动机处于运转状态，将脱粒离合器手柄置为[ON]（合）的状态，稍微升起拔禾器，使割台稍微离地。

4. 用力拉起收割反转离合器手柄，清除异物。拉起收割反转离合器手柄后，割台和供给装置传送部的动力将反转。

5. 清除异物后，继续进行收割作业。

三、半喂入式联合收割机

表 3-4　割台常见故障与处理方法

故障现象	故障原因	处理方法
整个割台不运转	割台离合器手柄未合上	合上割台离合器手柄
	主变速手柄不在前进挡位上	主变速手柄推到前进挡上
	作物卡住割台某部件	清除卡滞作物并作适当校正
	割台驱动皮带松驰或断裂	张紧或更换

续表

故障现象	故障原因	处理方法
整个割台不运转	割台驱动皮带轮处平键切断	更换平键
	超越离合器卡滞或损坏，不能传递力矩	清洗或更换
扶禾链壳振动、声音异常、转速异常	扶禾链伸长	调整或更换扶禾链
	拨指磨损	清扫、检查扶禾链壳，更换拨指，调整扶禾链。必要时修整或更换扶禾链底板和盖板
	张紧弹簧过松	张紧或更换
不能扶起倒伏作物	割台离地过高	调整到合适高度
	扶禾拨指折断、磨损、变形	更换拨指
	扶禾拨指飞出或卡在导轨上	清扫链壳，调整扶禾链，修复或更换扶禾链底板和盖板
	地烂，割台前仰	调节分禾器，取消割台最低限位
不能扶禾，推倒作物	割台纵轴(垂直扶禾传动)平键或齿轮传动损坏，导致四根扶禾链同时不转动	更换损坏零件
	割台横轴(水平扶禾传动)花键套损坏，导致右边两根扶禾链同时不转动	更换损坏零件
	扶禾链传动机构中平键或链传动损坏，导致其中一根扶禾链不动	更换损坏零件
	张紧链轮卡住	清理杂物
	扶禾链脱落、卡住、磨损	清理杂物、调整
	水平扶禾轴A、B与扶禾轴传动处锥齿轮或平键损坏	更换锥齿轮或平键
漏割、割不断或割茬不整齐	动、定刀片磨损、脱落或折断	研磨或更换刀片
	动刀行程不够或割刀间隙不对	调整
	动、定刀片间有泥土、草屑或缺油	清扫、加油
	收割倒伏作物时，分禾板前端离地面太高需调整	调整
拔出植株	收割时行驶速度太快	降低收割行驶速度
	割刀间隙不对	调整割刀间隙
割刀不动	异物卡住割刀	清理异物
	轴承或连杆损坏	调整位置，更换损坏件
	割台轴与割刀轴传动处齿轮或平键损坏	更换损坏零件

续表

故障现象	故障原因	处理方法
茎秆在切割装置前堵塞或根部在拨禾装置处滞后	拨指皮带松、断、变形	调整或更换
	拨禾星轮相对位置偏差或星轮损坏	调整或更换
	割台驱动皮带松或损坏	调整或更换
下输送堵塞	下输送链条松或损坏	调整或更换
	下输送导禾杆变形或调整不当	矫正或调整
	防缠杆变形或调整不当	矫正或调整
上输送穗头乱	输送拨指和导杆调整不当	调整
	输送拨指损坏	更换
上输送链不转	上输送链轮平键损坏	更换
	拨指滑道过宽，造成拨指飞出	调整拨指滑道宽度
	上输送链条松或损坏	调整或更换
纵输送链不转	链轮平键损坏	更换平键
	纵输送链松或损坏	调整或更换
茎秆卷入纵输送链	防缠杆相对位置偏移或变形	调整或矫正
下输送至纵输送的交接口堵塞	下输送链或纵输送链链条松	调整或更换
	下输送与纵输送位置不正确	调整
	纵输送夹持杆架调整不当或变形	调整或矫正
	纵输送夹持杆变形或损坏	矫正或更换
纵输送茎秆受阻，流动不畅	链条松或损坏	调整或更换
	纵输送夹持杆架调整不当或变形	调整或矫正
	纵输送夹持杆相对位置偏移或变形	调整或矫正、更换
辅助输送链和喂入链交接口堵塞	辅助输送链或喂入链链条松或损坏	调整或更换
	导杆相对位置偏移或变形	调整或矫正
	喂入链和茎秆夹持器间隙过大	调整
割台升降失灵	限位开关损坏	更换
	喂入电机损坏	更换

表 3-5　脱粒部常见故障与处理方法

故障现象	故障原因	处理方法
清选后谷粒中有小枝梗、草屑、穗头等杂物	发动机的转速达不到标准转速	适当加大油门，提高发动机转速
	主风扇传动皮带的张紧度过松	调整风扇传动皮带的张紧度
	振动筛叶片磨损或脱落	更换破损的振动筛

续表

故障现象	故障原因	处理方法
清选后谷粒中有小枝梗、草屑、穗头等杂物	清选手柄位置调节不当	调节清选手柄的位置
	脱粒深度过深	调浅脱粒深度
振动筛尾部抛扬的茎秆中夹带籽粒过多	主风扇风力调节不当	作物潮湿时，风力调大；作物干燥时，风力调小
	振动筛清选手柄位置调节不当	及时调节
	送尘手柄的位置选择不当	重新调节
	发动机转速偏高	降低发动机转速
	作物密度过大	降低收割机速度或减小割幅
	谷物的水分过高	干燥后收割
	清选皮带松动	调节清选皮带的张紧度
	振动筛传动皮带松动	调节振动筛皮带的张紧度
	脱粒离合器皮带松动	调节脱粒离合器皮带的张紧度

第四章　插秧机的安全操作和维护保养

插秧机是高效的作业机械，按操作方式可分为步行式插秧机和乘坐式插秧机。按插秧速度可分为普通插秧机和高速插秧机。目前高速乘坐式插秧机使用最为广泛。

第一节　水稻插秧机概述

插秧机用于水田移栽秧苗，包括带土移栽和无土移栽（水洗苗移栽）两种机械。日本旱育稀植带土苗技术引进后，无土移栽插秧机已较少使用。本节主要介绍带土苗移栽插秧机的一般构造，如图 4-1 所示。无论是步行式还是乘坐式插秧机，其主要由以下几个部分组成：动力机、传动系统、送秧机构、栽植机构和行走装置，下面将分别介绍。

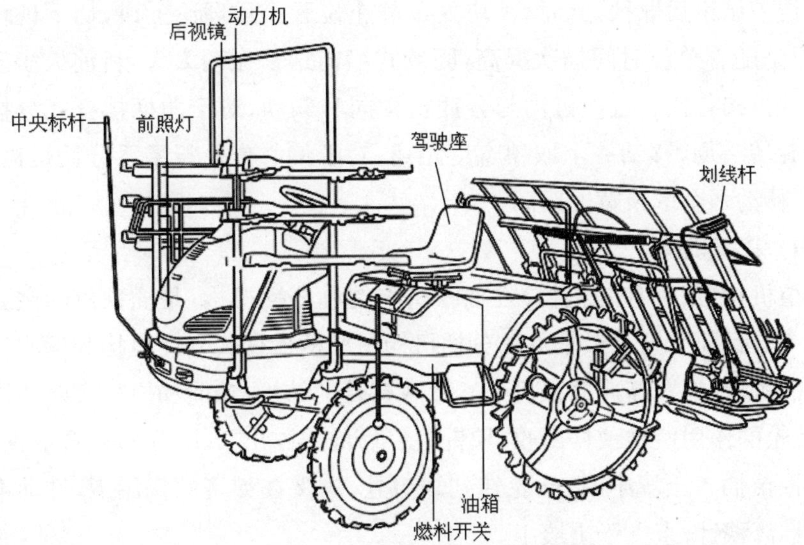

图 4-1　高速乘坐式插秧机

一、水稻插秧机的一般构造

(一) 动力机

动力机有汽油发动机和柴油发动机两种。日本生产的各种型式插秧机均采用汽油发动机,其优点为:质量轻(同样马力是柴油机质量的1/3)、启动方便。缺点是油料价格高(相同功率消耗下)。插秧机所用的小马力汽油发动机,制造工艺要求较高,使用可靠性要求高。

(二) 传动系统

将发动机动力传递到各工作部件,主要有两个方向:传向驱动地轮和由万向节传送到传动箱,传动箱又将动力传递到送秧机构和分插机构。分插机构前级传动配有安全离合器,防止秧针取秧卡住时损坏工作部件。传动箱是传动系统中间环节,又是送秧机构的主要工作部件。传动箱中主动轴上有螺旋线槽(凸轮滑道),从动轴上固定着滑块,当主动轴转动时,滑块在螺旋线槽作用下横向送动,将主动轴的转动变成滑块和从动轴的移动,该轴的移动即是横向送秧的动力来源。

(三) 送秧机构

在每次分插机构取秧后,秧苗移动,秧块填补已取秧位置,为下一次取秧做准备。送秧分横向和纵向两种,每横向取完一排秧苗,纵向送秧一次,将秧苗推向下方,为取下一排秧做准备。横向送秧分为连续式和间歇式:间歇式是在每次横向送秧结束后取秧,此时,秧块处于静止位置。从理论上讲,切下秧块比较平整,但是随着单位时间插次提高,间歇式横向送秧振动太大,目前大多已被连续式送秧机构替代。送秧机构与分插机构同步联动,对于曲柄摇杆式分插机构是曲柄旋转一周,移动一个取秧宽度距离;对于偏心齿轮行星系分插机构,则旋转一周,移动两个取秧宽度距离。

(四) 栽植机构

栽植机构(或称移栽机构)在插秧机上统称分插机构,是插秧机的主要工作部件之一。目前市场上最常见的分插机构是曲柄摇杆式分插机构和偏心齿轮行星系分插机构(配置高速插秧机上),其栽植臂的结构、功能和原理大致相同。取秧前,凸轮的作用使推秧杆回收,秧针(秧爪)前部腾出2 cm左右位置取秧,当秧针随同秧苗插入土壤中时,凸轮转到缺口处,拨叉在弹簧的作用下,推动推秧杆将秧苗推离秧针,直立于土壤中。

（五）行走装置

插秧机的行走装置由行走轮和船体两部分组成。常用的行走装置（除船体外）分为四轮、二轮和独轮三种，所用的行走轮都具备以下三个性质：

1. 泥水中有较好的驱动性，轮圈上附加加力板。

2. 轮圈和加力板不易挂泥。

3. 具有良好的转向性能。

插秧机到地头要转向 180°，因此要求有较好的转向功能。四轮行走装置的转向是由前轮引导的，二轮行走装置由每个轮子的离合制动作用来完成转向，国产 2ZT 系列插秧机（乘坐式）是依靠独轮转向来完成整机转向。而日本所产的独轮步行机是依靠操作者提升浮子摆动扶手完成。

日本所产的插秧机，无论是乘坐式还是步行式插秧机，其船体部分均为分体液力自动控制浮子式，其优点是承重能力强、防陷、消除水浪和防壅泥等性能均较船板式优越，但其液压件加工精度要求高，成本也较船板式高。国产插秧机配置的船板基本上仅适应东北三省水稻种植工作要求，但在泥脚较深和含沙量较少的土壤中，仍然会产生下陷，壅泥、壅水推倒已插秧苗的问题。特别是在南方双季稻地区，春季稻收获后，不可能在平整土地后有两、三天作为土壤沉淀的时间，船板式壅水、壅泥的现象十分严重。也曾在结构上采取一些改进措施，但在部分地区仍然不能根本解决壅水、壅泥带来的漂秧、埋秧等问题。

二、水稻插秧机产品型号命名

按照 JB/T 8574—2013 中规定编制型号：

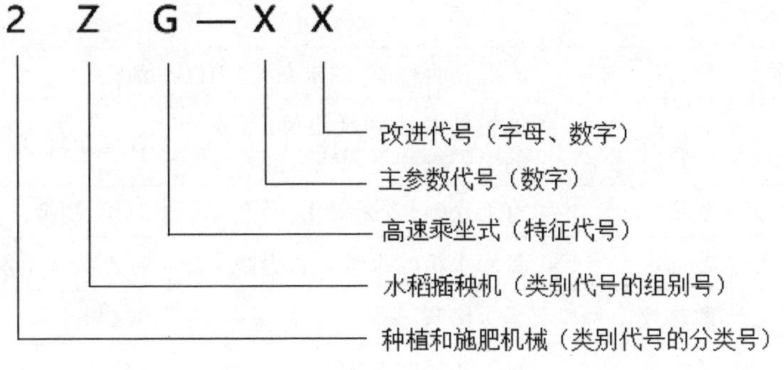

第二节　插秧机的检查与调整

一、插秧机的检查

(一) 运转前的检查

为了确保插秧机在工作中能正常使用，最大程度地发挥插秧机的性能，保持机器经久耐用，使用前需要进行必要的检查，如果是新车需要进行磨合运转。首先，应选择在地势平坦的场所进行，避免在通风不良的保管室或仓库内启动发动机，以防止发动机废气引起废气中毒。磨合运转期间，应以低速行驶，避免突然发动或急刹车操作、超负载的插秧作业等；在寒冷天或冬季应对发动机充分进行预热运转。

在加油、更换机油、加注黄油、检查机器时应挂上停车制动器，确定发动机已经关停，周围没有火源后进行。在抬起插秧部检查插秧爪等部件时，应使用液压升降锁定功能的同时再以支架等进行支撑，以防止插秧部落下。

(二) 日常检查

检查部位		检查后发现异常	处理方法
查看机体四周各部位			
轮胎		磨损或损坏	更换
各种钢丝、手柄支点部、滑动部		松弛或损坏 动作状态异常	更换 加油
插秧爪、推出杆		磨损、破损或变形 有石子等异物夹在其中	调整或更换 清除
打开机罩			
空气滤清器		滤芯是否变脏，或被灰尘堵住	清扫
发动机油		油量是否达到规定量(油量计的上限线和下限线之间)	补充至规定量
交流发电机驱动皮带		有无松弛、有无损伤	调整、更换
散热器	冷却水	备用水箱的水量是否为规定量	补充清水至规定量
	散热片	是否堵塞	清扫
软管、配管		是否漏油或漏水	拧紧安装部分或更换
配线电线		接头是否脱落 保护层是否损伤	重新接好 更换

续表

打开驾驶座上主开关			
主仪表盘	充电指示灯	指示灯是否亮灯 发动机启动后是否熄灭	检查电线、交流发电机的连接器是否脱落
	燃料计	有无作业所需的燃料 指针是否动作	补充燃料
	水温计	指针是否动作	检查备用箱水量是否补充至规定量
	各种监控器指示灯、蜂鸣器	指示灯是否亮灯、蜂鸣器是否鸣响	给蓄电池充电或进行更换 检查是否灯泡烧坏、保险丝熔断以及配线电线脱落
	机油指示灯	是否亮灯 发动机启动后是否熄灭	不亮及时维修 补充机油至规定量
查看启动发动机	刹车踏板	踩下后是否停止	不工作应及时维修

二、插秧机主要调整

（一）标准取秧量调整

取秧量是指插秧机每插一穴中的秧苗棵数，它是由水稻品种和育秧盘中的播种量决定的，有的水稻品种分蘖能力强，如杂交稻，每穴一般只需要1～3棵；有的品种生产期较短，成熟早，如早稻，每穴就需要5～6棵。这就要对插秧机的取秧量进行调整。插秧机纵向取秧量的多少可通过调整纵向取秧量调节手柄，根据苗床的情况进行调节，通常在插秧机秧箱后部有一调节杆和有一排卡口的卡槽，调节杆在不同的卡口则纵向取秧量不同，可在一定范围内进行多个阶段的调节。取秧量的多少由秧针相对于秧箱下部取秧口的位置决定，秧箱的位置低则取秧量大，相反则小。当取苗量较少时，向多的方向扳动纵向取秧量调节手柄；当取苗量较多时，向少的方向扳动纵向取秧量调节手柄。但是插秧机在使用一段时间后，会出现插秧爪磨损，调整纵向取秧量调节手柄也无法达到所需取秧量的情况，就需要进行标准取秧量调整。

调整步骤及方法：

1. 将油压锁定手柄置于“闭”的位置。

2. 将插秧离合器置于“插秧”位置。

3. 将纵向取秧量调节手柄设置在标准位置。

4. 把量规放在滑动板的凹槽上，然后用手转动旋转箱。

5. 松开紧固栽植臂的两个螺栓，直到插秧爪碰到量规。

6. 使插秧爪的前端抬起，然后轻轻对在量规上，用螺钉旋具或者扳手左或右旋转调节螺栓，直到对准量规面的第 2 条线（说明：调节螺栓左旋插秧爪下降，调节螺栓右旋插秧爪上升）。

（二）横向取秧量调整

横向取秧一般采用移动秧箱的方法，使秧爪在秧箱的工作幅宽内依次均匀取秧，故横向送秧机构常简称为移箱器，横向取秧量是指秧针把秧毯横沿向分割的秧块大小。插秧机的秧毯宽度是定值，横向取秧量的大小是由秧苗箱横向移动的速度和秧针的取秧次数决定。通常插秧机的秧针的取秧速度在前期的插秧密度（株距）已确定，横向取秧量的调节实质是调整秧苗箱横向移箱速度，因此调节装置位于插秧机移箱机构处，通常位于插秧机栽植机构的秧箱的后部。调节标示为每一个单向行程的移箱秧针取秧次数，通常有 16、18、20、22、24 等，各生产厂家的数值、挡位不同，在购机时要注意，应该根据自己的生产需要选择。

（三）纵向送秧量调整

纵向送秧机构习惯上简称送秧机构，其作用是当秧针把前面靠近秧门处的秧苗取走后，定时、定量地把后面的秧苗从纵向推送到秧门处，并保证秧苗始终靠向秧门，使秧针每次取秧量尽量准确一致。当纵向凸轮轴磨损后，纵向送秧量会减少，严重时会导致缺秧、堵秧。

纵向输送量调整。首先，在纵向输送带上标记，然后调整纵向输送调整螺栓，试运转插植部。当载秧台运转到最左端或最右端时，纵向输送凸轮会使纵向输送带运动一次，量取纵向输送带的移动距离，当达到标准 10 mm 时即可。取苗量调节手柄在标准位置是因为标准取苗量调整与纵向输送是有联系的。

（四）插秧深度调节

根据田块或秧苗的具体条件，用插秧深度调节手柄调节栽插深度，可在 1～5 cm 范围内进行大约 5 个阶段的调节，插秧深度以 2～3 cm 比较适宜。过浅容易漂秧，造成漏插，进而影响水稻产量，需人工补插，增加成本。过深，则容易使秧苗折断，分蘖少，返青慢而影响产量。插秧深度一般根据田块的土壤状况来调整的。如果田块过软而导致浮舟下沉，插秧深度变深时，应注意调节插秧深度。

插秧机深度的调整。根据农艺生产要求，机插秧深度应达到“不漂不倒，越浅越好”。早稻的插秧深度一般为 10 mm，插秧深度调节是通过插秧深度调节手柄来调整的，共四个挡位，往上为浅，往下为深。还可通过换装浮板支架上的插孔来调节插深。

（五）插秧株距调整

通常水稻插秧机的行距是一定的，根据水稻各个品种的生长习性，合理密植，获得高产，就必须要计算出每个水稻品种的亩穴数，再根据亩穴数计算出该品种的株距是多少，然后对插秧机的株距进行调整。水稻插秧机插秧株距由插秧机前进速度和栽植臂的旋转速度之比所决定，改变二者的比率即可改变插秧株距。通常插秧机的前进速度和栽植臂的旋转速度比是由变速箱中的对应齿轮齿数比决定的，通过改变对应齿轮齿数比就可以改变插秧株距。因此，插秧株距的调节杆通常位于变速箱上。四轮乘坐式高速插秧机变速箱位于操作者的座位下方，株距调节杆通常位于操作者的脚下位置。两轮手扶步行式插秧机变速箱位于发动机和栽植机构之间位置，即插秧机的中间位置，株距调节杆通常位于插秧机的中间位置的侧边。

独轮拖板乘坐式插秧机变速箱位于插秧机的前部，行走轮上部，株距调节杆通常位于此。不同生产厂家生产的插秧机株距调节杆位置稍有不同，但无明显差异。在株距调节杆的调节标示上通常有两组标示数值，一组表示株距，单位为厘米；另一组表示密度，表示单位面积所插植的丛数，通常国产插秧机表示每平方米的丛数，日本产插秧机表示每坪（1 坪 = 3.305 7 m^2）的丛数。应根据水稻品种、秧苗大小、大田肥质来确定插秧的株距。株距通过株距调节手柄进行调整。

（六）每穴秧苗数的调整

水稻品种不同，每穴秧苗株数也不同。一般每穴秧苗为 3～5 株，如不对，应通过调节纵向取秧量和横向送秧量来调节秧针取秧量，从而改变机插时每穴株数。调节手柄位置每调整一挡，就改变取苗量 1 mm。通常手柄向左调，取秧量增多；向右调，取秧量减少。一般先固定横向送秧的挡位位置后，再用手柄改变调整纵向取秧量，以保证机插后每穴合理的秧苗数。

（七）插秧爪在取苗口居中间隙的调整

插秧机使用一段时间或更换新的秧爪时，由于磨损等原因，会导致取苗量发生变化，因此有必要定期使用秧规对取苗口与秧爪间隙进行点检校正。另外，每次更换栽植臂、回转箱时也必须点检和调整，点检和调整方法如下：

1. 注意事项。

(1) 载秧台升起后锁住,载秧台升降开关置于"下降停止"位置,关闭发动机。载秧台移至中间位置时调整(避免载秧台在最左或最右位置时调整);

(2) 栽植手柄置于"栽植合"位置;

(3) 主变速手柄置于"N 挡"位置;

(4) 纵向取苗量手柄置于"中"位置。

2. 点检方法。

(1) 载秧台移至中间位置时调整(避免载秧台在最左或最右位置时调整);

(2) 将秧规放入取苗口点检秧爪位置,秧规上写有 19 字样面朝上放置在取苗口,如图 4-2 所示;

图 4-2 秧规

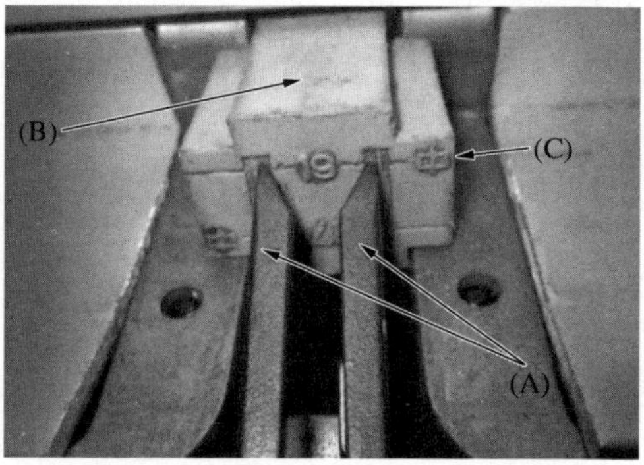

图 4-3 (A)秧爪(B)秧规(C)"中"位置

(3) 旋转回转箱,确认点检秧爪前段位置是否与"中"位置对齐,如不在中间位置,则进行调整,如图 4-3 所示。

3. 调节方法。

(1) 纵向取苗量调节手柄至于"中"位置;

(2) 松开栽植臂固定螺栓 M8×30(2 颗);

(3) 一边向上抬起栽植臂,一边用一字螺丝刀旋转调节销进行调节,使秧爪的前端与秧规的"中"位置对齐;

(4) 拧紧栽植臂固定螺栓 M8×30(2 颗)。

(八) 主要操作手柄的调整

1. 栽植离合器手柄。当栽植离合器手柄处于结合的位置时,栽植臂开始动作为合格。

2. 各分插植离合器手柄。插秧机使用一段时间后，由于淤泥进入轴孔内，使分插植离合器不能正常工作，栽植臂不动作。所以，应定期清洗淤泥，并检查调整各分插植离合器手柄。

（九）各部分皮带的检查与调整

检查各部分皮带是否有烧结或磨损、保护层脱落、龟裂或裂纹。

1. 发动机三角带张紧度的检查调整方法。用手指在 V 带中部位置可以压下 1～2 cm 的张紧度为宜。可通过改变柴油机在动力架上固定的前后位置来调整。如图 4-4 所示。

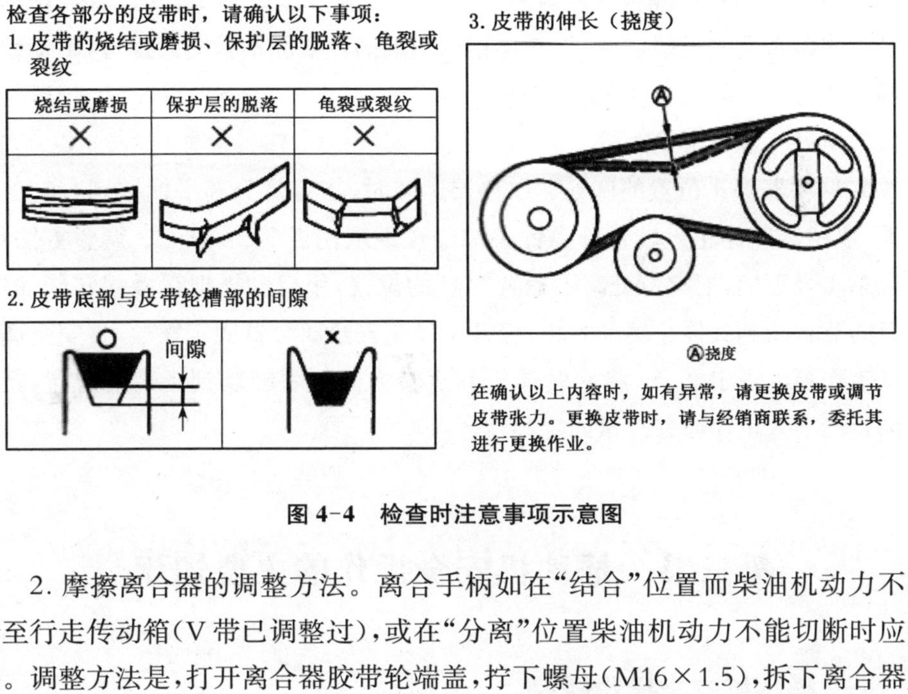

图 4-4　检查时注意事项示意图

2. 摩擦离合器的调整方法。离合手柄如在“结合”位置而柴油机动力不能传至行走传动箱（V 带已调整过），或在“分离”位置柴油机动力不能切断时应调整。调整方法是，打开离合器胶带轮端盖，拧下螺母（M16×1.5），拆下离合器皮带轮，当离合器打滑时（动力不能传递时），将调整垫片减少；当离合器分离不彻底时（动力不能切断时），应增加调整垫片并检查摩擦片是否可用，如不可用则更换。

3. 秧箱角度的调整方法。正常时，秧箱与水平面约倾斜 50°。调整方法是，松开上滚轮 U 型螺栓螺母及下滚轮螺母，转动 U 型螺栓，使秧箱与水平夹角为 50°左右，固定上滚轮 U 型螺栓，然后调整下滚轮，使其与移箱滑道有效结合后，固定下滚轮螺母。

4. 取秧量的调整方法。根据育苗的稀密程度，用取秧量标准块逐一进行调整，直至达到满意的株数要求为止。调整办法是，松开取秧器仰角调整螺栓，调整取秧器仰角大小，并使所有取秧器仰角一致。

5. 插秧深浅的调整方法。拆下升降杆上的定位钢丝，旋转调整丝杠，保持插秧深度在 2 cm 左右为宜。

6. 分离针与秧门侧间隙的调整方法。分离针与秧门侧间隙以 1.25～1.75 mm且与两侧间隙均等为宜，即分离针处于秧门口中间位置。调整方法是，松开取秧器端盖上的锁紧销子，用木锤轻轻敲出，然后向左或向右调整取秧器，调整合适后锁紧销子。

7. 分离针与秧箱隔板头间隙的调整方法。在发动机不工作时，将秧箱移动到最左或最右端的极限位置，松开移箱轴两端的秧箱驱动臂夹紧螺母，串动秧箱使各分离针与秧箱隔板头的间隙均等，且最小不小于 1 mm，再拧紧螺母，使秧箱移动至另一端时再检查。

8. 取秧器停止位置的调整。取秧器运转时，当定位分离手柄按到“离”的位置上，取秧器应停止运转且分离针尖端停在距尾托板 7 cm 以上。调整方法为，结合总离合手柄，把定位分离手柄置“离”的位置，用启动摇把缓慢摇转柴油机，使万向节转动到其停止转动为止，松开工作箱安全离合器固定螺栓，将安全离合器从工作箱内退出 2 cm，将回转体按其运转方向用手转动到正确的位置，把安全离合器推入工作箱并拧紧固定螺栓。

第三节　插秧机安全操作的主要知识

一、插秧机安全操作规程

(一) 高速插秧机作业对秧苗的技术要求

机插秧苗应使用规格化培育的毯状带土秧苗，通过软盘育秧技术培育出适合机插秧技术的秧苗。取苗及秧苗运输时应防止秧盘变形断裂。

(二) 适合机插秧的田块应具备的条件

根据土壤性状采用相应的耕整形式，机械化作业深度不超过 20 cm，田面平整要求田块内高低落差不大于 3 cm，在 3 cm 水层条件下，高不露墩，低不淹苗。保持田面整洁，清除田面过量残物。泥土达到上细下粗，细而不剩，上烂下实，插秧作业时不壅泥、不陷机。泥浆沉实，达到泥水分清，沉淀不板结，水深在 0.5～15 cm。

（三）插秧机试运转

1. 检查和调整各传动部件及传动紧固件、取秧器和其他运动部件，检查和调整秧针、取秧器、秧箱、导轨、秧门等部件及各部件间隙，检查和调整取秧器位置，检查发动机燃油和机油、齿轮箱的机油、各传动摩擦部位的润滑油。

2. 将插秧机变速杆位置放在"空挡"位置，进行空车试运转。检查"空挡"、栽植臂与取秧器、秧箱、送秧皮带。所有转动部件运转灵活、无碰撞、卡滞现象。

3. 离合手柄、定位手柄置于"离"的位置，变速手柄置于"空挡"的位置。人员不得靠近机器，启动发动机，检查和调整各离合器手柄、纵向送苗量、"定位分离手柄"分离时栽植机构停止位置；检查和调整变速挡位和左右转向机构，检查和调整液压升降系统和液压仿形系统。

二、插秧机的田间作业技术要领

下田插秧前还要对插秧机做一次全面仔细的检查和调试，以确保插秧机能正常工作。并根据大田肥力、水稻品种等，对插秧机的株距、插秧的深度、每穴的秧苗株数等进行检查和调整。

1. 插秧机的运送。短距离运送可开到田边，长距离运送，选用适宜的运输工具，把插秧机固定牢固。

2. 根据具体情况作业。根据秧苗的情况，按当地农艺要求调节纵向送苗量、适宜的取苗量及选择合适的插秧株距挡位。

3. 启动插秧机。插秧机缓慢驶入田中，首次装秧时，将秧箱移到左或右侧极限位置后，再装秧，作业中秧箱上有一行没有秧苗时，将各行剩余秧苗取出，秧箱移到最左或最右端后，重新补给秧苗。

4. 秧块放置。秧块放置在秧箱上应展平，底部紧贴秧箱。秧块放好后，将压苗器压下。压苗器压紧程度应使秧苗能在秧箱上滑动，而不上下跳动。

5. 弄清稻田形状，确定插秧方向。在田块四周留有一个工作幅宽的余地，田块中间插完后，插秧机沿田块边进行网边插秧作业，驶出田块并进入下一田块。

6. 插秧深度的调整。插秧前根据农艺要求预设插深，在田中试插秧一段后，依据田块及插秧深浅情况调整插秧深度。

7. 插秧作业注意事项。插秧的基准应保持直线性：田间转弯时，应停止栽植部件工作，即转弯时禁止插秧；调整、检查时，应在柴油机熄火状态下进行。每天作业前检查发动机油料，注油处的注油情况，取秧器的侧间隙（取秧器是否在秧门梁秧门口中间），各个取秧器取苗量是否一致，液压升降灵敏性，确认各紧固部件的紧固状态。

三、插秧作业路线

科学的插秧作业路线，合理安排装秧地点，可提高插秧作业效率。主要有两种作业路线：

第一种：插秧时，先在田埂周围留下一排即四行宽的余地。插秧机从田块的左侧下田插第一排。然后紧靠第一排，插第二排……最后沿田埂四周插完留下的一排，插秧机再出田。

第二种：第一排直接靠田埂左侧下田插秧，田头两边留两排即八行宽的余地，然后一排紧靠一排插秧，当插到田地右侧时，留一排四行宽的余地，再把田头两排八行插完，再插田的右侧留下的一排，插秧机再出田。

掌握操作技术，精心驾驶。这是提高机插秧质量，确保夺高产的重要环节。在插秧作业时，一是插秧机要保持匀速前进，不能忽快忽慢或频繁停机。作业行走路线要保持直线性，行走中尽量不用捏转向手把或猛烈扳动扶手架方法来纠正插秧机前进作业的直线性，以防急弯造成漏插或重插。二是边插秧边观察，发现问题，及时解决排除。同时注意送苗辊在苗箱槽口的工作情况，若发现槽口有秧根或粘土，要及时停机清理，以防止影响插秧质量。三是初装秧苗或秧苗全部插完后，必须把插秧机苗箱移到最左或最右侧，以保证栽插质量。

四、插秧机安全操作注意事项

1. 插秧机的机手和装秧手，要经过全面的技术培训，充分了解插秧机的构造、性能和工作原理，熟练掌握操作要领和注意事项。

2. 启动发动机时，要把主离合器手柄和栽植离合器手柄放到分离位置。

3. 调整取秧量时必须停机熄火，做其他调整、清理秧门或分离针时必须切断主离合器。

4. 插秧作业时，船板上要保持清洁，防止秧苗或其他杂物缠绕传动轴或万向节；机手不得用脚去清理行走地轮与行走传动箱间的杂草和泥土。

5. 经常检查和紧固秧箱支架各部螺栓，防止因螺母脱落造成上滑道损坏。

6. 插秧机转弯前，应及时分离栽植离合器，提升栽植部，防止损坏传动万向节部件。

7. 装秧手在装秧或整理秧苗时，手要远离秧门，防止被分离针刺伤。

8. 过田埂时要注意秧门不被碰撞，过田埂时要搭上木板，慢速通过。

9. 在插秧作业中发生陷机时，不要抬传动总成和链轮箱等传动部件，应抬起整机，或在行走地轮或辐条间加一个木杠，使插秧机自行爬出。

10. 机手要严格按照说明书的要求，适时对各部位进行检查和调整；需要润滑的部位，应按照润滑周期表和润滑油脂品牌要求，及时加注或更换。

第四节　插秧机作业后的维护保养和入库保养

一、插秧机作业后的维护保养

1. 作业结束后立即用水冲洗。发动机中速运转状态下，用水冲洗，应完全清除污物。清洗后不要立即停止运转，而应继续转 2～3 min，注意防止水进入空气滤清器。清理插秧机上的泥土杂物，切勿向发动机机罩内部或驾驶座下部电气装置喷水，以免引起故障。水田轮、栽植机构等转动部件，如有杂物应予以清除。

2. 清理干净后，及时进行各部位的检查，发现问题立即解决。对整机上各紧固螺丝、螺帽进行检查，发现松动要及时紧固；对主离合器、插秧离合器、秧针与导轨的间隙、秧针与苗箱的间隙等进行检查调整。

3. 检查电器线路有无破损、脱落的地方。油路、水路管道有无漏油、漏水。发现损坏及时更换。

4. 加注或补充燃油和润滑油，在加油前应首先擦掉附着的水。检查发动机、齿轮箱中的油料，检查时应将机器停放在平坦的场所，如机身倾斜，则不能显示正确的油量，在发动机关停后 5 min 以上再进行检查，不足时及时添加。对各运动、摩擦部位加注机油或黄油进行润滑。发动机首次使用 5 h 后更换机油，以后每工作 50 h 换一次机油，每工作 200 h 更换一次燃料滤清器总成。

5. 发动机机油滤清器滤芯的更换。打开发动机室，在更换发动机机油的同时更换滤芯，先将机油补充到油量标记的上限后，使发动机运转 5 min 左右，检查各部分及油压(机油指示灯)有无异常。然后关停发动机，再次确认油位是否在油量计的规定范围内。

6. 空气滤清器滤芯的检查、清扫和更换。打开发动机机罩，拆下 2 处夹子，然后清除集尘杯内侧的灰尘。清扫滤芯时，从滤芯内侧喷吹空气或轻轻晃动，除去灰尘，如果脏污严重，及时更换。

7. 取秧器内要加机油及少许锂基润滑脂，发动机机油箱务必加 CC-30 机油，不要加 CD、CE 级及以上型号的。各注油处应充分注油并及时更换机油。

8. 散热器冷却水的检查与更换。在发动机停止运转冷却后再打开散热器盖和备用水箱，以免热水溅出，打开后确认备用水箱中的水量是否在“LOW”下线和“FULL”上线之间，如果低于下线及时卸下箱盖补加清水。

9. 整个操作作业过程中，机手要注意安全。对插秧机进行维护保养时，要在发动机熄火的情况下进行，以防发生事故。清洗干净和检查保养后的插秧机，应存放在灰尘少、湿度低、避光且不含腐蚀性物质的场所。

二、入库保养

插秧季节过后，如果下一年以前长期不使用插秧机，在入库收藏前应认真做好各部分的检查和保养工作。

1. 停入机库中用防尘罩遮盖，随车配件、说明书、工具放入纸箱中与插秧机一起保存。存放在平坦、干燥通风、无雨水侵袭、避免阳光照射的场地，存放地点应远离农药、化肥等腐蚀性物品。

2. 插秧机各部清洗干净，各操作手柄、转向、滑动部分无磨损，各损坏部件已维修或更换。将机身停放在平坦的场所，水洗后擦拭干净污垢和水滴，清洗机身时切勿将水溅到电气部件上，然后用浸有机油的布进行擦拭。

3. 将发动机化油器、燃油过滤器中的油料放尽后启动至自然熄火状态，清洗化油器、燃油过滤器，关闭燃油开关。

4. 给各连接部、连接支点和需要的部位涂抹黄油进行润滑，尤其是秧爪的前端等容易生锈的部位涂抹黄油，并给各加油处加油，如果涂抹的黄油或机油附着在纵向传送皮带上，一定要擦拭干净。

5. 检查各部件是否松动，并根据情况予以紧固。

6. 散热器冷却水。为防止发动机冬季冻结破裂，应排出冷却水或加入混合有防冻液(长效防冻液)的清水。在补充或更换冷却水时,应向散热器或备用水箱中适量注入按适当比例混合后的冷却水。

7. 长期闲置不用时,应尽可能将蓄电池从机器上卸下。另外,在保管时还应注意以下几点:

(1) 收藏前应进行检查,并根据需要进行充电。(对于加水型蓄电池,应先加水后充电);

(2) 蓄电池在收藏期间会自动放电,因此夏季应每个月检查一次,冬季应每2个月检查一次,并根据需要进行充电;

(3) 蓄电池应存放在阳光直射不到阴凉的干燥场所。

8. 检查及维护作业结束后,如果要将插秧机停放在仓库,应使插秧部接触地面,并将油门手柄推好并固定,挂上停车制动器,拔出主开关钥匙妥善保存。

第五节　水稻插秧机常见故障分析与排除

1. 插秧机插秧过程中,秧爪如遇到石子、砖头等硬块,或者是因秧针变形而触碰到苗箱或导轨,导致栽植臂在运动中阻力增大,此时离合器牙嵌“滑牙”,发出“咔咔”声。此时应立即断开动力,排除前述原因产生的故障,调整变形部位,保护栽植部分的各个部件。

2. 插秧机插秧时如出现连续漏插,可能的原因是:

(1) 加苗、补苗不规范,造成栽植臂取不到苗;

(2) 取苗口有杂物;

(3) 秧针变形;

(4) 育秧时播种不均匀造成秧块秧苗不齐;

(5) 秧块缺水,造成秧块自由下滑不畅。故障产生后应及时处理。

3. 立秧差或发生浮苗原因:秧苗苗床水分过多或过少,插秧深度调节不当,水田表土过硬或过软,秧爪磨损。排除方法:除采取对应措施外,可减慢插秧速度,非乘坐式插秧机还可往下压把手。

4. 穴株数偏多,每穴标准株数为3～5株。穴株数偏多的主要原因:苗床土水分过大,取秧量调节不当。应采取对应措施予以解决。

5. 插过秧后秧苗散乱原因:推秧器推出行程小,苗床过干或水分过大,苗片与苗片衔头间贴合不紧,水田表土过硬或过软。排除方法：除采取相对应措施外,可降低插秧速度、更换秧爪、清理或更换导秧槽。

6. 漏穴超标。机动插秧机露穴率一般不应超过 0.5%。漏穴的主要原因是：苗田播种不均匀,秧苗拱起或秧苗卡秧门,取秧口有夹杂物,秧苗盘超宽造成纵向送秧困难。排除方法：重新装秧苗,或将秧苗切割为标准宽度,清除秧苗杂物,更换密度不均匀的秧苗。

7. 各行秧苗不均匀原因：苗床土含水量不一致,各行秧针调节不一致,纵向送秧张紧度不一致。排除方法：除采取对应的措施予以解决外,对有的插秧机可逐个调节送秧轮,使每次纵向送秧行程均匀为 11～12 mm。

8. 秧门处积秧原因：秧爪磨损不能充分取苗,秧爪两尖端不齐和秧爪间隔过窄或过宽,秧苗苗床土过厚,苗床土标准厚度为 2.5～3 cm。排除方法：应及时更换新秧爪或校正秧爪的间隔距离。

9. 取秧量忽多忽少原因：取秧量调整螺栓松动,摆杆下孔与连杆轴磨损。排除方法：重新调整取秧量并紧固调整螺栓,更换摆杆及连杆轴。

10. 夹苗原因：分离针尖端磨损,分离针上翘,压板槽磨深,推秧器磨损,导套磨损,推秧弹簧折断,拨叉与凸轮磨损。排除方法：更换磨损零件。

11. 各行间深浅不一致原因：各栽植臂的拨叉、拨叉轴、推秧凸轮等磨损不一致,各个链箱不在同一水平面上。排除方法：先将各个链箱校正于同一个水平面上,然后更换磨损零件。

12. 插深调节失灵原因：升降杆或升降螺母产滑扣,固定销孔磨大,矩形管固定销轴座折断。排除方法：更换升降杆、螺母或销轴,焊接固定销轴座。

13. 分离针碰秧门原因：秧门错位,栽植臂安装不当,栽植臂曲柄内孔磨损,分离针上翘,取秧量调整过大,摆杆轴晃动或下孔磨损。排除方法：将秧门复位并固定,将栽植臂调至正确位置,更换磨损的曲柄或链轴,校正或更换分离针,更换摆杆或摆杆轴及轴承,调小取秧量。

14. 某组栽植臂不工作原因：链箱传动轴折断,链条脱销或折断。排除方法：接上链条,更换传动轴。

15. 秧箱跳槽原因：滑块或滑槽磨损,秧门两端固定螺栓松动,秧门变形,抬把过高,送秧滚轮锈蚀,送秧滚轮螺钉变形。排除方法：先更换滚轮及螺钉,再检查滑块滑槽,若严重磨损应更换;校正秧门固定螺钉,若秧门固定处磨损,可加一长方形垫片;抬把过高时,用起子翘起抬把前端装上新缓冲块。

16. 秧箱不工作原因：指销或螺旋轴磨损；滑套固定螺栓漏装。排除方法：打开工作传动箱盖，更换指销或螺旋轴；若滑套固定螺栓漏装，应重新装上。

17. 送秧抬把手后端过高原因：橡胶缓冲块漏装或损坏。排除方法：用起子撬起抬把前端，装上新缓冲块。

18. 送秧齿轴不转的原因：送秧棘轮钢丝脱落；棘轮槽口磨损；棘爪或扭簧脱落；送秧齿轴轴向窜动。排除方法：先看棘轮、棘爪及扭簧是否完好，若损坏或脱落，应予更换；再拨动送秧螺钉，若棘轮转动而送秧轴不转，说明钢丝网销脱落，将钢丝销装复。

19. 送秧轴工作转角小的原因：桃形轮与送秧凸轮严重磨损。排除方法：打开工作传动箱盖，更换新件。

20. 送秧轴不工作原因：桃形轮定位键损坏或漏装；桃形轮与送秧凸轮卡住；送秧凸轮钢丝销折断或漏装。排除方法：若两轮相卡，则是送秧与桃形轮磨损所致，可卸下送秧凸轮或桃形轮，用锉刀将工作面挫成平滑的弧面，严重磨损的应更换；若键或销损坏应换新件。

21. 送秧轴间歇工作原因：桃形轮回位弹簧或送秧凸轮回位弹簧弹力弱，使桃形轮或送秧凸轮不能回位。排除方法：打开工作传动箱盖，卸下两个回位弹簧，更换新的回位弹簧。

22. 定位离合器分离不彻底原因：调节螺母调整不当；分离销与调节螺母滑扣；离合牙嵌上的定位凸沿磨损；拉簧折断(使用拔叉的定位离合器)。检查方法：先打开定位分离盖，检查调节螺母是否在正确位置，调节螺母及分销是否滑扣，拉簧是否折断。若无问题再拆下动力输出轴总成，检查牙嵌定位凸沿的技术状态。排除方法：将调节螺母调至正确位置；若定位凸沿磨损，可将分离牙嵌啮合面磨去约 0.5 mm；严重磨损应更换。

第五章　植物保护机械的安全使用与维护保养

第一节　植物保护的一般知识

一、植物保护的概念

利用一些方法(物理、化学、生态等),对植物(主要指粮食作物和经济作物)在生长环节中进行保护,使其免受有害生物(病害、虫害、草害)的影响,从而满足植物生长的需要。

自20世纪60年代起许多国家就开始研发高效、低污染的施药技术及其机具,目前有些发达国家已经基本实现植物病、草、虫害防治的高度机械化和"四化"(即专业化、法律化、机具现代化和指标国际化),并向精量化、精准化发展。

二、植保机械类型

1. 按施药液量的多少分类:高容量喷雾机、中容量喷雾机、低容量喷雾机、超低容量喷雾机。

2. 按喷施方法分类:喷雾法、弥雾法、喷粉法、喷烟法、其他方法(生物防治机械,例如:利用害虫的天敌;物理防治机械,例如:诱杀灯、灭虫灯等)。

3. 按农业机械分类(NY/T 1640—2021):喷雾器(含超低量喷雾器)、喷雾机(含喷杆喷雾机、风送喷雾机)、喷粉机(含喷雾喷粉机)、烟雾机、杀虫灯(含黏虫板)、火焰灭活机、植保无人驾驶航空器、植保有人驾驶航空器、毒饵撒布机、草原灭蝗设备、其他植保机械。

第二节　植保机的安全标志使用及注意事项

一、安全警戒符号解释

安全警戒符号的解释见表 5-1。

表 5-1　安全警戒符号的解释

安全警戒符号	解　释
	涉及人身安全，表示如果不避免，将造成死亡或严重伤害的危急危险情况
	涉及人身安全，表示如果不避免，可能造成死亡或严重伤害的潜在危险情况
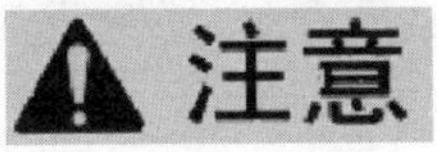	涉及人身安全，表示如果不避免，可能造成较低或中等程度伤害的潜在危险情况

二、安全标志的含义及粘贴位置

安全标志的含义及粘贴位置见表 5-2。

表 5-2　安全标志的含义及粘贴位置

图　案	含　义	粘贴位置
	☞ 运行或维护设备前请阅读使用说明书，遵守安全规范指导； ☞ 作业人员需穿防护服，佩戴防毒面具、耳罩、手套等防护用具； ☞ 禁止使用特殊工作液体； ☞ 在处理农药时，应遵守农药生产厂家提供的操作规范和安全指示； ☞ 喷洒完成后应洗手，清洗防护用具，同时隔离，防止儿童、动物接触； ☞ 严格按照机器规定工作压力作业	面板

续表

图　案	含　义	粘贴位置
	☞ 产品使用前仔细阅读说明书	方向盘处控制面板
	☞ 要与机器保持安全距离； ☞ 禁止乘坐在机器的非乘员位置上； ☞ 要与电源线保持足够的距离，避免喷雾机电击/触电； ☞ 要与机器保持安全距离，避免喷杆折叠时对人造成伤害	机器两侧
	☞ 请穿防护衣，戴防护眼罩及防护口罩，戴防护手套，戴护耳用具，工作完毕注意清洗	清洁水箱处机架外侧
	☞ 作业时请勿靠近传动轴	传动轴护罩
	☞ 机器工作时，请与机器保持安全距离	机器两侧
	☞ 机器保养维修时，发动机熄火，拔下钥匙	发动机启动开关处

续表

图 案	含 义	粘贴位置
	☞ 严禁烟火	油箱、电池
	☞ 禁止进入可移动部件的挤压区	喷杆折叠处升降连杆转轴
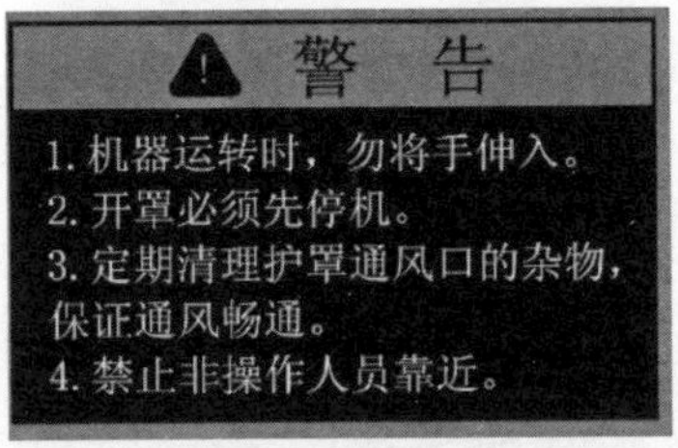	☞ 机器运转时，勿将手伸入； ☞ 开罩必须先停机； ☞ 定期清理护罩通风口； ☞ 禁止非操作人员靠近	发动机前护罩
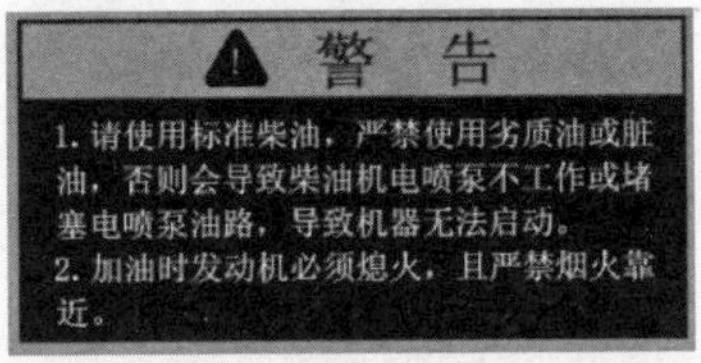	☞ 使用标准柴油； ☞ 加油必须先熄火，且严禁烟火靠近	油箱
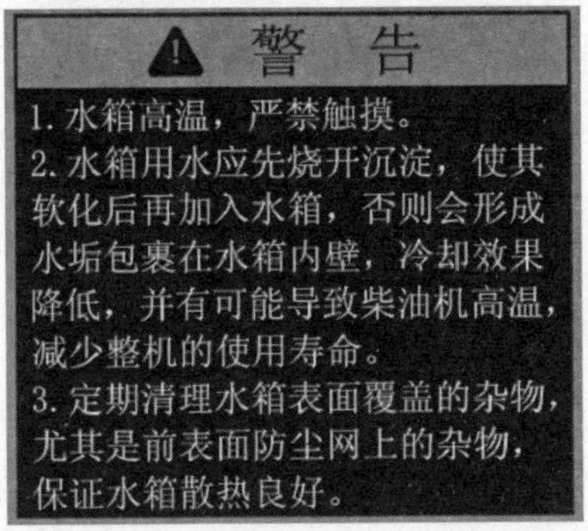	☞ 水箱高温，严禁触摸； ☞ 水箱用水先软化再使用； ☞ 定期清理水箱表面杂物	水箱

续表

图　案	含　义	粘贴位置
警　告 1. 电池充电或点检调整时，必须拔下电池线的负极。 2. 电池电量不足时，严禁采用并联方式连接其余外置电池进行启动，否则会烧毁电喷系统中的ECU，导致机器无法使用。 3. 严禁在未断开电源的情况下插拔电喷系统的线头，否则ECU会自锁保护，导致机器无法使用。	☞ 电池充电或点检必须拔下负极； ☞ 严禁采用并联方式启动机器； ☞ 通电状态下严禁插拔线头	电池
警　告 1. 禁止使用国家明令禁止的各种农药。 2. 禁止将残留农药泄入河流等水源地。 3. 禁止将农药包装随意丢弃。应统一到回收站，按照农药说明书和国家规定的处理方式进行处理	☞ 禁止使用国家明令禁止的各种农药； ☞ 禁止将残余农药泄入河流等水源地； ☞ 禁止将农药包装随意丢弃，应统一到回收站，按照农药说明书和国家规定进行处理	药箱
警　告 1. 加水、加药时严禁取下大滤网，否则杂质易堵塞吸水管过滤器，导致吸水不畅，且会降低柱塞泵的使用寿命。 2. 使用粉剂类药物，施药完毕后请及时清洗药液箱口大滤网、药液箱内壁、吸水管过滤器、胶管内壁、喷头过滤网，防止堵塞。	☞ 加水、加药时严禁取下大滤网； ☞ 使用粉剂药物要及时清理	药箱盖
警　告 1. 停止工作，发动机熄火后，请将电源总开关断开，防止长时间整机电路系统待机耗电，导致电池亏电。 2. 严禁在电源总开关未断开的情况下进行焊接，否则会烧毁电喷系统中的ECU，请务必断开电源总开关后再进行焊接。 3. 在清洗车辆时，请断开电源总开关，注意柴油机电喷系统的线束防水和仪表台的防水。	☞ 停止工作要及时断电； ☞ 通电状态下严禁焊接； ☞ 注意电喷系统和仪表台防水	电源总开关旁边
警　告 1. 请勿擅自改装产品，否则会损坏产品的安全、影响产品的功能并缩短产品使用寿命。 2. 本机转移时，请使用卡车等运输工具进行转移。	☞ 禁止私自改装产品； ☞ 转移时请用运输工具转运	左护罩

续表

<table>
<tr><th>图　案</th><th>含　义</th><th>粘贴位置</th></tr>
<tr><td>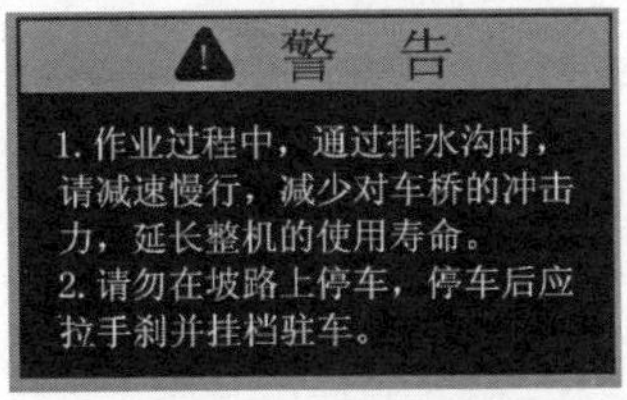
</td><td>☞ 经过排水沟时，减速慢行；
☞ 勿在斜坡停车，停车拉手刹并挂挡驻车。</td><td>右护罩</td></tr>
<tr><td>
</td><td>☞ 作业中，严禁打开防护罩，防止伤害</td><td>旋转部件护罩</td></tr>
<tr><td>
</td><td>☞ 热表面烧伤手指或手掌</td><td>发动机消音器</td></tr>
<tr><td>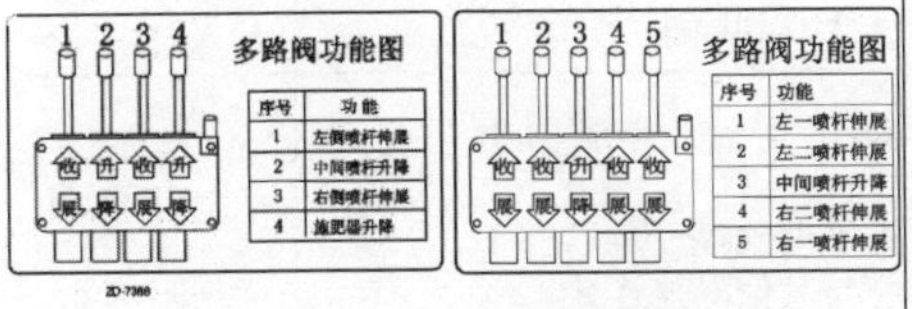
</td><td>☞ 各段喷杆升降、收放示意图</td><td>前挡风玻璃</td></tr>
<tr><td>
</td><td>☞ 喷杆展开、折叠时，下方严禁站人</td><td>喷杆</td></tr>
<tr><td>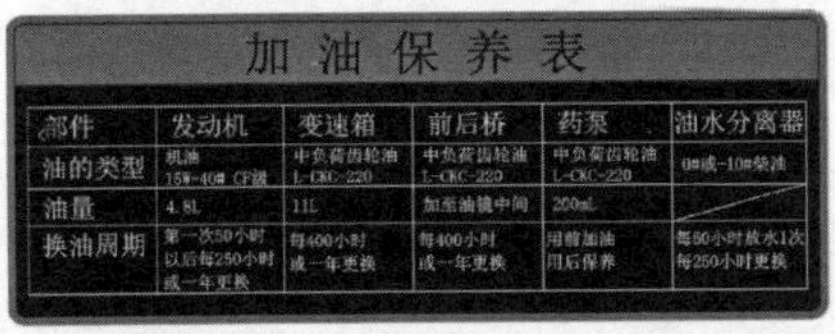
</td><td>☞ 按照要求加油</td><td>油箱</td></tr>
</table>

续表

<table>
<tr><th>图案</th><th>含义</th><th>粘贴位置</th></tr>
<tr><td>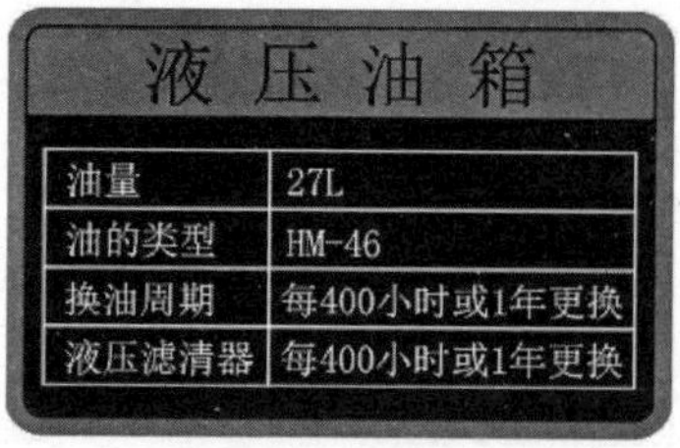</td><td>☞ 按照要求更换液压油</td><td>液压油箱</td></tr>
<tr><td>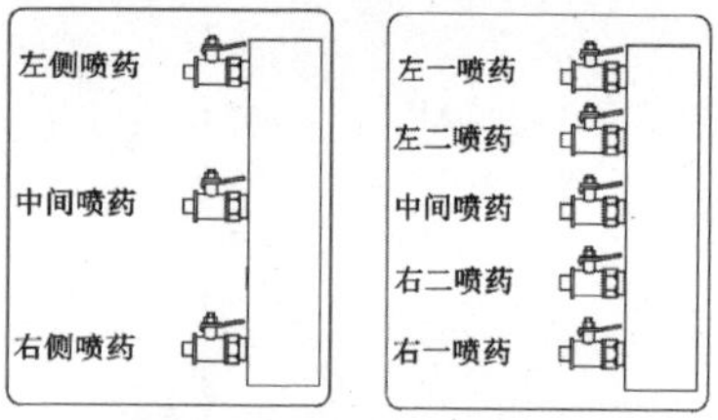</td><td>☞ 各路施药示意图</td><td>分配器</td></tr>
<tr><td>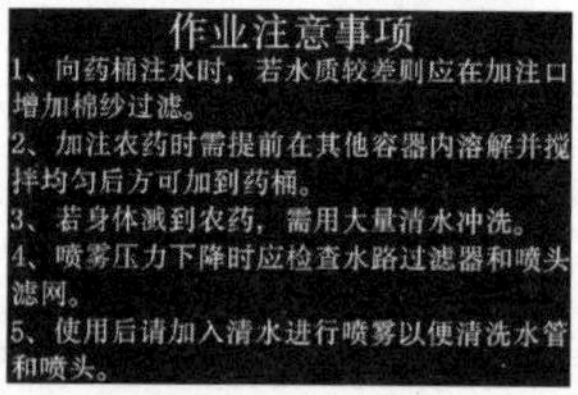</td><td>☞ 向药桶注水时，若水质较差则应在加注口增加棉纱过滤；
☞ 加注农药时，需提前在其他容器内溶解并搅拌均匀后方可加到药桶；
☞ 若身体溅到农药，需用大量清水清洗；
☞ 喷雾压力下降时，应检查水路过滤器和喷头滤网；
☞ 使用后，请加入清水进行喷雾以便清洗水管和喷头</td><td>面板</td></tr>
<tr><td>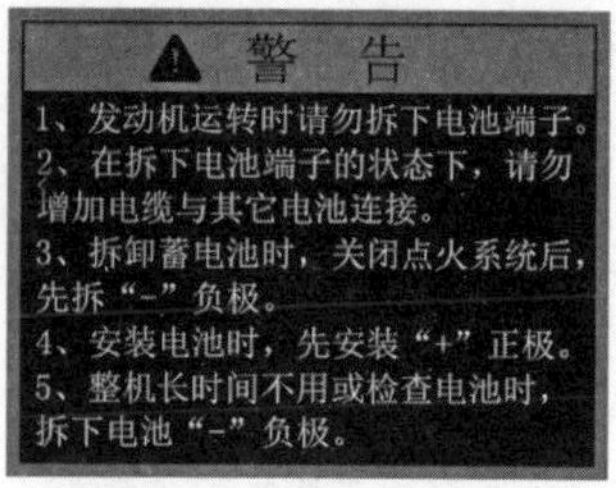</td><td>☞ 发动机运转时，请勿拆下电池端子；
☞ 在拆下电池端子的状态下，勿增加电缆与其他电池连接；
☞ 拆卸蓄电池时，关闭点火系统后，先拆“-”负极；
☞ 装电池时，先安装“+”正极；
☞ 整机长时间不用或检查电池时，拆下电池“-”负极</td><td>电池</td></tr>
<tr><td>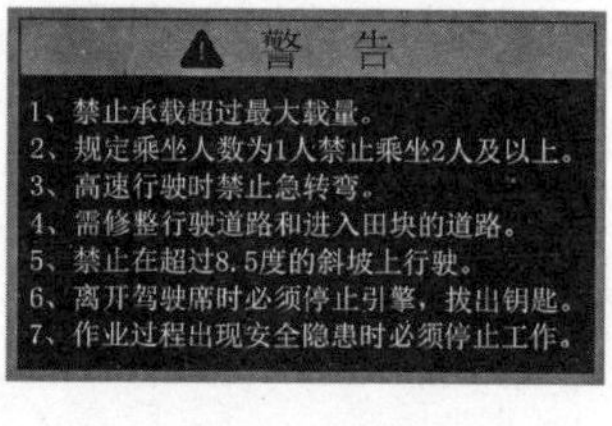</td><td>☞ 禁止承载超过最大载量；
☞ 规定乘坐人数为1人，禁止乘坐2人及以上；
☞ 高速行驶时，禁止急转弯；
☞ 需修整行驶道路和进入田块的道路；
☞ 禁止在超过8.5度的斜坡上行驶；
☞ 离开驾驶席时，必须停止引擎，拔出钥匙；
☞ 作业过程中出现安全隐患必须停止工作</td><td>面板</td></tr>
</table>

续表

图　案	含　义	粘贴位置
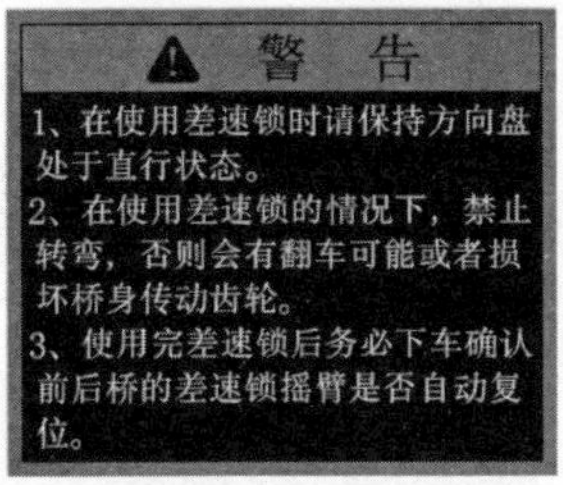	☞ 在使用差速锁时，请保持方向盘处于直行状态； ☞ 在使用差速锁的情况下，禁止转弯，否则会有翻车可能或者损坏桥身传动齿轮； ☞ 使用完差速锁后，务必下车确认前后桥的差速锁摇臂是否自动复位	面板

三、安全注意事项

作业前，请仔细阅读植保机的使用说明书及机器上粘贴的安全标志和危险图形；

熟记正确的驾驶、作业方法；

请勿擅自改装产品，否则会有损产品的安全、影响产品的功能并缩短产品使用寿命。

1. 适合作业的服装及健康状况。

（1）穿着合身的、适合作业的工作服（如图 5-1 所示）。喷雾作业时，请穿戴好防护用品，必须佩戴防毒面具、防护眼镜、护耳器、防护手套、防护鞋，不能穿着宽松肥大的服装。宽松肥大的服装不方便操作机器；

（2）绝对不要光脚作业，要穿安全性好的鞋；

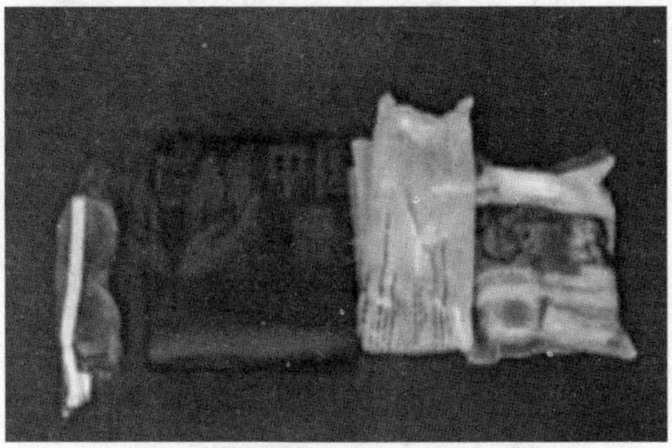

图 5-1　合适的工作服示意图

（3）禁止下列人员操作植保机：饮酒过度者，睡眠不足者，孕妇或哺乳的妇女，未成年人或老人，过于劳累、疾病及受药物影响或其他原因而不能正常操作者。

2. 禁止非操作人员靠近。

⚠ 警告

在检查、调整及机器移动、喷雾作业过程中，请勿让旁观者靠近机器，以防造成人身伤害事故。

3. 使用前的准备、检查。

⚠ 注意

（1）使用前请务必对机器进行检查；

（2）对指定润滑位置加油；

（3）请将在检查、调整作业时拆下的零件安装回原位后再进行作业；

（4）请在平坦的场所对植保机进行检查、调整等。

4. 燃油。

⚠ 危险

（1）严禁烟火，因使用的燃油是柴油或汽油，因此不要在机器旁点火或吸烟；

（2）添加燃油必须停机，待机体冷却后，在周围没有火源的地方进行；

（3）加油时，不得将油溢出，如有溢出应仔细擦干净。加完油后，应将油箱盖旋紧。

5. 行走操作。

⚠ 注意

（1）远距离转移时，大型机器请使用卡车等搬运方法进行移动；

（2）严禁机器在移动时，人擅自离开操作位置；

（3）自走式喷雾机，请勿在坡度超过 8.5°坡路上停车，防止溜车。

6. 田间作业。

⚠ 注意

（1）作业前，操作者一定要带好口罩以防药液中毒；

（2）启动或作业过程中请勿让人接近机器，特别注意不要让儿童接近机器。在田埂边转向时，请充分注意田埂周围的人和物体；

（3）操作植保机应分组轮流作业，互相交替，避免一人长时期处于药雾中。感觉头痛、眩晕，应立即停止作业并请医生治疗；

（4）喷洒药剂最好在早上和下午凉爽无风的天气下进行，这样可减少农药的挥发和漂移，提高防治效果；

（5）若不慎将农药溅入嘴里或眼内，应立即用干净水冲洗，严重者请医生治疗；

（6）请严格按农药的使用说明书及农艺要求进行施药，严禁使用植保机喷施强酸、强碱、强腐蚀性、剧毒等特种工作液；

（7）喷洒结束后，药箱中的残留药液应按农药说明书规定进行处理，防止人畜中毒；

（8）工作完毕，操作者必须冲洗身体各部位，并对各类穿戴衣具进行清洗；

（9）展收喷杆时，应小心防止被挤压和剪切。

7. 使用后的保养。

⚠ 注意

（1）对植保机进行检查、保养、清扫、调整；

（2）长期收藏时，将植保机擦洗干净晾干，尤其要彻底清除肥料及化学物品的残留物；

（3）如果发现有损坏的零部件应时，及时更换；

（4）全面进行润滑，并将植保机储藏在干燥的地方并用油布盖上，防止灰尘。

四、特殊安全要求说明

1. 植保机使用后及在更换农药前，必须清洗干净。

2. 农药的使用范围必须按照国家规定执行，禁止使用国家明令禁止使用的各种农药，如：六六六、滴滴涕、毒杀粉、甲胺磷等。

3. 喷洒作业应当与居住区、水源保持距离。禁止将残留液体泄入河流等水源地，禁止将农药包装或瓶子随意丢弃，应妥善放置，并统一送回收站，按照国家规定和农药说明书的处理方式进行处理。

第三节 几种常用喷雾机的介绍

一、动力喷雾机

动力喷雾机操作简单、方便，整机结构紧凑，重量轻，压力高，外形美观大方，操作和维修保养方便等，并能就地吸水，较适用于平原、丘陵等区域农作物、经济作物、果园、林木等病虫草害和城市绿化带、园林等病虫害防治，以及畜禽养殖、公共场所杀菌消毒，是目前较理想的植保喷雾机械。

1. 动力喷雾机的类型。动力喷雾机根据机械的配套动力不同，可分为自走式、担架式、手推式等。其常见样式如表 5-3 所示。

表 5-3 常见动力喷雾机

自走式动力喷雾机	担架式动力喷雾机	手推式动力喷雾机

2. 动力喷雾机的型号。动力喷雾机型号编制，在行业标准《动力喷雾机》(JB/T 7284—2005)中有统一规定。一般由分类代号、特征代号和主参数三部分组成，分类代号和特征代号与主参数之间以短横线隔开，如图 5-2 所示。

如：3WH-36 型、3WZ-40 型、3WM-40 型。

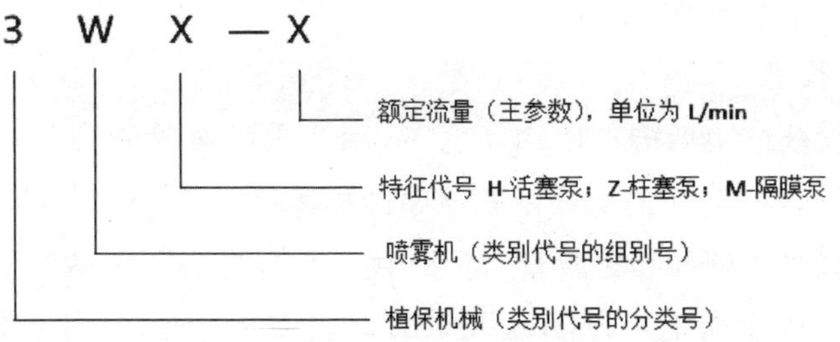

图 5-2　动力喷雾机型号编制示例

3. 动力喷雾机的主要结构。动力喷雾机主要由发动机、液泵、机架、吸水部件、药箱及喷射部件等组成。其主要结构如图 5-3 所示。

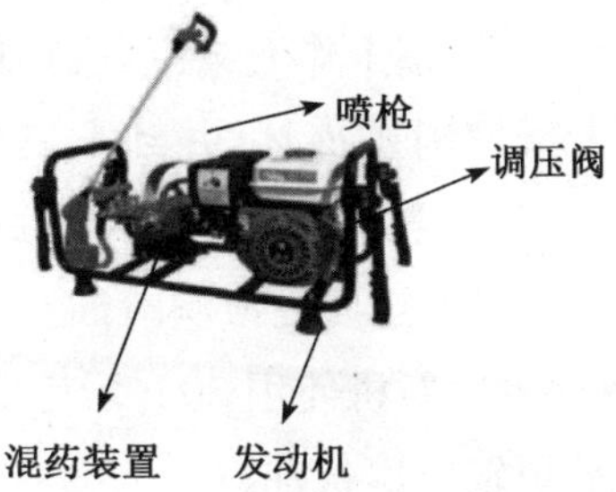

图 5-3　动力喷雾机主要结构示意图

4. 动力喷雾机工作原理。作业时，发动机驱动液泵工作，水流通过滤网被吸入缸筒，然后压入空气室建立压力，再经截止阀到达射流式混药器，借混药器的射流作用，将母液吸入混药器与水流相混稀释成药液，经软管到喷枪，作远射程喷射。当要求雾化程度好及近射程喷雾时，需取下喷枪，换装上喷头，并将吸水滤网除去插杆，放入已配好的药液桶内，即可工作。其工作原理如图 5-4 所示。

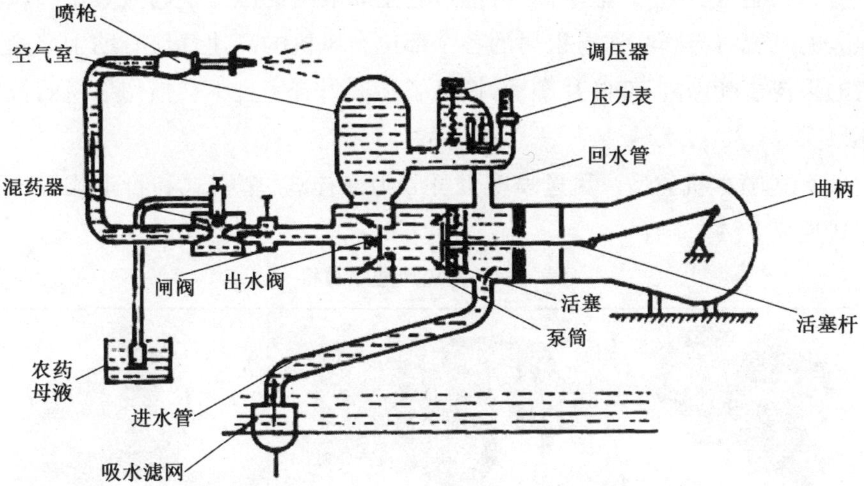

图 5-4　动力喷雾机工作原理示意图

5. 动力喷雾机的维护保养。

(1) 维护保养。

① 每天喷药结束后应在使用压力下，用清水继续喷洒数分钟，冲洗泵内和管路内残留的药液，防止内部残留药液腐蚀机体；

② 卸下吸水滤网和喷雾胶管，打开出水开关，将卸压手柄按下，旋松调压手轮，使调压弹簧处于松弛状态，用手旋转发动机或泵，排除泵内存水，并擦洗机组外表污物；

③ 经常检查油位并注入足够的机械油；

④ 整个作业结束，机具长期存放时，应彻底排除泵内积水，防止机件锈蚀以及天寒时被冻坏，并卸下三角皮带、喷枪、胶管、混药器、滤网等，清洗干净并晾干，尽量悬挂保存，放尽汽油机内的燃油和机油。

(2) 定期更换润滑油。

① 新机使用 20 h 后应更换机油(包括发动机和柱塞泵)，以后每工作 100 h 后更换一次机油；

② 更换机油时应先将残余机油排尽，用汽油、柴油洗净内部，然后注入新机油至油位线处。

二、风送喷雾机

风送喷雾机是一种适用于较大面积果园施药的大型机具，它具有喷雾质量好、用药省、用水少、生产效率高等优点，它是靠液泵的压力使药液雾化和风机产生强大的气流将雾滴吹送至果树的各个部位。风机的高速气流有助于雾滴穿透茂密的果树枝叶，并促使叶片翻动，提高了药液附着率且不会损伤果树的枝条或损坏果实。

1. 风送喷雾机类型。风送喷雾机可分为悬挂式、牵引式和自走式等。其常见样式见表 5-4。

表 5-4　常见风送喷雾机

悬挂式风送喷雾机	牵引式风送喷雾机	自走式风送喷雾机

2. 风送喷雾机的型号。风送喷雾机型号编制，在行业标准《农机具产品型号编制规则》(JB/T 8574—2013)中有统一规定，一般由分类代号、特征代号和主参数三部分组成，分类代号和特征代号与主参数之间以短横线隔开，如图 5-5 所示。

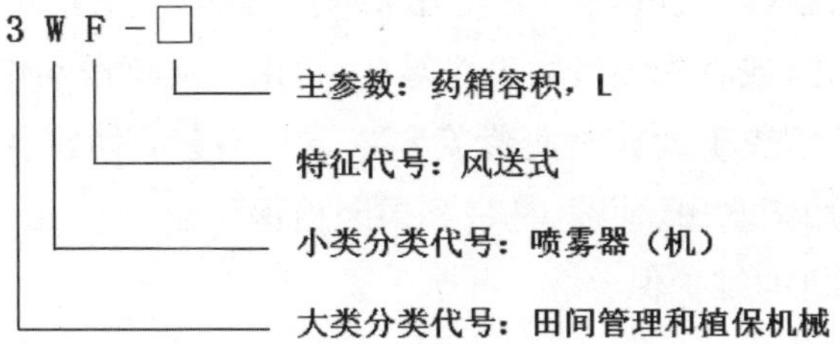

图 5-5　风送喷雾机型号编制示例

如：3WF-500 表示药箱容积为 500 L 的风送喷雾机。

3. 风送喷雾机主要结构。风送喷雾机分为动力和喷雾两部分。喷雾部分由药液箱、轴流风机、四缸活塞式隔膜泵或三缸柱塞泵、调压分配阀、过滤器、吸水阀、传动轴和喷洒装置等组成。其主要结构如图 5-6 所示。

图 5-6　风送喷雾机主要结构示意图

4. 风送喷雾机工作原理。风送喷雾机的工作原理是：当拖拉机驱动液泵运转时，药箱中的水，经吸水头、开关、过滤器，进入液泵。然后经调压分配阀总开关的回水管及搅拌管进入药液箱，在向药箱加水的同时，将农药按所需的比例加入药箱，这样就边加水边混合农药。喷雾时，药箱中的药液经出水管、过滤器与液泵的进水管进入液泵，在泵的作用下，药液由泵的出水管路进入调压分配阀的总开关，在总开关开启时，一部分药液经2个分置开关，通过输药管进入喷洒装置的喷管中。进入喷管的具有压力的药液在喷头的作用下，以雾状喷出，并通过风机产生的强大气流，将雾滴再次进行雾化。同时将雾化后的细雾滴吹送到果树株冠层内。

利用离心风机或轴流风机产生气流来输送雾滴，药液借助高速气流的吹送与空气撞击而雾化，或者先经液力喷头雾化，再由气流喷送到作物上。将风力运用到喷雾技术中，解决了大雾滴使覆盖率减小和小雾滴使飘移率增大这两种情况的矛盾。主要用于水田、葡萄、林带和果园植保作业。

5. 风送喷雾机的维护保养。

(1) 日常维护。

风送喷雾机每周都应当做到以下几点检测：

① 检查喷头的情况，比如是否有磨损；

② 检查液泵的螺丝是否松动；

③ 检查机器是否有漏水现象；

④ 检查压力表、控制阀等配件是否运转正常，有无损坏；

⑤ 使用完毕，要将风送喷雾机清洗干净后晾干，旋松控制阀调压手柄，将机具存放在干燥通风的机库内，避免露天存放或与农药、酸、碱等腐蚀性物质放在一起。

(2) 定期维护。

风送喷雾机整机的保养。每个作业期完毕，机具长期存放时，应将药液放净，加入清水，驱动液泵循环清洗，放尽系统内所有残液，尤其是液泵内的残液，防止天寒冻裂部件，液泵内还应加入防冻液。要按植保机各部件的要求保养贮藏，最好把植保机置于棚内，防止塑料药箱受到日晒。

三、喷杆喷雾机

喷杆喷雾机是一种将喷头装在横向喷杆或竖立喷杆上的机动喷雾机。该类喷雾机的作业效率高，喷洒质量好，喷液量分布均匀，适合大面积喷洒各种农药、肥料和植物生长调节剂等的液态制剂，广泛用于大田作物、草坪、苗圃、墙式葡萄园及特定场合(如机场、道路融雪，公路边除草等)。

1. 喷杆喷雾机类型。

(1) 按喷杆的型式可分为：横杆式、吊杆式(隧道式)和风幕式；

(2) 按与动力装置的连接方式可分为：悬挂式、牵引式和自走式；

(3) 按喷雾作业的幅宽可分为：大型喷幅（18 m 以上）、中型喷幅（10～18 m）和小型喷幅（10 m 以下）。

其常见样式见表 5-5。

表 5-5　常见喷杆喷雾机

牵引式喷杆喷雾机	悬挂式喷杆喷雾机	自走式喷杆喷雾机

2. 喷杆喷雾机的型号。喷杆喷雾机型号编制，在行业标准《农机具产品型号编制规则》(JB/T 8574—2013)中有统一规定，一般由分类代号、特征代号和主参数三部分组成，分类代号和特征代号与主参数之间以短横线隔开，如图 5-7 所示。

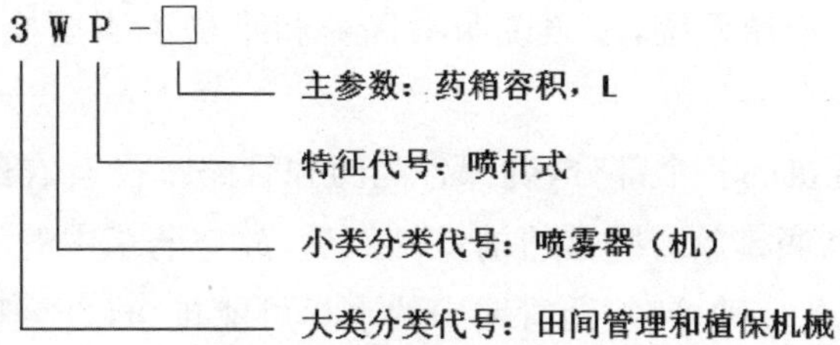

图 5-7　喷杆喷雾机型号编制示例

如：3WP-800 表示药箱容积为 800 L 的喷杆喷雾机。

3. 喷杆喷雾机主要结构。喷杆喷雾机主要由动力、液泵、药液箱、喷头、搅拌器、药液管路、喷杆桁架与控制部件组成。其主要结构如图 5-8 所示。

4. 喷杆喷雾机工作原理。喷杆喷雾机是以拖拉机配套完成喷洒作业的，由液泵将药液从药箱经过过滤器吸入液泵内，加压后经调压阀进入分水器，分别输入各段喷杆及回液管，进入喷杆的药液经过防滴阀、过滤网，由喷头雾化后喷出。

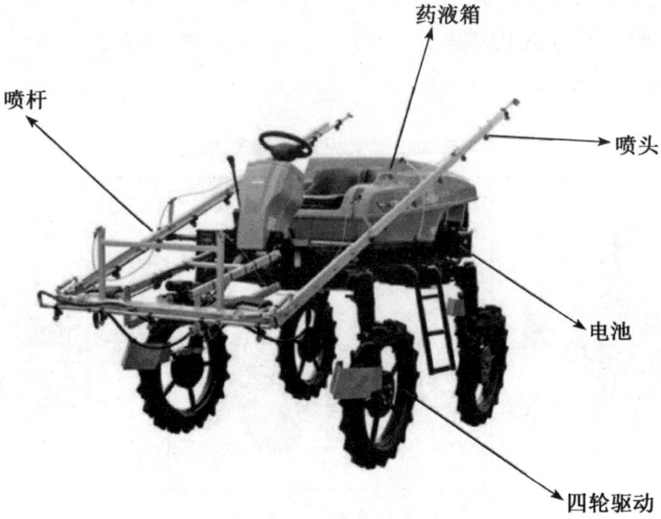

图 5-8　喷杆喷雾机主要结构示意图

5. 喷杆喷雾机的维护保养。

(1) 向需要润滑的各个部位注入润滑油;

(2) 检查喷雾机的各个部件,紧固松动部位,更换损坏部件和维修管路的泄露部位;

(3) 仔细冲洗液压系统,按照说明书保养和维护说明更换液压油和液压油过滤器;

(4) 清洗喷雾机的各个部分,确保各阀门和管路都没有农药残留,将药箱和水箱中的残留物彻底排放。喷雾机清洗结束后,放空药箱中的水,把各阀门全部打开,让水泵空转几分钟,使喷药管路中的水尽可能排净,直至喷头有空气喷出;

(5) 喷雾机晾干后,将金属零部件表面涂上薄薄的一层防锈油,将喷雾机用防水油布盖上;

(6) 将机具存放在阴凉、干燥、通风的机库内;应避免有腐蚀性的化学物品靠近机具,并且机具要远离火源。

四、植保无人驾驶航空器

植保无人驾驶航空器,是用于农业生产的一种以无线电遥控或由自身程序控制为主的无人机。植保无人驾驶航空器不仅可以喷洒农药、叶面肥,还可以辅助授粉、农田信息采集等作业,适用于水稻田、小麦地、高山茶园、烟草地、果树林等农业领域。

1. 植保无人驾驶航空器类型。

（1）按动力类型可分为：油动和电动；

（2）按旋翼结构可分为：固定翼、单旋翼和多旋翼。其常见样式见表 5-6。

表 5-6　常见植保无人驾驶航空器

固定翼植保无人驾驶航空器	单旋翼植保无人驾驶航空器	多旋翼植保无人驾驶航空器

2. 植保无人驾驶航空器的型号。植保无人驾驶航空器型号编制，在行业标准《农机具产品　型号编制规则》(JB/T 8574—2013)中有统一规定，一般由分类代号、特征代号和主参数三部分组成，分类代号和特征代号与主参数之间以短横线隔开，如图 5-9 所示。

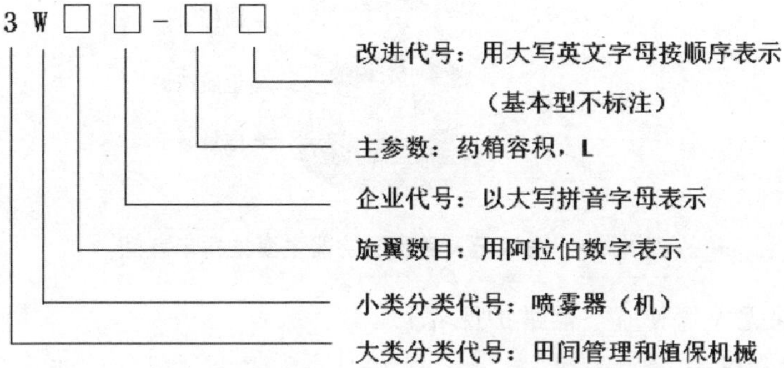

图 5-9　植保无人驾驶航空器型号编制示例

如：3W6＊＊-10 表示药箱容积为 10 L，＊＊系列基本型六旋翼植保无人驾驶航空器。

3. 植保无人驾驶航空器的结构原理。植保无人驾驶航空器主要由飞行器平台、动力系统、喷洒系统、控制系统、通信链路等部分组成。飞行器平台也就是整个机身，它提供了飞行器的基本框架，装载各种设备、电池乃至机身其他配件。动力系统则由电机、电子调速器、螺旋桨、电池、充电器共同构成，为整个飞行器提供飞行的动力，其中充电器属于地面设备。喷洒系统包括药箱、水泵、水管、喷头等，是实际执行喷洒农药的系统。控制系统由显示系统、操作系统构成；在显示系统里，通信设备将飞行器的高度、速度、电量、位置等各种丰富的信息传达到地面，地面操作人员就可以根据显示系统提供的信息对飞行器进行操纵。而在操作系统里，作业人员能够通过操作设备将控制意图传达到飞行器，实施相应的飞行及操作。通信链路则由地面端与天空端共同构成，正是由于通信链路的存在，才能实现飞行器信息的回传，以及地面人员对飞行器的实时操纵或智能化控制。其主要结构如图 5-10 所示。

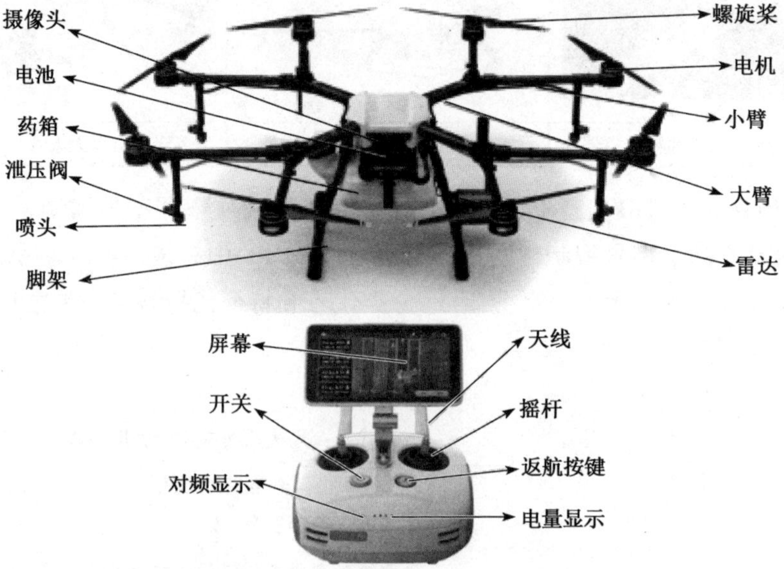

图 5-10　植保无人驾驶航空器主要结构示意图

4. 植保无人驾驶航空器维护保养。

(1) 日常维护。

① 每次起飞前都需对飞行器的桨叶、机臂、喷洒系统等硬件进行检查，查看有无破损、连接是否牢靠、有无堵塞等情况；

② 检查外部各连接线有无松脱；

③ 每天作业完后，需要将喷洒系统用清水加清洗剂冲洗两遍，保证喷洒系统无沉淀、无堵塞；

④ 整机擦拭干净整洁存放，尽量减少农药腐蚀；

⑤ 运输时，要确保飞行器摆放稳固，避免因飞行器来回晃动导致机臂、桨叶折损。

(2) 定期维护。

① 每月彻底清洗一次喷洒系统；

② 桨叶垫片、电机、电调、药管、水泵等零部件都有使用寿命，根据使用情况定期更换；

③ 电池每月最少使用慢充一次；

④ 每星期对机架做一次全面检查，特别是小臂等容易受损的位置，避免飞行作业中出现意外。

第四节　常见故障及排除方法

1. 柴油机。

柴油机的常见故障、原因及排除方法见表5-7。

表5-7　柴油机常见故障、原因及排除方法

序号	现象	原因	排除方法
1	启动困难	柴油流通不畅	检查油箱、柴油滤芯及燃油管道内有无水分及其他污物，如有，用清洁柴油清洗，必要时更换滤芯
		输油管道中有空气	放掉空气，并旋紧所有的油管接头
		天气寒冷，机油变黏，不易启动	向水箱内加热水，或将机油预热后注入油底壳，但不准明火烤油箱底壳
2	功率不足	压缩力不足	进排气门、活塞、活塞环及气缸套的磨损过大，进行更换
		空气滤清器堵塞	用清洁的柴油或煤油进行清洗
		转速太低	调整调节螺钉，达到规定转速
		喷油压力下降	调换喷油嘴或油泵芯套偶件，喷油压力调至规定值
3	柴油机自行停车	柴油中断	柴油过少，进行添加
		机油不足或润滑系统故障引起零件咬死	检查机油量，不足时添加。检查机油泵是否正常，润滑油是否通畅，找出原因进行排除及更换损坏零件
4	排气管冒黑烟	喷油器不良	检查喷油器喷雾情况及校正压力，更换损坏件
		燃烧不完全	主要是喷油器不良，供油提前角不对，气缸盖垫片漏气、压缩力不足等原因引起，针对具体原因排除

2. 汽油机。

汽油机的常见故障、原因及排除方法见表 5-8。

表 5-8 汽油机常见故障、原因及排除方法

序号	现象	原因	排除方法
1	起动失败	未把熄火开关打开	打开熄火开关
		油路开关未打开	打开油路开关
		火花塞积炭或击穿	清除积炭或更换火花塞
		缺机油或燃油	添加机油或燃油
2	起动后不能高速旋转或功率不足	阻风门未打开	打开阻风门
		空气滤清器可能被脏物堵塞	清除脏物或更换空滤器
		活塞、活塞环、缸体严重损坏	更换
		燃油路不畅	清理脏物

3. 电动机。

电动机的常见故障、原因及排除方法见表 5-9。

表 5-9 电动机常见故障、原因及排除方法

序号	现象	原因	排除方法
1	电动机起动不起来或运动时自动停机	电源无电或插座接触不良	检查电源，插好插头
		电机开关受潮或损坏	扣好防潮罩或修理
		连杆咬偏心轴	拆下电机风扇罩，用手转动风叶，如手感运转不均匀，且转动风叶后仍然不能起动时，应拆修

4. 电器部分。

电器部分的常见故障、原因及排除方法见表 5-10。

表 5-10 电器部分常见故障、原因及排除方法

序号	现象	原因	排除方法
1	大灯、转向灯、尾灯、喇叭等不亮或不能操作	线路断路、保险丝断了	检修、更换保险丝
		灯开关接触不良、损坏	检修、更换
		灯泡、喇叭损坏	检修、更换
2	电瓶放电过快	充电线路断路	检查修理
		线路短路	检查修理

5. 行走、驾驶、操作部分。

行走、驾驶、操作部分的常见故障、原因及排除方法见表 5-11。

表 5-11　行走、驾驶、操作部分常见故障、原因及排除方法

序号	现象	原因	排除方法
1	变速手柄连接也无法行走	未挂上挡	挂挡
2	踩下离合踏板也不能启动	离合器连杆调整不良	调整连杆
3	前轮轮胎磨损严重	前束调整不当	调整前束
		前轮轮辋严重变形	校正或更换
		转向节及油缸两销轴严重磨损	调整或更换
4	前轮轮胎摆动	转向臂紧固螺母螺栓松动	检查紧固
		前轮轮辋严重变形	校正或更换
		前束调整不当	调整前束
5	转向沉重	齿轮泵泵油不足	检查齿轮泵是否正常
		转动方向盘时油缸时动时不动	排除系统中空气，检查吸油管路是否进气
		转向油箱油位不足	加油至规定油面
		油液粘度过大	使用规定的油液
		转向系统漏油	检查并排除
		系统油路堵塞	检查清理
6	转向失灵	转向油缸活塞或活塞密封圈损坏	更换活塞或活塞密封圈

6. 液泵和喷雾部分。

液泵和喷雾部分的常见故障原因及排除方法见表 5-12。

表 5-12　液泵和喷雾部分常见故障、原因及排除方法

序号	现象	原因	排除方法
1	不吸水及压力不稳	吸水管、滤网被脏物堵塞	清除
		泵内存在空气	打开开关排除空气
		吸水管路严重渗漏	检查有无破损，如有破损，更换；如无破损，旋紧渗漏处卡箍
		泵进、出水阀门弹簧折断	更换阀门弹簧
2	调压失灵或压力调不上去	泵进水管吸瘪或打折	调整吸水管
		泵进水管漏气	检查修理、更换
		调压阀内部件损坏	更换调压阀部件
		泄压压力过低	重新调压

续表

序号	现象	原因	排除方法
3	防滴喷头滴水	防滴片等件损坏	拆卸更换
		阀口处有夹杂物	拆卸清洗
4	喷头不出水或出水压力不稳	喷孔阻塞	拆下喷头,清洗
		管路中有空气	启动电机打开喷枪,进水管用水灌满
		出水管破裂	更换
		压力表座密封有杂物	拧开压力表座螺丝,清洗
5	接头处漏水	螺纹连接处,螺纹未拧紧	拧紧螺纹
		接头里O形圈损坏	更换O形圈
		快换接头未插好	重新插好
		非锥面结合螺纹连接处无垫圈或垫圈已损坏	装入或更新垫圈
6	压力表针振动过大,泵出水管抖动剧烈	泵阀门损坏	检查更换阀门组件
		压力过高或管路有气体贮存	全部卸压后重新给压
		泵空气室充气压力不足或过大	检查气嘴是否漏气
7	汽缸漏水	调整环松动	旋紧调整环
		V型密封圈损坏	更换
8	喷雾时扇面不均匀	喷头处滤网杂物过多	清洗滤网
		喷嘴堵塞	清洗喷头及滤网
		药液不足	加足药液
9	喷洒量不足	滤清器堵塞	清洗滤清器
		药泵转数不足	重调药泵转数
		管路折弯节流	理顺管路

第六章　谷物烘干机安全操作与维修保养

第一节　谷物烘干机概述

一、谷物烘干机的分类

谷物烘干机又称谷物干燥机、粮食烘干机，谷物烘干机的种类众多，根据不同的分类方法可分为不同种类。

1. 按谷物与气流相对运动方向，烘干机可分为横流、混流、顺流、逆流及顺逆流、混逆流、顺混流等型式。

2. 按工作方式，烘干机可分批量作业式谷物烘干机、连续作业式谷物烘干机、循环作业式谷物烘干机。循环作业式谷物烘干机目前有两种形式，一种是封闭循环式谷物烘干机（简称循环式烘干机），一种是分流循环式谷物烘干机（简称干、湿粮混合式烘干机）。

3. 按原理，烘干机可分常温通风烘干机、加热气流烘干机。加热气流烘干机是指热量以对流方式传递给谷物，使谷物表面水分蒸发后由气流带走，谷物内部的水分逐渐向表面扩散后再蒸发，从而使谷物降低含水量而达到干燥的目的。这类谷物烘干机按气流温度高低可分为低温慢速烘干机和高温快速烘干机两类，按照干燥室内谷物的状态，则可分为固定床、移动床、流化床、沸腾床和喷动床等类型。

目前，常见的谷物烘干机多为低温循环式谷物烘干机，本文以此例介绍。

二、低温循环式机械化干燥技术

低温循环式干燥技术是以获得高品质稻米为主要目标的现代智能机械化干

燥技术。低温循环式烘干机在对稻谷进行干燥时确保不损坏谷物生命特征的同时对谷物进行合理的调制，使各项优质稻米指标保持最佳状态。

低温循环式烘干机的干燥原理是：烘干机以空气为介质，通过燃烧器产生的火焰（或其他热源装备）对介质进行加热，然后在吸引风机的作用下，加热后的干燥热空气（相对湿度较低）与干燥部内的谷物层（厚度一般为 12～20 cm）充分接触，介质对稻谷传热的同时，使稻谷内部的水分子运动进一步加速并向外移动，稻谷表层的水分子随介质带出烘干机外。循环式烘干机采用机械循环方法，在提升机和重力的作用下，自上而下地使稻谷周期性地从储留部→干燥部→下本体→提升机→储留部，周期性地使稻谷得到加热和缓苏，直到稻谷的含水率达到设定值，谷粒内外部水分均匀一致时，机器自动停止干燥，如图 6-1 所示。谷物在干燥部加热的时间和在储留部缓苏的时间之比称之为“加热/缓苏比”，这是低温循环式烘干机设计的一个非常重要的设计参数。

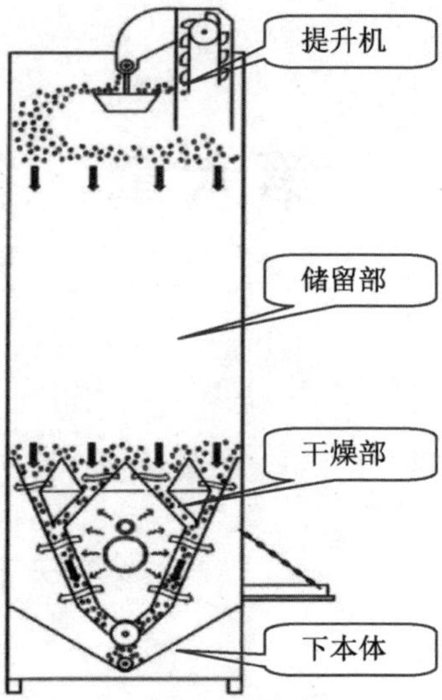

图 6-1　循环式烘干机工作示意图

循环式烘干机的干燥过程大致可以用如下框图大致表示，如图 6-2 所示。

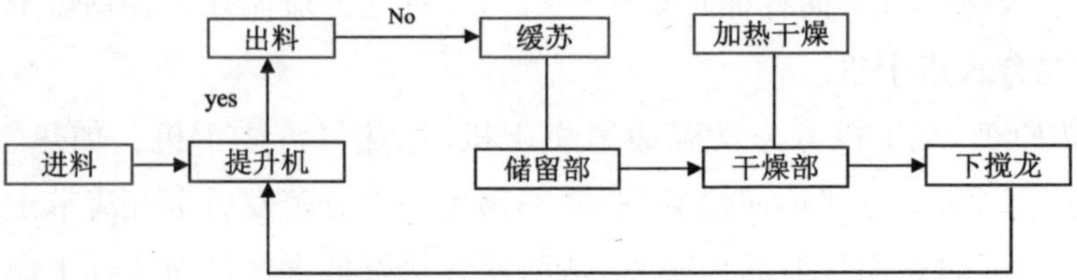

图 6-2　循环式烘干机干燥过程示意图

稻谷在储留部停留的时间称为“缓苏”，处于缓苏过程的稻谷不加热、不通风。“缓苏”实际上是一个使稻谷颗粒之间以及谷粒外部与内部水分均匀的过程。

低温循环式烘干机所谓的“低温”，是指用于干燥稻谷的介质温度被控制在室温＋20℃～25℃范围（对于水稻或小麦）内，在不同的季节或对不同的干燥谷物，干燥热风温度是有差别的。

计算机程序控制是低温循环式烘干机另一个重要特征。采用先进的计算机控制技术，通过控制核心部件——控制箱（或称控制柜）以及机器所配备的室温传感器、谷温传感器、风压传感器、在线水分测定仪等设备，随时采集数据进行分析，随时调整烘干机的工作参数——热风温度、循环速度，从而可以精准、均匀地控制干燥速度和稻谷含水率，彻底防止减弱稻谷生命特征的现象发生，同时还可以有效地节省能源。其机械部分与控制部分的关系如图6-3所示。

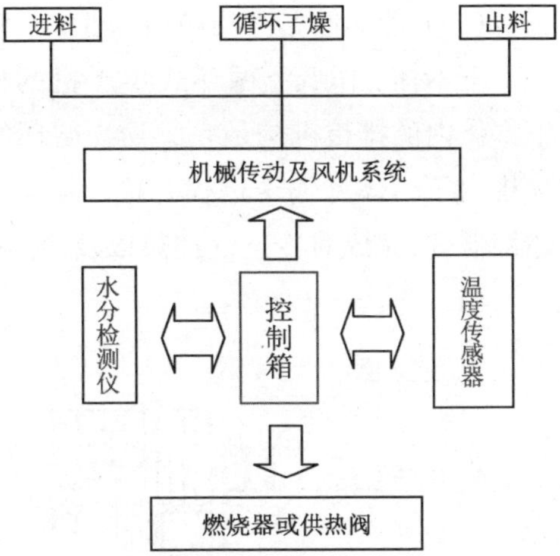

图 6-3　机械部分与控制部分关系示意图

当初始水分差异较大（水分差异≥3%）或干燥精度要求很高时，可以在干燥过程中增加调制工艺，可使最终水分差异控制在0.2%以内。

三、低温循环式干燥装备结构

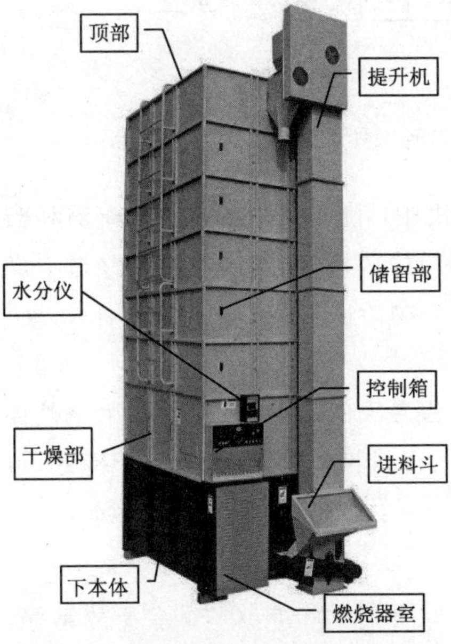

图 6-4　低温循环式烘干机各组成部分

低温循环式烘干机的机械部分为塔式长方体结构（如图6-4所示），自下而上分别为：下本体、干燥部、缓苏（储留）部和顶部，提升机紧靠烘干机主体，加上控制箱、吸引风机（位于图6-4后侧）和燃烧器（或其他加温系统），这八部分为低温循环式烘干机的基本组成部分。其中控制箱是烘干机的控制中心，它通过温度传感器和在线水分检测仪随时检测烘干机运行过程中的热风温度和谷物含水率，经过对采集数据的分析，再控制燃烧器和机械传动、吸引风机等烘干机执行部件或机构等，决定风机是否运行、燃烧器是否点火加温以及机械传动部分执行进料、循环干燥和出料等动作。

(一) 各部件名称及功用(如图 6-5 所示)

下本体：作低温循环式烘干机的机架，是烘干机最主要的机械传动部分。下本体内的排粮机构是完成谷物循环的执行机构，通过排粮机构与下搅龙将谷物排出下本体并输送进提升机。横向 8 槽式烘干机在下本体上安装吸引风机、燃烧器等，完成对冷空气加热以及冷、热空气的输送与分配。

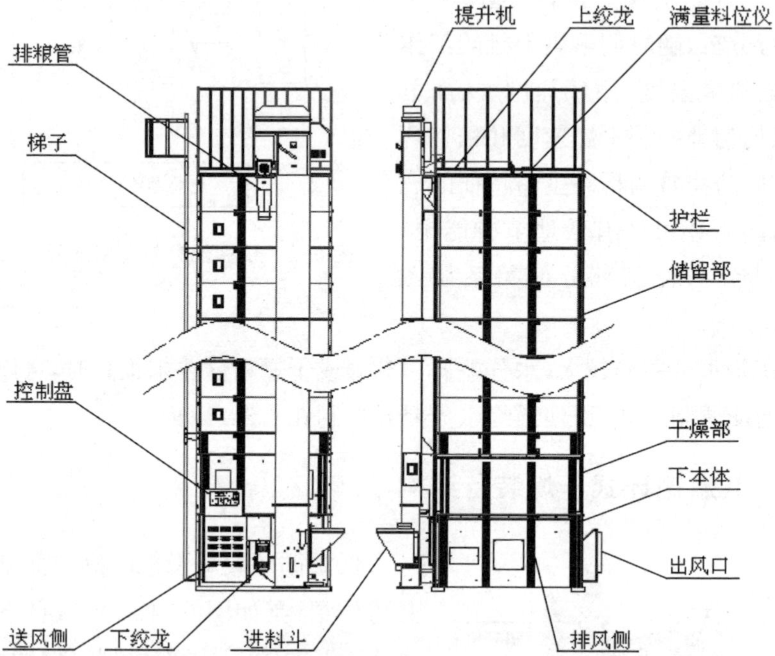

图 6-5 低温循环式烘干机各种部件示意图

干燥部：在目前使用的低温循环式烘干机中，干燥部主要有纵向 4 槽和横向 8 槽两种基本机构。其作用是通过热风槽与冷风槽，使热风均匀地穿过干燥部网孔板后与谷物槽中的谷物充分接触并向谷物传递热量，加快谷物中水分子的运动，并带走谷物表面的水分。

储留部：位于干燥部之上，是烘干机上体积最大的部分，其主要作用是贮存谷物，谷物经过干燥部加温“烘干”一定时间后，由排粮机构排出，进入下搅龙，再经提升机进入储留部上层。谷物在此“缓苏”——内部水分逐步向外移动，高水分谷粒上的水分向低水分谷粒上移动。

燃烧器：在燃烧器室内，在控制箱控制下通过燃烧煤油或柴油产生热量，对空气进行加热，为干燥谷物提供热空气。

吸引风机：其作用是为谷物提供源源不断的干燥热气流，并将通过干燥部谷物层后的湿空气排出烘干机。

上搅龙：位于烘干机顶部，作用是将提升机送来的谷物均匀撒入储留部，使谷物均匀分布于储留部。

下搅龙：位于下本体内，其作用是将排粮机构排出的谷物及时送至提升机下部。

水分仪：是烘干机重要的仪器，通过它可以设定被干燥谷物的种类、最终水分及误差补偿，同时在干燥过程定时定量地对被干燥谷物进行抽样、测定水分，并将数据传送到控制箱进行分析。

提升机：将谷物由下向上输送，完成循环及进出料过程。

装料斗：进料时用于装入谷物。

除尘机：位于烘干机顶部，通过它清除谷物中的灰尘、草屑、杂余。

控制箱：自动控制干燥工作全过程，包括对在线自动水分仪、温度传感器及风压传感器传输来的数据进行分析后，对燃烧器、吸引风机、排粮循环机构及提升机的开闭运行进行操控。

排粮管：拉动拉绳，打开排粮闸门，排出谷物。

显示窗：显示装料量。

(二) 烘干机的内部构造和谷物流(如图6-6所示)

下搅龙：将由循环机构落下的谷物送至提升机下部。

提升机畚斗：提升机运转时，将谷物由下向上输送。

上搅龙：将畚斗送来的谷物均匀撒布至烘干机内。

循环机构：将流经干燥部的谷物定量排出送至下搅龙。

循环电机：带动链条，使循环机构转动。

输送电机：带动上搅龙、提升机皮带、下搅龙旋转，与循环机构配合形成循环的谷物流。

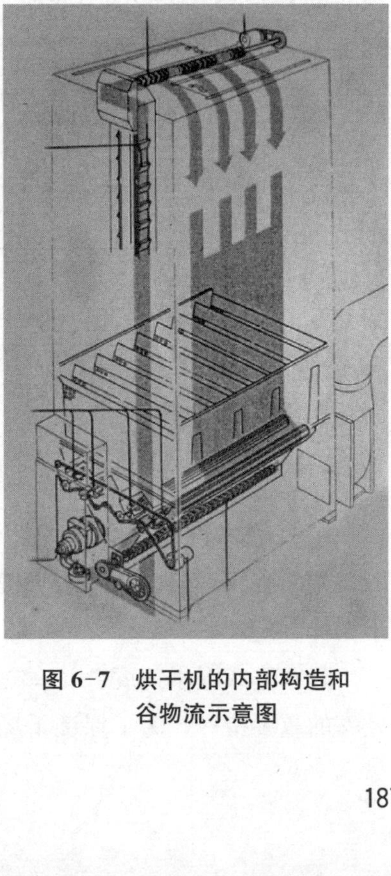

图6-7　烘干机的内部构造和谷物流示意图

排粮轮：旋转时将谷物排下，不转时谷物被挡住。

（三）烘干机的干燥部和风路，如图 6-7 所示。

干燥部：由冲孔网板和斜板焊合而成，组成部分为：谷槽、冷风道和热风道。

谷槽：从储留部缓慢下落的谷物流经谷槽时，受穿过谷槽网板孔的热风加热，并带走谷物中的水分。

热风道：燃烧机点火燃烧，热空气从热风道进入谷槽。

冷风道：与排风机进风口相连，经过谷槽谷层后的湿空气由排风道排出。

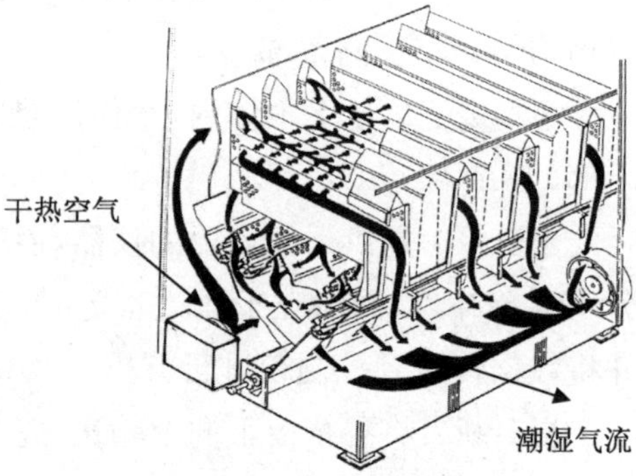

图 6-7　烘干机的干燥部和风路示意图

四、低温循环式烘干机主要性能和参数

（一）产品名称：5HXG-××系列烘干机

按 JB/T 8574—2013《农机具产品、型号编制规则》，上述产品名称的具体意义为：

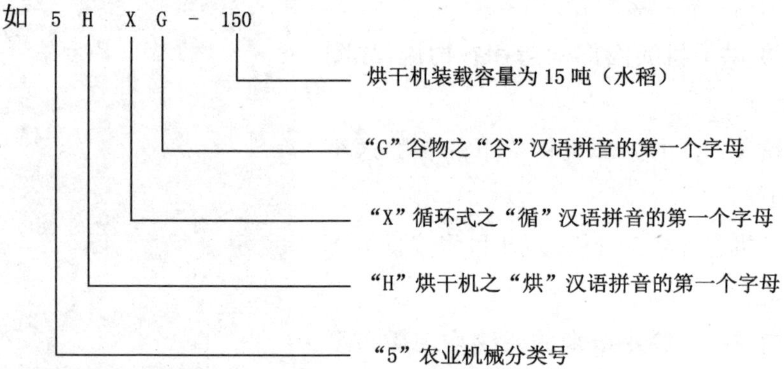

（二）技术性能规格

判断谷物低温循环式烘干机性能优劣的主要性能技术指标大体上可以用以下指标判定：

降水率或降水速度：以单位时间的降水百分比表示。这是反应烘干机生产效率的重要指标。为了保证干燥质量，国际上干燥水稻的降水速度一般应控制在1%以内,否则就容易产生爆腰、降低稻谷发芽率等现象。目前绝大部分低温循环式烘干机的降水速度每小时设定为0.5%～1.0%,而且所有烘干机生产企业都以一定的百分比范围表示,而不是一个固定数值。原因是:尽管烘干机可以对干燥温度及风量等参数有效控制,但干燥速度的快慢还受到外界温度、空气中的含水率(相对湿度)等因素的影响。所以即使是同一台烘干机,如果在不同的季节、不同时间或不同地点使用,其干燥效率都会不一样。

单位降水耗能:单位为kJ/kg·H_2O,即被干燥物料每降1 kg水所消耗的总能量(包括热能与电能,能耗单位为千焦耳),烘干机能耗指标高低取决于烘干机的结构设计、机械运动参数、干燥程序选择是否得当等因素。

烘后稻谷发芽率降低值:单位为%,对于性能优良的烘干机,烘后的稻谷发芽率应该不低于烘前的发芽率数值,所以此项指标应该是一个不大于0的数值。

烘后破碎率增加值:单位为%。由于在干燥过程中稻谷受到干燥温度的影响和循环过程中的机械损伤,破碎率一般会比干燥前有一定程度的增加。

干燥水分不均匀度:单位为%。由于被干燥稻谷的初始水分差异大,机器循环过程中的不均匀性或烘干机存在死角等因素,稻谷在经过干燥处理后的最终水分一般无法达到绝对均匀,都会存在一定的差异。最高水分值与最低水分值之差称为干燥水分不均匀度。国家标准规定,储藏安全水分值时的水分不均匀度应不大于0.5%。

进出料时间。为了提高烘干机的生产效率,一般希望机器的进出料时间越短越好。决定烘干机进出料时间长短的主要机器参数是由提升机皮带的线速度、料斗的大小及其在皮带上的排列密度所决定的。但随着机器装载量的增加,进出料时间也相应增加,正常情况下一台十吨装载量的烘干机的进出料时间应控制在70～90 min。

机器工作可靠性:也可称之为可靠性有效度,以%表示,它是机器正常工作时间与总工作时间(正常工作时间+故障与维修时间)之比。

对于稻谷循环式烘干机,我国农业行业标准NY/T 370—2016《种子干燥机质量评价技术规范》对部分重要技术性能指标有如下规定,见表6-1。

表6-1

序号	项目	单位	规定数值	备注
1	单位耗热量	kJ/kg	≤6 500(稻谷)	直接加热
			≤9 000(稻谷)	间接加热

续表

序号	项目	单位	规定数值	备注
2	烘后发芽率降低值	%	≤0	不低于烘前
3	破碎率增值	%	≤0.3	小麦、稻谷
4	干燥不均匀度	%	≤1	
5	可靠性有效度	%	≥95	
6	工 作 噪 音	dB(A)	≤87	
7	工作间粉尘浓度	mg/m^3	≤8	

第二节　谷物烘干机安装与安全操作

一、低温循环式烘干机选型、配备

用户需根据自身的农业生产条件和生产规模两个方面来选择适合自己的烘干机。

(一) 生产条件

谷物烘干机与传统的农机如拖拉机、收割机等有较大的区别，需要专业的场地安装、转运、烘干，烘干机车间对面积、建设及周边环境都有相应的要求，因为烘干过程会产生灰尘和杂质排放。因此用户在建烘干房时首先要获得建设的许可，若选择以电热泵为热源的烘干配备还需要加配电容，选择天然气为热源的烘干设备还需要提前预埋管道等。

(二) 烘干机机型选择

市场目前主推的烘干机容量主要有 10 t、12 t、15 t、22 t、32 t 等，用户需综合考虑自己的日处理量需求，处理量需求要结合自己的种植面积和区域内可以代加工的粮源数量来确定，原则上每 13.3 hm^2(200 亩)田需要配备 1 台 15 t 的烘干机即可。以粮食的初始水分为 22%，粮食标准收购水分值 13.5%计算，降水幅度 8.5%，1 台 15 t 型的烘干机每天可以烘干 15 t 粮食。33.3 hm^2(500 亩)田需要配备 2 台 15 t 型烘干机，以此类推。

(三) 烘干机辅助配备

随着国家环保要求的不断提升，人工工资的不断上涨，整体烘干解决方案提上了日程。为了促使烘干机的排放达到标准，热源现在一般选用清洁的能源，如：天然气、热泵、生物质颗粒炉等。为了使得排放的粉尘达到要求，烘干机配备了集中的除尘系统，如：刹克龙、风网除尘、脉冲除尘等。为了降低工人的劳动强度，烘干机配备了自动进料系统——刮板机、自动出料系统——皮带机。

(四) 机型与性能质量

在确定机型后，烘干机的质量也是重要的选择依据。在质量指标的选择上，一般从以下几方面着手：

1. 烘干机的配置。对于低温循环式烘干机，配置高低，其自动化程度有差异，同时还在相当程度上决定烘干机性能的差异。目前生产或供应我国市场的低温循环式烘干机企业较多，选择经过农业农村部或地方法定农机检测鉴定部门鉴定的产品，但不同企业在烘干机的控制与检测技术、机械传动机构或机器配置上都有所不同，从而烘干机的性能与价格亦有所差异。除基本配置外，目前国际上先进的烘干机还有以下配置，见表 6-2。

表 6-2　国际先进烘干机配置

序号	烘干机配置项目	功能说明
1	电脑全自动控制	可根据外界条件(温度、湿度、水分等)自动选择干燥程序以及软件的升级
2	液晶操作面板	是先进的人机界面，更直观、更便于用户使用操作
3	可编辑干燥程序卡	可以根据不同稻谷或物料的要求通过计算机编辑干燥程序
4	调制程序设定	进一步提高干燥物料的品质及均匀度，尤其在被干燥物料水分差异超过 3%时
5	水分差异分布曲线显示	直观显示水分差异情况，并可以针对所干燥物料水分差异大小设定干燥方式
6	干燥历史记录	保存干燥数据，利于机器消耗等资料的统计分析
7	工作时间累计保存	便于对机器的定期维护保养
8	往复回转式排粮筒循环机构	防堵塞，物料适应性更好，避免了工作部件与物料间摩擦挤压，降低破碎率
9	自动间隙式出粮口机构	间隙式出料更便于装袋

2. 性能指标。要详细考察所选择机型的各项技术性能指标是否符合国家标准，通过审查生产企业的相关技术文件、法定部门出具的检测报告或鉴定报告对烘后发芽率降低值、烘后破碎率增加值、烘后水分不均匀度、单位降水耗能等指标逐一对照国家标准或稻谷企业所提出的特殊需要。

3. 制造与装配质量。低温循环式烘干机钣金框架结构，制造质量重点在焊接，要求焊缝(或焊点)均匀、整齐，焊接牢固可靠。装配方面要求螺栓连接紧固可靠、无松动，干燥部冷、热风道密封良好，基本不漏气或少漏气，储留部不漏种。烘干机侧板材料厚度不小于 0.8 mm 的优质冷轧钢板。

4. 外观与涂层质量。要求烘干机侧板平整，无明显凹凸现象。涂层可以烤漆或喷料，涂层均匀、平整、光滑，无漏底、流痕、起泡和起皱。

5. 配套合理性及相关设施。一个稻谷加工或干燥企业在进行整套设备的设计与配套时，配套的合理性应重点考虑干燥能力与其他稻谷加工设备生产能力的合理衔接以及工艺流程的流畅程度，比如用于谷物中间输送的提升机、刮板机等的传输能力。设计合理的生产工艺不但可以提高生产工效，减少辅助用工，并且可以一定程度地降低设备的能源消耗。

其次要考虑加工车间的工作环境以及对加工车间周边的影响，包括在加工车间设置集尘室、车间除尘设施等。

6. 干燥车间的位置选择。由于影响稻谷干燥速度快慢的因素除烘干机本身外，空气的湿度对干燥速度也有直接的影响，所以，干燥车间的选址应尽量避免靠近水面附近或其他较一般地区湿度较高的场合。

二、烘干中心建设

粮食烘干中心的建设规模和该中心的日处理量有直接关系，烘干中心的建设需要规划如下几大区域：烘干机摆放区、灰房区、烘干机前侧车道、烘干机周转广场、地磅、暂储仓等。厂房的高度设计、灰房的高度设计，灰房的宽度设计、厂房的宽度设计，如图 6-8 所示。

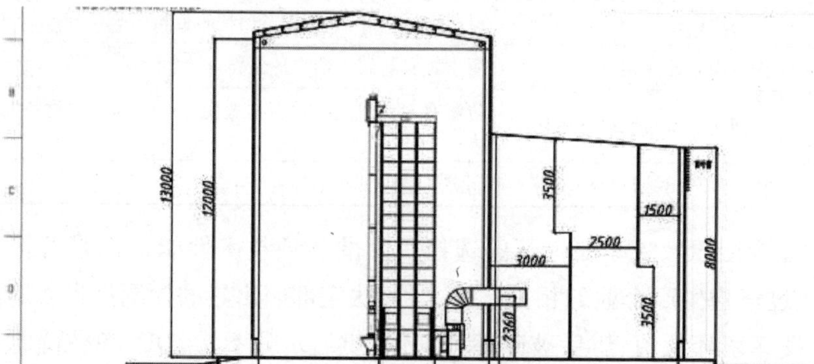

图 6-8　烘干机相关要素设计

需要注意的是灰房需要按照此图设计，阶梯式的灰房设计有利于灰尘收集。

厂房的长度设计和集尘房的长度设计，如图 6-9 所示。

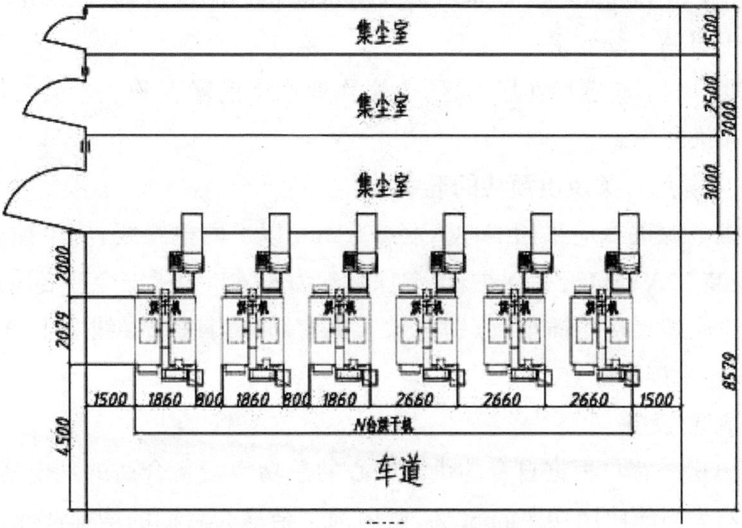

图 6-9 厂房、集尘房的长度设计

厂房的设计长度主要取决于客户根据自身要求需要配备的烘干机台数，其余相关的标准长度见图纸标注。

周转广场至少需要保证 9.6 m 长的卡车可以自由转弯，地磅和暂储仓客户根据自身要求配备，无特殊明确规定的规格和尺寸。

(一) 安装场所的选择原则

1. 烘干机需由烘干机生产企业或生产企业指定代理商负责安装，用户方操作人员在生产企业技术人员的指导下协助进行安装，同时接受现场操作及日常使用维护培训。机器安装后，或每作业季节开始之前都应进行试运转，确认无故障后才能装粮，投入正常作业。

2. 用户在选择烘干机安装场所时要注意如下几点基本要求：

(1) 烘干机应装在室内，要选择通风良好的厂房，通风不良，会降低干燥效果，甚至不能干燥；

(2) 应将排风管通至室外，离排风口 1 m 之内不应有障碍物；如果不能及时将湿气排出，或排风不畅，会降低干燥效果，甚至不能干燥；

(3) 应将排尘管接至室外，否则将增加干燥房内的尘埃量；

(4) 烘干机四周应有足够空间，以方便装、卸谷物；

(5) 安装烘干机的地面应平坦、坚实;

(6) 干燥房应有足够高度,操作者可以方便地进出烘干机顶盖窗口;

(7) 烘干机房选址不应紧靠河边等与水面相近的地方,因此类地区湿度较大影响烘干机的干燥效果;

(8) 烘干机不应选择在居民区,干燥作业产生的噪音和灰尘会对居民的正常生活有较大影响。

(二) 电源总开关及电缆线的准备

烘干机电源进线应采用线芯直径 2.5 mm 以上的电缆线,应单独安装闸刀开关,并安装 25A 空气开关保护,电源保险丝为 32A。为了安全务必装地线。电源进线接头应焊接接线插爪,分别与烘干机控制箱内进线接线座上 A、B、C、N 位置相接,拧紧接线螺钉。

(三) 配套设备

1. 配电房。客户根据自身的烘干中心的总功率配备合适的配电房,一般配备的变压器为当前使用功率的 80%,留出部分余量为后期的增加或改善设备提供条件。同时配电房的主电缆到车间的总控制柜部分应从地下安全管道走线,确保安全。配电房的钥匙应该由专人保管,负责配电房的安全维护工作。

2. 照明。车间应该配备足够亮度的照明,烘干机一旦使用,一般是 24 h 不间断工作,只有充足的照明才能确保现场工作人员行动的安全。

3. 消防设施。厂区和烘干车间按照消防的要求,配备合理的消防设施,如消防水枪、水袋、灭火器等,定期组织相关人员进行消防演习。

4. 围墙和门卫。为了确保他人的安全,要求进入厂区的所有人员必须在门卫进行登记,烘干房四周设立围墙,杜绝闲杂人员进入。设备非操作人员不得随意动用,特别是配电房不得随意进入,防止因操作不当导致的人身伤害事故的发生。

(四) 人员准备

1. 设备维护人员 1 名。

职责:

做好设备的点检工作,在烘干机使用之前做好设备的保养工作,检测所有的线路有无破损,特别注意鼠患,轴承、电机注意加注黄油,检查左右的按钮和输送系统是否运转正常,检查易损件是否需要更换。设备使用过程中,有故障应现场解决。

2. 现场操作人员 1 名。

职责：

烘干机的正常开关，进料、排粮的操作，热源的控制、原料的控制，货物的进出管理，现场工作的协调等。

3. 会计 1 名。

职责：

做好帐务管理工作，原料的进出、称重及收、付款，常用零配件的采购工作。财务要求的其他规范性工作。

4. 安全员 1 名。

职责：

负责烘干现场的所有安全工作。

三、谷物烘干机安全生产与防护

（一）作业前安全检查

1. 警示用语，操作人员须了解警示用语的意义。

2. 安全实施作业：

（1）裸足或手潮湿时，不能操作烘干机，以免发生触电；

（2）过度疲劳或生病，带醉意的状态不能作业；

（3）作业场所的整顿：机器周围应保持作业通畅；

（4）运转中的安全：确认周围的安全，各盖板全部安装到位后方可运转；

（5）清扫、点检、整顿的安全：要实施各部位的清扫、点检时，必须关闭总电源。进行燃烧炉部位的清扫点检时，应在熄火后等燃烧炉的温度下降后再实施。

3. 预防火灾的注意事项：

（1）机器周围的整理、整顿：易燃物品（如：稻草、稻秆等）不能放在机器周围；

（2）燃烧炉、燃烧筒的点检：检查燃烧炉、燃烧筒表面是否有积灰或油垢，确保清洁；

（3）供油系统的安全：使用标配油箱，购买和使用正规石油公司的油料，加油时机器必须停止运转，经常检查油管，油管漏油时不能干燥运行；

（4）必须配备灭火器；

（5）使用油槽的注意事项：油管配管时须设置一个过滤器、一个球阀，不使用时必须将燃油关闭。

4. 干燥运转停止时的注意事项：

干燥停止时，让机器继续送风冷却燃烧室，以免燃烧室内高温造成事故的发生。遇到停电或紧急停止运转时，要防范事故发生，再送电时，请先做进料和通风循环程序。

5. 确实执行下列事项，以免发生火灾的危害：

(1) 严禁在机身周围 1 m 内堆积物品；

(2) 检查燃烧室是否有杂物或油垢，如有，严禁干燥运转；

(3) 燃烧炉侧的进风网板严禁被异物覆盖，确保通风畅通；

(4) 每干燥使用 5～6 次，须做清理保养。

6. 充分有效进行干燥的注意事项：

(1) 确保排风管的畅通；

(2) 确保排尘管的畅通；

(3) 作业场所保持良好的通风、清洁；

(4) 谷物必须除杂；

(5) 谷物进机后不能停留过久，应立即通风循环或干燥。

(二) 机器的运转作业

1. 开机前各部位的确认：

(1) 机器周围环境的确认；

(2) 传动皮带、链条、紧固螺栓的确认；

(3) 油、油箱、油管的确认；

(4) 电源确认；

(5) 安全盖的确认，各类安全盖须安装到位；

(6) 回转方向的确认；

(7) 燃烧炉点火确认；

(8) 提升机皮带松紧的确认。

2. 进料作业：

(1) 打开电源，待排粮闸关闭；

(2) 机器处于运转状态，打开中央料斗闸门(闸门开启大小应视品种而定)；

(3) 达到满量时，停止进料并关闭中央料斗闸门。

3. 干燥作业的选择：

(1) 正常干燥：指让燃烧炉燃烧，以热风干燥，利用电脑水分计使其自动停止在期望的水分值的干燥方法；

(2) 通风干燥：以常温实施的干燥方法且不用燃烧炉；

(3) 二段干燥：在干燥途中暂时停止干燥，放置数小时后再次实施干燥运行的方法；

(4) 定时干燥：不使用电脑水分计，而使用设定时间的计时干燥方法。

4. 排出作业，停止干燥运行，按“排出”按钮。

(三) 干燥运行后的清理、点检、保管

1. 残留谷物排出与清除，主要部位：上搅龙、提升机、下搅龙、排尘管。

2. 扫除部位：机器内部的拉杆上的悬挂物、水分计滚轮。

3. 燃烧炉的清扫：

(1) 用高压空气将积留在风叶上的灰尘清除；

(2) 取出火焰监视器，用软布擦拭受光面；

(3) 擦拭燃烧炉上的附着物；

(4) 清扫稳焰盘、点火棒、油嘴。

(四) 其他注意事项

1. 进料时请勿将手伸入中央料斗。

2. 作业完成后，拔掉总电源，关闭油路。

3. 无关人员严禁触动烘干机。

4. 严禁机器无人看管运行。

5. 加油中严禁烟火。

6. 防止鼠害。

7. 检查登高，注意安全。

(五) 安全标志

烘干机相应部位贴有安全标志，如图 6-10 所示：

跌落危险标志

火灾危险标志

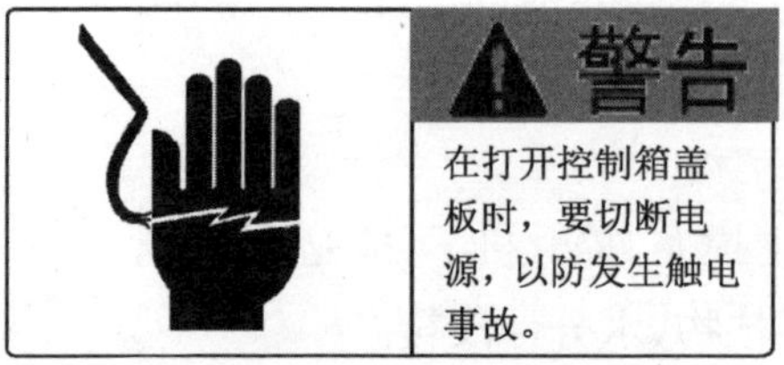

触电警告标志

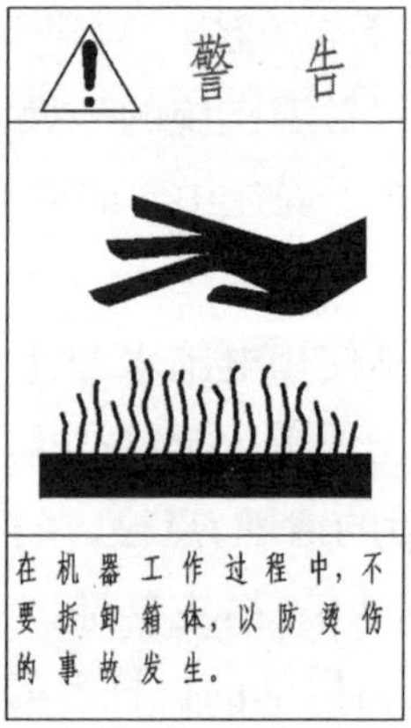

烧伤警告标志

皮带注意标志

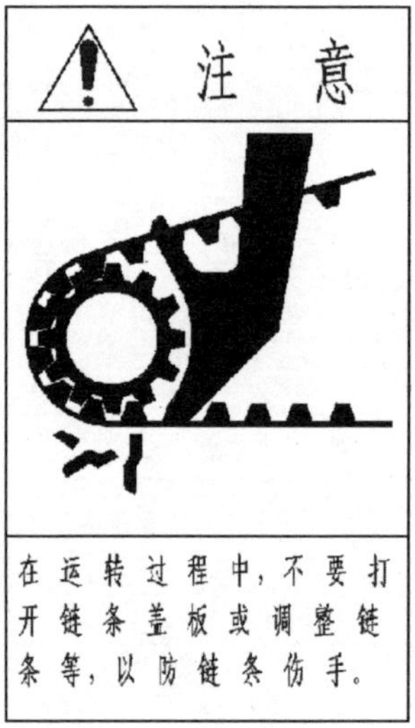

链条注意标志

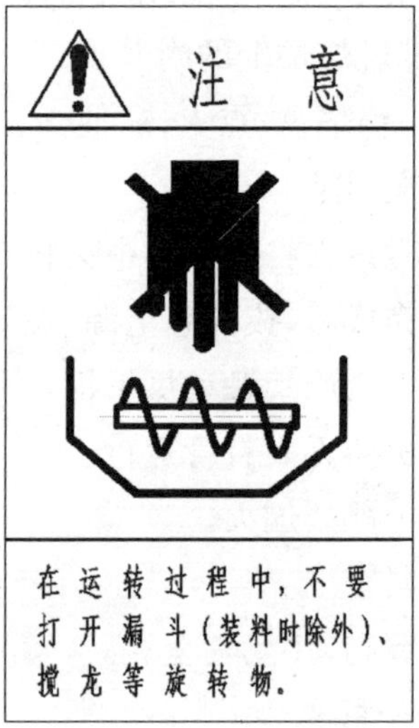

旋转注意标志

图 6-10　安全标志示意图

四、谷物烘干机安全操作

（一）试运转前的准备工作

1. 检查各电机的旋转方向。

（1）输送电机的旋转方向：输送电机带动上搅龙、提升机、下搅龙工作，最方便的办法是检查提升机，打开提升机中段侧面检视窗盖，通电后提升机畚斗从下向上运动。转向不符时交换电线接线端。

(2) 除尘机的旋转方向：除尘机电机转向无法从外部观察到，检查方法有两种：

① 从上搅龙壳上拆下排尘机及排尘箱总成，通电后从排尘箱底部看，除尘机叶轮顺时针旋转；

② 有一定经验者，可从排风口手感排风量的大小，风量较大时转向正确，方向不符时改接电缆线接线端。

(3) 排风机旋转方向：从排风机后面看，观察三角皮带或皮带轮的旋转方向，排风机叶轮顺时针旋转(排风机壳上有红色箭头指示正确方向)，如图 6-11 所示。方向不符时，改接电缆线接线端。

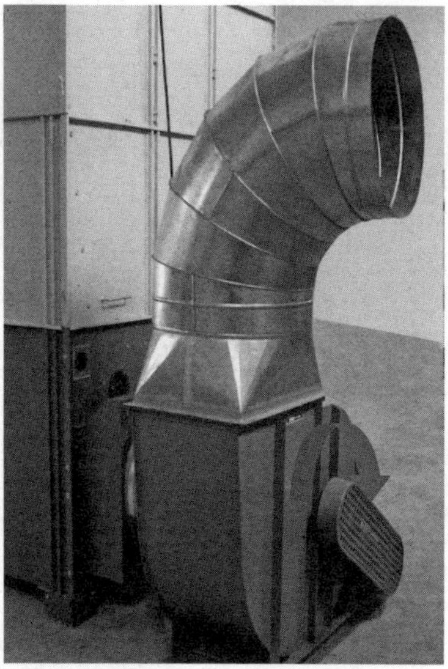

图 6-11 排风机

(4) 循环机构旋转方向：拆下循环机前中防护板，循环电机通电后循环机构链条逆时针旋转，如图 6-12 所示，方向错误时改接线路。

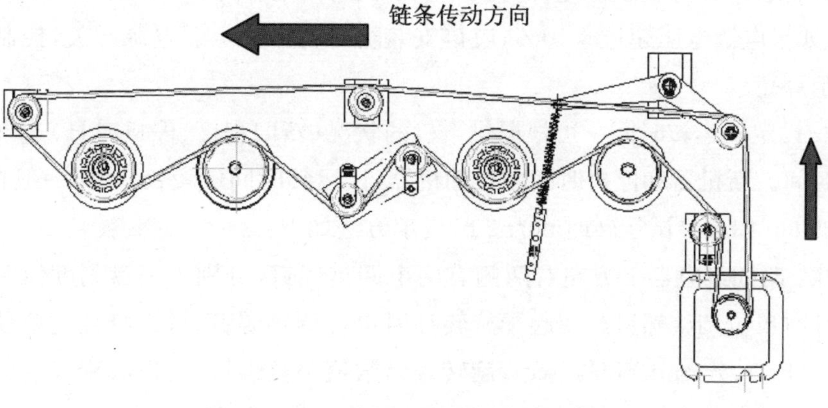

图 6-12 循环机构运转示意图

以上各电机的旋转方向在烘干机安装时已经调好，但用户在重新安装机器或者改接总电源线后，应按上述办法仔细检查电机转向，以免造成事故。

2. 燃料的准备。本机采用轻柴油($-10^{\#}$)为燃料，用户应根据当地的气候条件选用合适牌号的柴油。柴油的贮存、沉淀、添加和管理方法与农用拖拉机相同。应确保使用清洁的柴油，柴油不干净是燃烧机故障的主要原因。

本机配有专用油箱，开机前应加满油箱，加油时务必关掉烘干机。

切不可误用汽油，否则会引起火灾。

3. 检查各传动皮带的张紧度。

4. 检查提升机平皮带的张紧度。如图6-13所示，提升机皮带太松会影响提升机的正常工作。可由提升机顶部用调整螺杆调整皮带的张紧度，调整时要两侧均衡拧动螺杆，不可先拧一边，再拧另一边，否则会造成提升机上轴倾斜，使平皮带偏向一边。

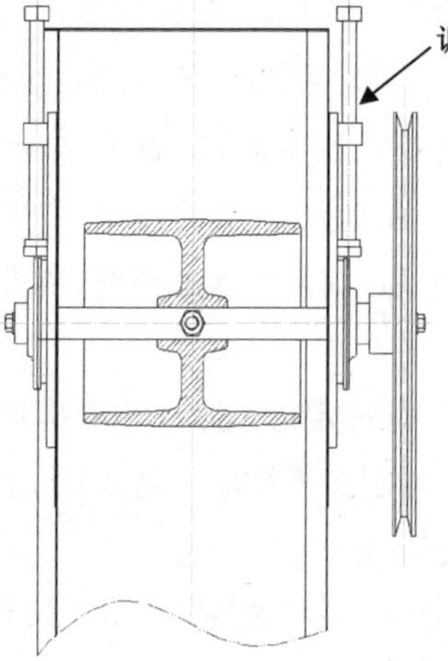

图 6-13　提升机示意图

5. 检查各皮带轮轮毂紧定螺栓是否松动。

（二）低温循环烘干机的试运转

新安装的烘干机或干燥季节作业之前，都应进行试运转，以检查各部分运转是否正常，如遇故障应及时维修、调整。烘干机试运转按如下步骤进行：

1. 检查电源并合上总电源开关。烘干机所用电源为 50 Hz、380 V/220 V 交流电，如果电源电压超过 ± 10%，应该安装稳压器。合上总电源开关，控制箱电源指示灯亮。

2. 设定试运转时间。可根据烘干机的状况（新旧程度、停机时日）选择试运转的时间。新机器和停机时间较长的机器，试运转时间应较长一些，一般在 1～2 h。时间（如选择试运转时间为 2 h）设定方法如下：

注：时间继电器下方左右两侧有两个调整螺钉，分别为表盘刻度值调整螺钉和计时单位调整螺钉。用起子旋转计时单位调整螺钉，可以将计时单位调整为小时（hrs）、分（min）和秒（sec）；旋转表盘数值调整螺钉，可以改变表盘刻度数值。通过上述两个螺钉的调整，以改变时间继电器的量程。

如图 6-14 所示，用手指旋转时间继电器中间白色旋钮，使红色指针指向第2根刻度线（确认旋钮正下方为“hrs”字样，此时每根刻度线为 1 h，最长可以设定30 h）即可。

3. 设定试运转热风温度。如图 6-14 所示，温度控制器可以在 0～100℃范围内设定工作温度，刻度中每个长刻度线表示 2.5℃。

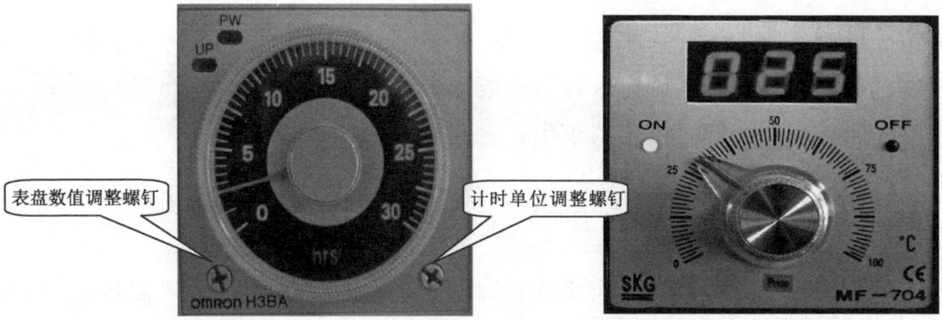

图 6-14　时间继电器、温度控制器

烘干机试运转时，温度控制器的设定温度可以高于环境气温约5℃。例如，室内气温为25℃时，温度控制器应设定为30℃。

干燥控制温度设定方法为：用手指旋转时间继电器中间旋钮使红色指针指向30℃位置即可，此时温度控制器工作指示灯"on"点亮。如果当你设定的干燥控制温度低于环境温度时，机器将无法工作。

4. 设定循环机工作状态。一般情况下烘干机应选择间隙状态工作。为了保证谷物的干燥质量，机器出厂时已经设定好谷物在干燥过程中的循环速度。根据烘干机的装载量，一般间隙循环速度是将额定装载量的谷物每小时循环一次。

5. 启动操作过程。在设定好干燥时间和干燥温度后，可以启动烘干机运行。

按照控制箱面板规定的顺序依次按下"输送机"、"排风机"、"循环机"和"燃烧机"启动按钮，此时"输送机"、"排风机"、"循环机"和"燃烧机"工作指示灯（绿）依次点亮，同时输送机、排风机、循环机依次运转，当"燃烧机"工作指示灯点亮12 s后，燃烧器也开始点火，此时可以从燃烧器上方的观察孔中看到火焰，同时可以听到燃烧筒中产生的火焰气流声。

在顺序按下启动按钮时，相邻两按钮之间应留有一定的时间间隔，一般为30 s左右，以启动电流过大，保证在一台电机运转正常后再启动另一台电机。

关机时可以按燃烧机→循环机→排风机→提升机的顺序依次关机，燃烧机、循环机关机后，排风机应继续运转10 min，余热排除后再关其他电机。

注：在工作过程中，如遇电机过载，控制箱热保护器动作，该电机停止工作，相对应的故障指示灯（红）闪烁，故障排除后按"启动/急停"按钮，返回初始状态，重新启动烘干机。

（三）低温循环式烘干机操作流程

1. 干燥作业前的准备。

（1）干燥时间设定。采用定时干燥时，应设定干燥作业时间，用手动水分计测定干燥前谷物的水分，测定3～5次，取平均值作为干燥前谷物的水分。根据谷物贮存、加工的需要，确定干燥后所要求的水分。

干燥作业时间即可由下式求出：

$$干燥时间(h)=\frac{干燥前谷物水分-干燥后谷物水分}{烘干机每小时降水率}$$

烘干机每小时降水取决于谷物的种类和干燥作业时的热风温度，一般为0.6%～1.0%，干燥稻谷可选取0.8%；干燥小麦可取1.0%。例如，干燥一批稻谷，干燥前稻谷的水分为22%，要求将稻谷干燥至15%的水分，取每小时降水率为0.8%，约需干燥时间8.75 h。如采用自动水分计，上述计算值可再增加1～2 h。

(2) 干燥热风温度设定。热风温度取决于烘干机的机型、谷物的种类、室外气温和装料量。

① 干燥稻谷的热风温度；

表6-3　5XHG-60、70型烘干机的推荐热风温度

室外气温(℃)	2 000 kg	3 000 kg	4 000 kg	5 000 kg	6 000 kg	7 000 kg
5	22℃	24℃	26℃	29℃	32℃	35℃
10	25℃	26℃	28℃	31℃	34℃	38℃
15	27℃	29℃	31℃	33℃	36℃	41℃
20	30℃	32℃	34℃	36℃	39℃	43℃
25	34℃	35℃	37℃	39℃	42℃	45℃
30	37℃	38℃	39℃	42℃	45℃	48℃

表6-4　5XHG-80、90、100、1100、1200型烘干机的推荐热风温度

室外气温(℃)	7 000 kg	8 000 kg	9 000 kg	10 000 kg	1 100 kg	1 200 kg
5	35℃	37℃	39℃	41℃	43℃	45℃
10	37℃	40℃	41℃	44℃	45℃	47℃
15	39℃	42℃	44℃	46℃	48℃	50℃
20	42℃	45℃	46℃	49℃	51℃	53℃
25	45℃	47℃	49℃	52℃	53℃	56℃
30	48℃	50℃	52℃	54℃	56℃	59℃

注：

1. 稻谷干燥的热风温度可根据稻谷的品种和用户对干燥后稻谷的品质要求的不同，偏离推荐的热风温度，提高温度可加快干燥速度，降低温度可提高谷物品质；

2. 高水分稻谷(高于25%时)不宜用高温干燥，建议热风温度不超过30℃；

3. 干燥稻谷种子时，应采用较低的热风温度，温度过高会降低种子发芽率。

② 干燥小麦、啤酒麦的热风温度。麦类作物对干燥热风温度的敏感性不如稻谷，但热风温度过高会降低其面筋率，降低啤酒麦的发芽率和发芽势。

表 6-5　水分小于 20%时的推荐热风温度

谷物种类	3 000 kg	4 000 kg	5 000 kg	6 000 kg	7 000 kg	8 000 kg
小麦	42℃	46℃	50℃	53℃	55℃	58℃
啤酒麦	38℃	42℃	44℃	48℃	50℃	53℃

表 6-6　水分不同时的热风温度

谷物种类	水分≤20%	水分 20%～25%	水分≥25%
小麦	45℃	50℃	55℃
啤酒麦	40℃	45℃	50℃

2. 进料。按下“输送机”启动按钮，输送机指示灯亮，提升机运转，烘干机处于进料状态。直到装料完成后再依次按“排风机”、“循环机”和“燃烧机”启动按钮。

装料时应注意以下三点：

(1) 观察侧板观察窗的谷物高度，前后高差较大(大于 30 cm)时，应停止装料，爬上梯子，打开顶盖窗口，调整上搅龙壳底盖的活动板，改变谷物前后分配量；

(2) 谷物不能装得太满，否则谷物容易堵塞上搅龙，产生机械故障；

(3) 提升机未动作之前，不要打开进料斗闸门装料，否则开机后会造成提升机下部堵塞。

3. 通风干燥。谷物水分差较大时，先进行通风干燥。在手动启动方式下，按顺序按下除尘机按钮→排风机按钮→循环机按钮，烘干机进入通风循环的工作状态。此时，燃烧机未点火，谷物靠排风机产生的冷风和谷物流的循环、混合使谷物水分趋于均匀。这样不仅得到较好的干燥均匀度，也节省了燃油。

4. 热风干燥。在手动启动方式下，完成通风循环后，继续按燃烧机按钮，燃烧机在 12 s 后点火，从燃烧机上方观察窗口可看到火焰，并伴有响声。烘干机进入热风干燥的工作状态。随着温度升高达到设定的热风温度时，燃烧机熄火，温度降低后燃烧机再点火，烘干机的热风温度始终保持在设定温度的 ± 2℃ 范围内。

在自动启动方式下，确认完成进料作业后，按确认按钮，烘干机直接进入热风干燥的工作状态。

在热风干燥过程中，将手动/自动切换开关向上扳，拨向“自动”位，数分钟后，水分计控制盒上的显示屏将显示谷物的水分。当谷物水分高于设定水分值+2%（如设定水分为14%，谷物水分高于16%时），自动水分计每30 min测定一次，当谷物水分低于设定水分+2%时（如低于16%时）自动水分计每5 min测定一次。当谷物水分低于设定值时，自动水分计将关闭燃烧机，经10 min后烘干机关机。

5. 停机。在手动状态下，干燥作业结束后，依次按“燃烧机”→“循环机”按钮，等排风机继续运转10 min，排除余热后再继续按“排风机”→“输送机”按钮，或者按急停按钮，即可停机。

6. 出料。燃烧机停止工作后，拉动排粮拉绳，干燥后的谷物即可从排粮管排出。

在烘干机自动停机后，再依次按下“输送机”、“循环机”启动按钮，使烘干机处于“出料状态”。拉动排粮拉绳，打开排粮闸门，干燥后的谷物即可由出粮管排出。

出料结束后，按“急停”按钮，烘干机停机。

第三节　谷物烘干机维护保养与常见故障排除

一、低温循环式烘干机维护保养

（一）循环机构传动链的保养，如图6-15所示

1. 打开下本体前部链传动防护盖。

2. 在链条上涂适量黄油。

（二）燃烧系统的保养

1. 清洗进油滤清器。

（1）关闭油箱开关；

图6-15　传动链的保养

（2）拧开滤清器油杯；

（3）取出滤芯，放在干净的柴油中洗净滤芯和油杯。

注：① 不可用尖锐的铁器硬刮滤芯表面的污垢，以免损伤滤芯；

② 不要弄坏滤清器密封圈，如遇损坏应更换新品。

2. 燃烧机保养。燃烧机每年保养 1～2 次，每季节作业后最好保养一次，保养项目包括清除积炭、清洗喷嘴等。燃烧机保养步骤如下：

（1）拧松拆下燃烧机固定法兰螺母，拆除燃烧机外罩；

（2）将燃烧机机体从炉筒中拉出，机体可绕支承架摆动，露出前端风筒；

（3）拆下风筒、稳焰盘等零件后，拆下喷嘴及点火电极；

（4）拧松拆下喷嘴滤芯；

（5）将点火电极和喷嘴滤芯在干净的柴油中洗去积炭和污垢；

（6）将洗净后的喷嘴装好，将电极和喷嘴装回燃烧机，并调整点火间隙，如图 6-16 所示；

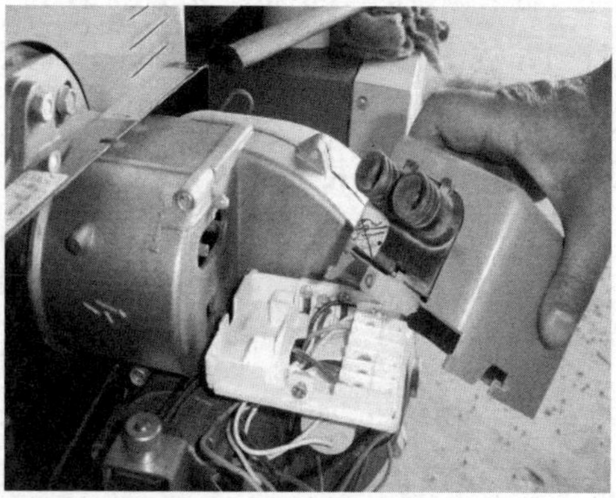

图 6-16　点火间隙的调整

（7）燃烧机复原。

3. 燃烧机光敏管的清洁。

燃烧机光敏管容易积灰，工作过程中要随时检查，擦去灰尘。其保养步骤如下：

（1）取下燃烧机机罩；

（2）松开燃烧机控制盒左侧固定螺钉，将控制盒向后方拉出；

（3）用干净绒布擦去光敏管前端面灰尘（光敏管位于点火电极上方）；

（4）将燃烧机复原。

（三）检查调整各三角皮带的张紧力

1. 输送电机皮带。松开电机座上板固紧螺栓（4 个），将电机座上板向左移，用手压皮带试张紧力，合适时拧紧固紧螺栓。

2. 排风机皮带。

（1）拆下排风机皮带传动防护罩；

（2）松开电机座固紧螺母（4 个）；

(3) 拧动调节螺栓(2个),移动电机,用手压皮带试张紧力,合适时拧紧固紧螺母;

(4) 装上防护罩。

(四) 检查调整提升机平皮带张紧力

1. 爬上烘干机顶盖。

2. 轮流拧紧提升机上段两边的皮带调节螺杆。

注:调整时不要将一边螺杆拧到头再拧另一边螺杆,否则会使提升机上轴倾斜,致使皮带跑偏;调整时要让皮带居中。

(五) 清扫上搅龙壳内残粒

1. 拧松上搅龙残粒清理杆架的旋钮螺母。

2. 将残粒清理杆上下移动数下,上搅龙壳内谷物落下,如图6-17所示。

3. 残粒清理杆拉回下方,拧紧旋钮螺母。

图6-17 残粒清理杆

(六) 干燥部的清扫

1. 敲出干燥部左右侧板插销,拆下左右侧板,如图6-18所示。

2. 扫净干燥部网板上粘附的灰尘,如图6-19所示。

图6-18 拆下干燥部侧板

图6-19 清扫干燥部网板

3. 拧下右侧板上加温板固定螺母，拆下三个加温板，如图 6-20 所示。

4. 扫净加温板内积存的灰尘、草屑。

5. 装回加温板。

6. 装回左右侧板，打进插销。

图 6-20 拆下加温板

图 6-21 清扫下本体热风重

（七）下本体清扫

1. 松开下本体左右侧板检视窗固定螺母，拆下检视窗。

2. 扫净下本体冷、热风室积存的灰尘、草屑，如图 6-21 所示。

3. 拉出下搅龙壳残粒清理底盖手柄，将手柄向逆时针方向扳动，谷物残粒落下。

4. 扳回手柄，装好下本体左右侧板检视窗盖。

（八）提升机下段清扫

1. 拆下提升机段皮带传动防护罩。

2. 拉出提升机下清扫口盖和下搅龙出粮口下清扫口盖，谷物残粒落下，如图 6-22 所示。

3. 装回清扫口盖。

注：清扫完成后，接通电源，让烘干机空运转 10 min，再打开上搅龙壳、下搅龙壳、提升机下段、下搅龙出料口等各清扫口，再清扫一次，

图 6-22 收集谷物残粒

这样可确保清扫干净、彻底。

表 6-7 维修保养一览表

部　位	项　目	季节作业前	使用期间	季节作业后
循环机构	涂黄油			●
燃油系统	清洗进油滤清器	●		
	清除喷嘴积炭			●
	清洗喷嘴滤芯	●		
	擦去光敏管灰尘		●	
输送机三角带	检查调整张紧力	●	●	
提升机平皮带	检查调整张紧力	●	●	
排风机三角带	检查调整张紧力	●		
上搅龙	清除残粒			●
干燥部	清扫网板,去残粒、去积尘			●
	清扫加温板			●
下本体	清扫冷热风室			●
	清除下搅龙残粒			●
	清除下搅龙出口部残粒			●
烘干机的试运转	确认有无异常声音	●		
	自动水分计校正	●		
	燃烧机工作状况	●		
	各电机工作状况	●		
	时间继电器状况	●		
	温度控制器状况	●		
	各传动机构状况	●		

注:
1. 进行整机试运转,发现异常现象,立即停机检查;
2. 进行机器内部维修保养前务必拔掉电源插头。

二、低温循环式烘干机常见故障与排除

(一) 总电源故障

表 6-8 总电源故障

现 象	故 障 原 因	故障排除方法
三个电表都不动	总电源未接通	检查总电源
	三个 32 A 保险丝都烧断	换保险丝
有 1～2 个电表不动	缺相	检查总电源
	1～2 个 32 A 保险丝烧断	换保险丝
控制箱总开关开,但电源指示灯不亮	3 A 保险丝烧断	换保险丝

(二) 控制箱操作面板上故障指示灯(红)亮

表 6-9 故障指示灯(红)亮

现 象	故 障 原 因	故 障 排 除 方 法
输送机故障灯亮	提升机、上下搅龙堵塞引起输送电机过载	打开清扫口,清除堵塞物
	三角皮带松	检查、张紧
	三角皮带磨损	更换
	提升机皮带松	检查、张紧
	提升机畚斗磨损	更换
	上搅龙叶片磨损	更换
	下搅龙叶片磨损	更换
	轴承损坏	更换
除尘机故障灯亮	除尘箱通风窗开度太小	适度打开
	除尘机堵塞	清除堵塞物
	除尘管不畅通	清理
排风机故障灯亮	排风机皮带松	检查、张紧
	排风机皮带磨损	更换
	干燥部网板孔堵塞	清扫
	风压阀不动作	检查
风压阀故障灯亮	排风机故障致使风量减小	检查排风机
	各检视窗口未关,风压阀处风压过低	检查、关闭检视窗盖
	干燥部网板堵塞	清扫

续表

现　　象	故 障 原 因	故 障 排 除 方 法
循环机故障灯亮	循环机链条松	检查、张紧
	循环机链条安装错误	检查、更正
	排粮轮被异物卡住	清除堵塞物
	谷物过潮或杂草过多	稍加晾干或经粗选后再装入
燃烧机故障灯亮	油太脏，油路堵塞	油需经沉淀、过滤
	燃烧机故障	见下面“燃烧机故障”

（三）燃烧机故障

燃烧机控制机构有保护装置，产生故障时，燃烧机熄火，燃烧机机罩上的红灯（自锁灯）亮，燃烧机被“自锁”5 s，故障排除后，按重设按钮（和自锁灯合并在一起），燃烧机重新启动。

表 6-10　燃烧机故障

现　　象	故 障 原 因	故 障 排 除 方 法
燃烧机启动，有火焰产生，但很快熄灭	燃烧机“自锁”，原因是光敏管积灰	拆下控制盒，用绒布擦净光敏管
燃烧机启动，但没有火焰产生	喷嘴积炭	拆下喷嘴，清除积炭
	喷嘴滤清器堵塞	清洗滤清器
	进油路不畅，有空气	排除空气
燃烧机有油喷出，但不能点火	点火电极积炭	清除积炭
	点火电极间隙有误	调整点火间隙
	燃烧机控制盒损坏	更换
燃烧机不能启动	保险丝断	更换
	温度控制器调整不当，设定温度低于室温	重新设定温度
	燃烧机控制盒损坏	更换

(四) 有关干燥作业性能方面的故障

表 6-11　干燥作业性能故障

现　象	故　障　原　因	故障排除方法
干燥不均匀	谷物枝梗、杂余、草屑过多，谷物流动不畅、架空、堵塞	装入烘干机之前，用粗选机初选，清除杂物
	谷物水分太高，流动不畅	边装料，边干燥；或用其他方法去水
	谷物水分差大(未熟粒多)	水分相差大的谷物分开干燥
干燥时间过长	热风温度偏低	提高热风温度
	排出的湿空气回流	排风管要接到室外，改善干燥房通风
	大气湿度过高	提高热风温度
	排风机风量减小	调整三角带张紧力
	干燥部网板孔堵塞，通风不畅	清扫
稻谷爆腰、碎米粒过多	干燥前稻谷脱壳、半脱壳粒过多	调整脱粒机滚筒转速，降低热风温度
	热风温度过高	降低热风温度
	过干燥(水分低于 12%)	随时测水分，校正自动水分计
	干燥前稻谷“爆腰率”过高	适时收割
	循环不良	检查循环机构
	稻谷高水分时干燥速度过快	降低热风温度
	残粒未清扫干净	清扫
	提升机畚斗磨损	更换
	收割过迟	适时收割，降低热风温度
过干燥	干燥前谷物水分差大	先通风干燥，或分开干燥
	青米、未熟粒过多	适时收割，分段干燥

附录Ⅰ　江苏省农业机械安全监督管理条例

第一章　总　　则

第一条　为了加强农业机械安全监督管理，预防和减少农业机械事故，保障人民生命和财产安全，根据《中华人民共和国农业机械化促进法》、国务院《农业机械安全监督管理条例》等法律、行政法规的规定，结合本省实际，制定本条例。

第二条　在本省行政区域内从事农业机械的生产、销售、使用、维修以及安全监督管理等活动，应当遵守本条例。

本条例所称农业机械，是指用于农业生产及其产品初加工等相关农事活动的机械、设备。

第三条　农业机械安全监督管理应当遵循以人为本、预防为主、综合治理、保障安全、促进发展的原则。

第四条　县级以上地方人民政府应当将农业机械安全监督管理纳入政府安全生产目标考核，加大财政投入，将宣传教育、隐患治理、检验检查、事故处理等农业机械安全监督管理工作所需经费纳入财政预算，提升农业机械安全监督管理水平。

第五条　县级以上地方人民政府农业机械化主管部门负责本行政区域的农业机械安全监督管理工作，其所属的农业机械安全监理机构具体负责农业机械的登记、技术检验、操作证件核发、安全检查、事故处理、报废认定等工作。

县级以上地方人民政府其他有关部门按照各自职责，共同做好农业机械安全监督管理的相关工作。

乡镇人民政府（街道办事处）应当加强农业机械安全监督管理，明确承担农业机械安全监督管理工作的单位和人员，按照规定职责做好农业机械安全监督管理工作。

第二章 生产、销售和维修

第六条 鼓励和支持开发、生产、推广、应用先进适用、安全可靠、节能环保的农业机械。

第七条 省标准化主管部门应当会同省有关部门建立健全农业机械安全技术地方标准体系。

第八条 在组织农业机械推广鉴定时,省农业机械化主管部门应当对需要推广的农业机械做好安全鉴定,安全鉴定由具有相应资质的农业机械试验鉴定机构实施。

第九条 农业机械生产者应当建立健全质量保障控制体系,按照农业机械安全技术标准组织生产,在农业机械危险部位设置安全防护装置。

农业机械生产者应当对产品进行检验。经检验合格的,应当附产品合格证、使用说明书和标注安全警示标志。产品经检验合格方可出厂销售。

农业机械生产者应当建立产品出厂记录制度,出厂记录保存期限不得少于三年。

第十条 农业机械销售者应当查验产品合格证等证明文件或者认证标志。

农业机械销售者应当向购买者当面交验、试机,介绍产品使用方法和维护保养知识,说明安全注意事项,开具销售发票,提供产品合格证和使用说明书。

农业机械销售者应当建立销售记录制度,销售记录保存期限不得少于三年。

第十一条 农业机械生产者、销售者应当建立健全农业机械销售服务体系,保证零配件供应,依法履行修理、更换、退货义务。

农业机械生产者、销售者因农业机械或者零配件质量问题给使用者、他人人身财产造成损害的,应当依法赔偿。

第十二条 农业机械生产者、销售者发现其生产、销售的农业机械存在设计、制造等缺陷,可能对人身财产安全造成损害的,生产者应当及时召回,销售者应当立即停止销售并协助生产者召回。

农业机械化主管部门发现农业机械可能存在设计、制造等缺陷的,应当及时通知农业机械生产者、销售者调查处理,并通报当地质量监督部门和工商行政管理部门。

对实施召回的缺陷农业机械,农业机械生产者应当及时采取修正或者补充标识、修理、更换、退货等措施消除缺陷。农业机械生产者应当承担消除缺陷的费用和必要的运送缺陷农业机械的费用。

对不召回缺陷农业机械的，省质量监督部门应当责令生产者召回，省工商行政管理部门应当责令销售者停止销售；拒不召回的，由省质量监督部门发布农业机械安全警示公告。

第十三条 县级以上地方人民政府应当根据农业机械化发展需要，扶持综合性、区域性农业机械维修中心建设，鼓励、支持和引导农业机械合作经济组织开展农业机械维修服务。

第十四条 从事农业机械维修经营应当符合国家规定的条件，取得相应的农业机械维修技术合格证书，并依法办理工商登记手续。

农业机械维修经营者应当遵守相关的安全技术标准和维修质量保证期的规定，在核准的维修等级范围内开展业务，保证维修质量；发现维修的农业机械存在其他安全隐患的，应当告知送修人。

农业机械维修经营者应当填写维修记录，维修记录保存期限不得少于三年。

第三章 使 用

第十五条 拖拉机、联合收割机投入使用前，其所有人应当按照国家有关规定向所在地县（市、区）、设区的市农业机械化主管部门申请登记。对无挂车手扶式拖拉机，农业机械化主管部门可以主动进行实地登记，乡镇人民政府（街道办事处）予以配合。

教练、考试用的拖拉机、联合收割机的登记、安全技术检验由设区的市农业机械化主管部门负责。

第十六条 联合收割机、上道路行驶的拖拉机应当在指定位置悬挂牌照，保持清晰、完整，不得故意遮挡、污损。

上道路行驶的拖拉机应当依法办理拖拉机交通事故责任强制保险，安装反光标识，其挂车车厢后部应当喷涂放大的牌号。

联合收割机、上道路行驶的拖拉机的证书、牌照不得转借、涂改、伪造和变造。

第十七条 农业机械化主管部门应当对危及人身财产安全的农业机械实行免费实地安全检验，对农业机械加强安全检查，对操作人员进行安全教育，落实安全生产责任。免费实地安全检验办法由省农业机械化主管部门会同省财政部门制定。上道路行驶的拖拉机的安全检验按照国家有关规定执行。

拖拉机、联合收割机的安全检验为每年一次，逾期未参加安全检验的，由登记地农业机械化主管部门通知其所有人参加安全检验。连续三年未参加安全检验的，由登记地农业机械化主管部门公告注销其证书、牌照。

第十八条　禁止改装、拆卸农业机械安全防护装置，禁止使用失效的农业机械安全防护装置。

第十九条　地方各级人民政府应当采取由财政给予农业机械保险费补贴等措施，支持发展农业机械保险。

鼓励和支持农业机械所有人、经营者或者操作人员依法成立农业机械安全互助组织，完善救助机制，降低生产经营风险。

第二十条　危及人身财产安全的农业机械达到国家规定的报废条件的，应当停止使用，予以报废。

第二十一条　县级以上地方人民政府应当建立农业机械报废经济补偿制度，对农民和农业生产经营组织报废农业机械给予财政补贴。具体办法由省农业机械化主管部门会同省财政部门制定。

第四章　操作人员

第二十二条　申请操作拖拉机、联合收割机的人员，经过培训后，应当经住所地县(市、区)、设区的市农业机械化主管部门考试合格，领取操作证件。

拖拉机、联合收割机教练员、考试员的农业机械操作证件核发，由设区的市农业机械化主管部门负责。

第二十三条　拖拉机、联合收割机操作证件有效期为六年；有效期满，操作人员可以向原发证机关申请续展。未满十八周岁的，不得操作拖拉机、联合收割机。操作人员年满七十周岁的，原发证机关应当注销其操作证件。

第二十四条　农业机械操作人员作业前，应当对农业机械进行安全查验；作业时，应当遵守农业机械安全操作规程。

第二十五条　农业机械操作、维修人员和其他农业机械技术人员，可以参加农业机械化技术培训机构专业岗位培训，申请职业技能鉴定，获取相应等级的国家职业资格证书。省农业机械化主管部门应当按照国家规定公布专业岗位的具体范围。

农业机械化主管部门应当加强对农业机械操作、维修人员和其他农业机械技术人员的职业技能培训和职业技能鉴定工作的管理。

第二十六条 拖拉机驾驶培训实行社会化。拖拉机驾驶培训机构应当具备国家规定的与其培训活动相适应的场地、设备、人员、规章制度等条件，取得省农业机械化主管部门颁发的驾驶培训资格证书，方可从事相关培训活动。

第二十七条 地方各级人民政府以及农业机械化主管部门等有关部门应当加强农业机械安全法律、法规和安全知识的宣传教育，支持、指导基层和农业机械服务组织对农业机械操作人员进行安全教育，提高农业机械安全操作水平。

农业机械化主管部门应当建立健全农业机械安全信息平台，完善信息搜集、整理、发布制度，为农业机械从业人员提供信息服务。

第五章 监督检查

第二十八条 农业机械化主管部门应当加强农业机械作业、转移等过程中的安全监督检查。

公安机关交通管理部门应当加强对上道路行驶的拖拉机的安全监督检查，农业机械化主管部门应当予以配合。

第二十九条 公安机关交通管理部门、农业机械化主管部门应当建立上道路行驶的拖拉机交通安全违法行为查处的协作机制。

农业机械化主管部门应当及时向公安机关交通管理部门提供上道路行驶的拖拉机登记、检验以及有关操作证件发放的信息，公安机关交通管理部门应当及时向农业机械化主管部门提供上道路行驶的拖拉机在道路上发生的交通事故以及交通违法信息，实行信息共享。交通违法行为未处理的，农业机械化主管部门对上道路行驶的拖拉机不予通过安全检验。

第三十条 农业机械安全监督管理执法人员在安全监督检查和安全检验中发现事故隐患的，应当告知其所有人停止使用并及时排除隐患。

农业机械安全监督管理执法人员在实施安全监督检查时，被监督检查的单位和个人应当配合。

第三十一条 农业机械安全监督管理执法人员进行安全监督检查时，应当佩戴统一标志，出示行政执法证件。

农业机械化主管部门应当提高安全监督管理能力，配备相应执法装备。从事农业机械安全监督检查、事故勘查处理、应急救援的车辆应当在车身喷涂统一标识。

第三十二条 上级农业机械化主管部门应当加强对下级农业机械化主管部

门执法行为的监督和指导。

农业机械化主管部门应当公布举报、投诉电话，自觉接受社会监督。

第六章 事故处理

第三十三条 农业机械化主管部门负责本辖区农业机械事故责任的认定和调解处理。但是，农业机械在道路上发生的交通事故，由公安机关交通管理部门依照道路交通安全法律、法规处理；拖拉机在道路以外通行时发生的事故，公安机关交通管理部门接到报案的，参照道路交通安全法律、法规处理。

第三十四条 农业机械事故应当由两名以上农业机械事故处理人员处理；无人员伤亡或者直接经济损失一千元以下的农业机械事故，可以由一名农业机械事故处理人员处理。

第三十五条 发生农业机械事故后企图逃逸、对存在重大事故隐患的农业机械拒不停止作业或者转移的，农业机械化主管部门可以扣押有关农业机械以及证书、牌照、操作证件，并当场出具凭证，告知当事人在规定期限内到农业机械化主管部门接受处理。

农业机械事故处理完毕或者农业机械事故肇事方提供担保的，农业机械化主管部门应当及时退还扣押的农业机械以及证书、牌照、操作证件。

当事人逾期不接受处理的，农业机械化主管部门应当对扣押的农业机械依法处理。

第三十六条 发生农业机械事故，造成人员伤亡的，应当及时组织救治。

农业机械在道路上发生交通事故造成人员伤亡，符合道路交通事故社会救助基金使用规定的，公安机关交通管理部门负责通知省道路交通事故社会救助基金管理人垫付所受理的事故受害人的抢救费用，协助救助基金管理人向事故责任人追偿。

农业机械在道路以外通行时发生事故造成人员伤亡，符合道路交通事故社会救助基金使用规定的，农业机械化主管部门负责通知省道路交通事故社会救助基金管理人垫付所受理的事故受害人的抢救费用，协助救助基金管理人向事故责任人追偿。

第七章 法律责任

第三十七条 违反本条例第十四条第三款规定，未按照规定保存维修记录的，由县级以上农业机械化主管部门责令改正，给予警告；拒不改正的，处五百元以上二千元以下罚款。

第三十八条 违反本条例第十六条第三款规定，转借、涂改、伪造、变造联合收割机、上道路行驶的拖拉机的证书、牌照的，由县级以上农业机械化主管部门收缴转借、涂改、伪造、变造的证书、牌照，对违法行为人予以批评教育，并处二百元以上二千元以下罚款。

第三十九条 违反本条例第十八条规定，改装、拆卸农业机械安全防护装置，或者使用失效的农业机械安全防护装置的，由县级以上农业机械化主管部门责令改正，并处二百元以上二千元以下罚款。

第四十条 农业机械化主管部门、其他有关部门及其工作人员玩忽职守、滥用职权、徇私舞弊的，对直接负责的主管人员和其他直接责任人员依法给予行政处分；构成犯罪的，依法追究刑事责任。

第八章 附 则

第四十一条 本条例所称危及人身财产安全的农业机械，是指对人身财产安全可能造成损害的农业机械，包括拖拉机、联合收割机、机动植保机械、机动脱粒机、饲料粉碎机、插秧机、铡草机、微耕机等。

第四十二条 本条例自 2014 年 3 月 1 日起施行。

附录Ⅱ　农业机械产品修理、更换、退货责任规定

第一章　总　　则

第一条　为维护农业机械产品用户的合法权益，提高农业机械产品质量和售后服务质量，明确农业机械产品生产者、销售者、修理者的修理、更换、退货（以下简称为三包）责任，依照《中华人民共和国产品质量法》、《中华人民共和国农业机械化促进法》等有关法律法规，制定本规定。

第二条　本规定所称农业机械产品（以下称农机产品），是指用于农业生产及其产品初加工等相关农事活动的机械、设备。

第三条　在中华人民共和国境内从事农机产品的生产、销售、修理活动的，应当遵守本规定。

第四条　农机产品实行谁销售谁负责三包的原则。

销售者承担三包责任，换货或退货后，属于生产者的责任的，可以依法向生产者追偿。

在三包有效期内，因修理者的过错造成他人损失的，依照有关法律和代理修理合同承担责任。

第五条　本规定是生产者、销售者、修理者向农机用户承担农机产品三包责任的基本要求。国家鼓励生产者、销售者、修理者做出更有利于维护农机用户合法权益的、严于本规定的三包责任承诺。

销售者与农机用户另有约定的，销售者的三包责任依照约定执行，但约定不得免除依照法律、法规以及本规定应当履行的义务。

第六条　国务院工业主管部门负责制定并组织实施农业机械工业产业政策和有关规划。国务院产品质量监督部门、工商行政管理部门、农业机械化主管部门在各自职责范围内按照本规定的要求，根据生产者的三包凭证样本、产品使用

说明书以及农机用户投诉等，建立信息披露制度，对生产者、销售者和修理者的三包承诺、农机用户集中反映的农机产品质量问题和服务质量问题向社会进行公布，督促生产者、销售者、修理者改进产品质量和服务质量。

第二章　生产者的义务

第七条　生产者应当建立农机产品出厂记录制度，严格执行出厂检验制度，未经检验合格的农机产品，不得销售。

依法实施生产许可证管理或强制性产品认证管理的农机产品，应当获得生产许可证证书或认证证书并施加生产许可证标志或认证标志。

第八条　农机产品应当具有产品合格证、产品使用说明书、产品三包凭证等随机文件：

（一）产品使用说明书应当按照农业机械使用说明书编写规则的国家标准或行业标准规定的要求编写，并应列出该机中易损件的名称、规格、型号；产品所具有的使用性能、安全性能，未列入国家标准的，其适用范围、技术性能指标、工作条件、工作环境、安全操作要求、警示标志或说明应当在使用说明书中明确；

（二）有关工具、附件、备件等随附物品的清单；

（三）农机产品三包凭证应当包括以下内容：产品品牌、型号规格、生产日期、购买日期、产品编号，生产者的名称、联系地址和电话，已经指定销售者、修理者的，应当注明名称、联系地址、电话、三包项目、三包有效期、销售记录、修理记录和按照本规定第二十四条规定应当明示的内容等相关信息；销售记录应当包括销售者、销售地点、销售日期和购机发票号码等项目；修理记录应当包括送修时间、交货时间、送修故障、修理情况、换退货证明等项目。

第九条　生产者应当在销售区域范围内建立农机产品的维修网点，与修理者签订代理修理合同，依法约定农机产品三包责任等有关事项。

第十条　生产者应当保证农机产品停产后五年内继续提供零部件。

第十一条　生产者应当妥善处理农机用户的投诉、查询，提供服务，并在农忙季节及时处理各种农机产品三包问题。

第三章　销售者的义务

第十二条　销售者应当执行进货检查验收制度，严格审验生产者的经营资格，仔细验明农机产品合格证明、产品标识、产品使用说明书和三包凭证。对实施生产许可证管理、强制性产品认证管理的农机产品，应当验明生产许可证证书和生产许可证标志、认证证书和认证标志。

第十三条　销售者销售农机产品时，应当建立销售记录制度，并按照农机产品使用说明书告知以下内容：

（一）农机产品的用途、适用范围、性能等；

（二）农机产品主机与机具间的正确配置；

（三）农机产品已行驶的里程或已工作时间及使用的状况。

第十四条　销售者交付农机产品时，应当符合下列要求：

（一）当面交验、试机；

（二）交付随附的工具、附件、备件；

（三）提供财政税务部门统一监制的购机发票、三包凭证、中文产品使用说明书及其他随附文件；

（四）明示农机产品三包有效期和三包方式；

（五）提供由生产者或销售者授权或委托的修理者的名称、联系地址和电话；

（六）在三包凭证上填写销售者有关信息；

（七）进行必要的操作、维护和安全注意事项的培训。

对于进口农机产品，还应当提供海关出具的货物进口证明和检验检疫机构出具的入境货物检验检疫证明。

第十五条　销售者可以同修理者签订代理修理合同，在合同中约定三包有效期内的修理责任以及在农忙季节及时排除各种农机产品故障的措施。

第十六条　销售者应当妥善处理农机产品质量问题的咨询、查询和投诉。

第四章　修理者的义务

第十七条　修理者应当与生产者或销售者订立代理修理合同，按照合同的约定，保证修理费用和维修零部件用于三包有效期内的修理。

代理修理合同应当约定生产者或销售者提供的维修技术资料、技术培训、维修零部件、维修费、运输费等。

第十八条　修理者应当承担三包期内的属于本规定范围内免费修理业务，按照合同接受生产者、销售者的监督检查。

第十九条　修理者应当严格执行零部件的进货检查验收制度，不得使用质量不合格的零部件，认真做好维修记录，记录修理前的故障和修理后的产品质量状况。

第二十条 修理者应当完整、真实、清晰地填写修理记录。修理记录内容应当包括送修时间、送修故障、检查结果、故障原因分析、维护和修理项目、材料费和工时费，以及运输费、农机用户签名等；有行驶里程的，应当注明。

第二十一条 修理者应当向农机用户当面交验修理后的农机产品及修理记录，试机运行正常后交付其使用，并保证在维修质量保证期内正常使用。

第二十二条 修理者应当保持常用维修零部件的合理储备，确保维修工作的正常进行，避免因缺少维修零部件而延误维修时间。农忙季节应当有及时排除农机产品故障的能力和措施。

第二十三条 修理者应当积极开展上门修理和电话咨询服务，妥善处理农机用户关于修理的查询和修理质量的投诉。

第五章　农机产品三包责任

第二十四条 农机产品的三包有效期自销售者开具购机发票之日起计算，三包有效期包括整机三包有效期，主要部件质量保证期，易损件和其他零部件的质量保证期。

内燃机、拖拉机、联合收割机、插秧机的整机三包有效期及其主要部件的质量保证期应当不少于本规定附件 1 规定的时间。内燃机单机作为商品出售给农机用户的，计为整机，其包含的主要零部件由生产者明示在三包凭证上。拖拉机、联合收割机、插秧机的主要部件由生产者明示在三包凭证上。

其他农机产品的整机三包有效期及其主要部件或系统的名称和质量保证期，由生产者明示在三包凭证上，且有效期不得少于一年。

内燃机作为农机产品配套动力的，其三包有效期和主要部件的质量保证期按农机产品的整机的三包有效期和主要部件质量保证期执行。

农机产品的易损件及其他零部件的质量保证期达不到整机三包有效期的，其所属的部件或系统的名称和合理的质量保证期由生产者明示在三包凭证上。

第二十五条 农机用户丢失三包凭证，但能证明其所购农机产品在三包有效期内的，可以向销售者申请补办三包凭证，并依照本规定继续享受有关权利。销售者应当在接到农机用户申请后 10 个工作日内予以补办。销售者、生产者、修理者不得拒绝承担三包责任。

由于销售者的原因，购机发票或三包凭证上的农机产品品牌、型号等与要求三包的农机产品不符的，销售者不得拒绝履行三包责任。

在三包有效期内发生所有权转移的，三包凭证和购机发票随之转移，农机用户凭原始三包凭证和购机发票继续享有三包权利。

第二十六条 三包有效期内，农机产品出现质量问题，农机用户凭三包凭证在指定的或者约定的修理者处进行免费修理，维修产生的工时费、材料费及合理的运输费等由三包责任人承担；符合本规定换货、退货条件，农机用户要求换货、退货的，凭三包凭证、修理记录、购机发票更换、退货；因质量问题给农机用户造成损失的，销售者应当依法负责赔偿相应的损失。

第二十七条 三包有效期内，农机产品存在本规定范围的质量问题的，修理者一般应当自送修之日起 30 个工作日内完成修理工作，并保证正常使用。

第二十八条 三包有效期内，送修的农机产品自送修之日起超过 30 个工作日未修好，农机用户可以选择继续修理或换货。要求换货的，销售者应当凭三包凭证、维护和修理记录、购机发票免费更换同型号同规格的产品。

第二十九条 三包有效期内，农机产品因出现同一严重质量问题，累计修理 2 次后仍出现同一质量问题无法正常使用的；或农机产品购机的第一个作业季开始 30 日内，除因易损件外，农机产品因同一一般质量问题累计修理 2 次后，又出现同一质量问题的，农机用户可以凭三包凭证、维护和修理记录、购机发票，选择更换相关的主要部件或系统，由销售者负责免费更换。

第三十条 三包有效期内或农机产品购机的第一个作业季开始 30 日内，农机产品因本规定第二十九条的规定更换主要部件或系统后，又出现相同质量问题，农机用户可以选择换货，由销售者负责免费更换；换货后仍然出现相同质量问题的，农机用户可以选择退货，由销售者负责免费退货。

第三十一条 三包有效期内，符合本规定更换主要部件的条件或换货条件的，销售者应当提供新的、合格的主要部件或整机产品，并更新三包凭证，更换后的主要部件的质量保证期或更换后的整机产品的三包有效期自更换之日起重新计算。

符合退货条件或因销售者无同型号同规格产品予以换货的，农机用户要求退货的，销售者应当按照购机发票金额全价一次退清货款。

第三十二条 因生产者、销售者未明确告知农机产品的适用范围而导致农机产品不能正常作业的，农机用户在农机产品购机的第一个作业季开始 30 日内可以凭三包凭证和购机发票选择退货，由销售者负责按照购机发票金额全价退款。

第三十三条 整机三包有效期内，联合收割机、拖拉机、播种机、插秧机等产品在农忙作业季节出现质量问题的，在服务网点范围内，属于整机或主要部件的，修理者应当在接到报修后 3 日内予以排除；属于易损件或是其他零件的质量问题的，应当在接到报修后 1 日内予以排除。在服务网点范围外的，农忙季节出现的故障修理由销售者与农机用户协商。

国家鼓励农机产品生产者、销售者、修理者农忙时期开展现场的有关售后服务活动。

第三十四条 三包有效期内，销售者不履行三包义务的，或者农机产品需要进行质量检验或鉴定的，三包有效期自农机用户的请求之日起中止计算，三包有效期按照中止的天数延长；造成直接损失的，应当依法赔偿。

第六章　责任免除

第三十五条 农机用户应当按照有关规定和农机产品的使用说明书进行操作或使用。

第三十六条 赠送的农机产品，不得免除生产者、销售者和修理者依法应当承担的三包责任。

第三十七条 销售者、生产者、修理者能够证明发生下列情况之一的，不承担三包责任：

（一）农机用户无法证明该农机产品在三包有效期内的；

（二）产品超出三包有效期的。

第三十八条 销售者、生产者、修理者能够证明发生下列情况之一的，对于所涉及部分，不承担三包责任：

（一）因未按照使用说明书要求正确使用、维护，造成损坏的；

（二）使用说明书中明示不得改装、拆卸，而自行改装、拆卸改变机器性能或者造成损坏的；

（三）发生故障后，农机用户自行处置不当造成对故障原因无法做出技术鉴定的；

（四）因非产品质量原因发生其他人为损坏的；

（五）因不可抗力造成损坏的。

第七章　争议处理

第三十九条　产品质量监督部门、工商行政管理部门、农业机械化主管部门应当认真履行三包有关质量问题监管职责。

生产者未按照本规定第二十四条履行明示义务的，或通过明示内容有意规避责任的，由产品质量监督部门依法予以处理。

销售者未按照本规定履行三包义务的，由工商行政管理部门依法予以处理。

维修者未按照本规定履行三包义务的，由农业机械化主管部门依法予以处理。

第四十条　农机用户因三包责任问题与销售者、生产者、修理者发生纠纷的，可以按照公平、诚实、信用的原则进行协商解决。

协商不能解决的，农机用户可以向当地工商行政管理部门、产品质量监督部门或者农业机械化主管部门设立的投诉机构进行投诉，或者依法向消费者权益保护组织等反映情况，当事人要求调解的，可以调解解决。

第四十一条　因三包责任问题协商或调解不成的，农机用户可以依照《中华人民共和国仲裁法》的规定申请仲裁，也可以直接向人民法院起诉。

第四十二条　需要进行质量检验或者鉴定的，农机用户可以委托依法取得资质的农机产品质量检验机构进行质量检验或者鉴定。

质量检验或者鉴定所需费用按照法律、法规的规定或者双方约定的办法解决。

第八章　附　　则

第四十三条　本规定下列用语的含义：

本规定所称质量问题，是指在合理使用的情况下，农机产品的使用性能不符合产品使用说明中明示的状况；或者农机产品不具备应当具备的使用性能；或者农机产品不符合生产者在农机或其包装上注明执行的产品标准。质量问题包括：

（一）严重质量问题，是指农机产品的重要性能严重下降，超过有关标准要求或明示的范围；或者农机产品主要部件报废或修理费用较高，必须更换的；或者正常使用的情况下农机产品自身出现故障影响人身安全的质量问题。

（二）一般质量问题，是指除严重质量问题外的其他质量问题，包括易损件的质量问题，但不包括农机用户按照农机产品使用说明书的维修、保养、调整或检修方法能用随机工具可以排除的轻度故障。

内燃机、拖拉机、联合收割机、插秧机严重质量问题见本规定附件 2。

本规定所称农业机械产品用户（简称农机用户），是指为从事农业生产活动购买、使用农机产品的公民、法人和其他经济组织。

本规定所称生产者，是指生产、装配及改装农机产品的企业。农机产品的供货商或进口者视同生产者承担相应的三包责任。

本规定所称销售者，是指以其名义向农机用户直接交付农机产品并收取货款、开具购机发票的单位或者个人。生产者直接向农机用户销售农机产品的视同本规定中的销售者。

本规定所称修理者，是指与生产者或销售者订立代理修理合同，在三包有效期内，为农机用户提供农机产品维护、修理的单位或者个人。

第四十四条　农机产品因用于非农业生产活动而出现的质量问题符合法律规定的有关修理、更换或退货条件的，可以参照本规定执行。

第四十五条　本规定由国家质量监督检验检疫总局、国家工商行政管理总局、农业部、工业和信息化部按职责分工负责解释。

第四十六条　本规定自 2010 年 6 月 1 日起施行。1998 年 3 月 12 日原国家经济贸易委员会、国家技术监督局、国家工商行政管理局、国内贸易部、机械工业部、农业部发布的《农业机械产品修理、更换、退货责任规定》（国经贸质〔1998〕123 号）同时废止。

附件 1：

内燃机、拖拉机、联合收割机、插秧机整机的三包
有效期以及主要部件的名称、质量保证期

一、内燃机：（指内燃机作为商品出售给农机用户的）

1. 整机三包有效期

① 柴油机：多缸 1 年、单缸 9 个月

② 汽油机：二冲程 3 个月、四冲程 6 个月

2. 主要部件质量保证期

① 柴油机：多缸 2 年、单缸 1.5 年

② 汽油机：二冲程 6 个月、四冲程 1 年

3. 主要部件应当包括：内燃机机体、气缸盖、飞轮等。

二、拖拉机：

1. 整机三包有效期

大、中型拖拉机(18 千瓦以上)1 年，小型拖拉机 9 个月

2. 主要部件质量保证期

大、中型拖拉机 2 年，小型拖拉机 1.5 年

3. 主要部件应当包括：内燃机机体、气缸盖、飞轮、机架、变速箱箱体、半轴壳体、转向器壳体、差速器壳体、最终传动箱箱体、制动毂、牵引板、提升壳体等。

三、联合收割机：

1. 整机三包有效期：1 年

2. 主要部件质量保证期：2 年

3. 主要部件应当包括：内燃机机体、气缸盖、飞轮、机架、变速箱箱体、离合器壳体、转向机、最终传动齿轮箱体等。

四、插秧机：

1. 整机三包有效期：1 年

2. 主要部件质量保证期：2 年

3. 主要部件应当包括：机架、变速箱体、传动箱体、插植臂、发动机机体、气缸盖、曲轴等。

内燃机、拖拉机、联合收割机、插秧机严重质量问题表

名称		严重质量问题	序号
内燃机	内燃机	飞车导致发动机严重损坏	1
	机体	裂纹、引起渗漏的砂眼、疏松、强力螺栓孔滑扣等损坏	2
	气缸盖	裂纹、损坏	3
	飞轮壳	裂纹	4
	气缸套	裂纹、断裂	5
	曲轴	断裂、键槽开裂	6
	平衡轴	断裂造成发动机严重损坏	7
	连杆、连杆盖	断裂	8
	连杆螺栓	断裂	9
	活塞销	断裂	10

续表

名称		严重质量问题	序号
内燃机	飞轮	破裂	11
	进、排气门	断裂造成发动机损坏	12
	气门弹簧	断裂造成发动机损坏	13
	凸轮轴	断裂	14
	水泵	损坏导致发动机过热损坏	15
	机油泵	损坏导致发动机缺油拉缸抱瓦	16
拖拉机	机架	断裂、严重变形	1
	前桥	损坏	2
	变速箱	总成报废(多个重要零件损坏)	3
	后桥	总成报废(多个重要零件损坏)	4
	变速箱	脱挡或乱挡多次发生	5
	离合器壳	裂纹或损坏	6
	变速箱体	裂纹或损坏	7
	半轴壳体	裂纹或损坏	8
	最终传动箱体	裂纹或损坏	9
	轮轴	损坏或裂纹	10
	悬架	损坏或裂纹	11
	转向臂	损坏或裂纹	12
	制动毂	损坏或裂纹	13
	贮气筒	损坏	14
	牵引装置	损坏	15
	柴油机部分	故障与内燃机严重质量问题表同	16
联合收割机	机架	裂纹、严重变形	1
	割台	严重变形	2
	割台输送螺旋半轴	断裂	3
	钉齿滚筒齿杆	断损	4
	滚筒辐盘	损坏导致脱粒机体损坏	5
	逐稿器键簧	断损	6

续表

名称		严重质量问题	序号
联合收割机	逐稿器曲轴	断损	7
	滚筒无级变速盘	损坏	8
	纹杆螺栓	导致脱粒机体损坏	9
	离合器壳体	破损	10
	传动(分动)箱	损坏	11
	变速箱体	裂纹	12
	差速器壳体	裂纹	13
	最终传动壳体	损坏	14
	半轴	断损	15
	驱动轮轮辋	裂损导致轮胎爆裂、损坏	16
	驱动轮轮胎	脱落	17
	柴油机部分	故障与内燃机严重质量问题表同	18
插秧机	机架	断裂、严重变形	1
	变速箱	乱挡、脱挡	2
	变速箱体	裂纹	3
	传动箱	裂纹、损坏	4
	轴承座	损坏	5
	插植臂	裂纹、损坏	6
	秧箱	损坏、严重变形	7
	输入轴	断损	8
	输出轴	断损	9
	仿形机构	功能失效	10
	液压系统	功能失效	11
	发动机部分	故障与内燃机严重质量问题表同	12